MIMO 雷达信号处理

郑娜娥　任修坤　陈　松　王　盛　张靖志　著

科学出版社

北　京

内 容 简 介

MIMO 雷达作为新体制雷达的典型代表，正逐步从理论研究走向工程实践。本书全面、系统地介绍 MIMO 雷达信号处理关键技术。全书共 8 章：第 1 章主要介绍 MIMO 雷达基本概念及分类、国内外研究现状；第 2 章重点介绍集中式 MIMO 雷达和分布式 MIMO 雷达的系统架构、接收端信号处理流程以及各关键技术在系统中所处的位置和作用；第 3~7 章分别介绍阵列设计、波形设计、干扰抑制、检测前跟踪、参数估计等关键技术；第 8 章介绍两种 MIMO 雷达和其他技术相结合的产物，即 FDAMI-MO 雷达和 OFDMMIMO 雷达。

本书可供通信与信息系统、信号和信息处理等相关专业高年级本科学生、研究生以及从事相关研究的科技工作者阅读，同时对从事 MIMO 雷达相关工作的科研人员具有很高的参考价值。

图书在版编目(CIP)数据

MIMO 雷达信号处理 / 郑娜娥等著 . —北京：科学出版社，2022.11
ISBN 978-7-03-073188-3

I. ①M⋯ II. ①郑⋯ III. ①移动通信-雷达信号处理 IV. ①TN957.51

中国版本图书馆 CIP 数据核字（2022）第 172717 号

责任编辑：张艳芬 李 娜 / 责任校对：崔向琳
责任印制：吴兆东 / 封面设计：蓝 正

科 学 出 版 社 出版
北京东黄城根北街 16 号
邮政编码：100717
http://www.sciencep.com

北京九州迅驰传媒文化有限公司印刷
科学出版社发行 各地新华书店经销
*
2022 年 11 月第 一 版 开本：720×1000 1/16
2024 年 5 月第三次印刷 印张：16 1/2
字数：323 000

定价：136.00 元
（如有印装质量问题，我社负责调换）

前　　言

雷达是迄今最有效的远程目标探测设备，已广泛应用于防御系统和武器系统。作为防御系统的核心部分，雷达在战争中发挥着重要作用，其探测能力、测量精度、分辨性能和生存能力的提高，对提升防空作战效能具有重要意义。随着电子干扰、隐身技术、反辐射技术、低空突防技术等的全面发展，雷达的工作环境日益恶劣，雷达技术的发展面临着巨大的威胁和挑战。这些威胁与挑战促进了各种新体制雷达及先进雷达技术的产生。

MIMO 雷达是采用多个发射天线发送定制波形信号，并采用多个接收天线对回波进行某种联合处理的多通道雷达系统。广义上，它能将之前的相控阵雷达、综合脉冲孔径雷达、双/多基地雷达和组网雷达等纳入统一的架构体系中。一般而言，根据雷达阵元的布置，MIMO 雷达主要分为两类：集中式 MIMO 雷达和分布式 MIMO 雷达。集中式 MIMO 雷达的收发阵列中，各个阵元相距较近，一般能满足传统阵列雷达的半波长约束，目标对所有收发阵元呈现的反射特性均相同。与传统相控阵雷达相比，其优势在于具有自由度高、角度分辨力强、分辨更多目标的能力。分布式 MIMO 雷达应用了 MIMO 系统多个收发通道不相关的特点，其发射天线和接收天线间隔很远，能够从不同角度照射目标，实时采集携带有目标不同幅度、时延或相位信息的回波数据，利用空间分集获得更优的目标探测、空间分辨、角度估计以及多目标处理能力。

在如今传统雷达发展面临巨大挑战、难再突破性能瓶颈的背景下，MIMO 雷达一经提出就引起了众多学者和研究机构的浓厚兴趣，近十几年的研究呈现不断上升趋势，逐渐从理论研究向工程实践阶段过渡。可以预见，MIMO 雷达在相当长一段时间内仍将是雷达领域的研究热点。

本书全面、深入地探讨 MIMO 雷达系统的基本原理和信号处理算法，主要内容涵盖 MIMO 雷达基本概念、系统组成与架构、信号处理流程，阵列设计、波形设计、干扰抑制、检测前跟踪、参数估计等关键技术，以及 MIMO 雷达与其他技术的结合。本书所列关键技术贯穿 MIMO 雷达信号处理全过程，并且对于每一项关键技术，均针对不同应用条件给出解决问题的具体算法。

　　在撰写本书过程中，课题组吕品品、张靖志、张龙、岳嘉颖老师，蒋春启、李玉翔、田英华、李小英、符博博、顾帅楠、秦文利、赵智昊、柏婷等研究生给予了大量帮助，在此一并表示感谢。

　　限于作者水平，书中难免存在不妥之处，敬请读者批评指正。

作　者
2022 年 6 月

目　　录

第1章 绪 论

1.1 雷达技术的发展与挑战

19世纪末期,意大利人马可尼利用风筝作为天线,发射信号跨越布里斯托尔海湾的实验,开创了人类利用无线电信号的先河。除了通信,无线电信号的另一个重要应用——雷达,也由此开始发展。自1904年德国侯斯美尔研制出船用防撞雷达,雷达的发展已有一百多年的历史。20世纪40年代,美国辐射实验室相继研制出了第一部实用的防空火控雷达和第一部实用的舰载警戒雷达。紧接着,美国的贝尔实验室研发的著名线性调频(linear frequency modulation,LFM)脉冲雷达问世。到了50年代,雷达理论发展到了一个高潮,产生了匹配滤波、统计检测、模糊图和动目标显示等理论,并应用到多普勒雷达等雷达上。从60年代开始,由于数字处理技术的逐渐成熟和超大规模集成电路的应用,雷达技术的发展再上一个新台阶。相控阵雷达就诞生在这个时期,其具有同时搜索、跟踪多个目标的能力,具备抗干扰能力强、反应速度快、可靠性高等特点。20世纪末期,毫米波雷达、气象雷达研制成功,标志着雷达技术进入成熟时期。

21世纪以来,随着电子干扰、隐身技术、反辐射技术、低空突防技术等的全面发展,雷达的工作环境日益恶劣,雷达技术的发展面临巨大的挑战。这些挑战促进了各种新体制雷达及先进雷达技术的产生,多输入多输出(multiple-input multiple-output,MIMO)雷达[1,2]作为其中的典型代表,成为现代雷达发展的重要方向。

1.2 MIMO雷达基本概念及分类

在MIMO雷达概念被提出之前,为探测隐身目标,法国国家航天局于20世纪70年代末设计了综合脉冲孔径雷达(synthetic impluse and aperture radar,SIAR)[3]。该雷达为多阵元结构,采用了阵元间距较远的稀疏布阵方式。各个阵元通过发射在频率上互不重叠的波形,并在接收端通过数字波束形成技术[4,5]合成接收波束,从而覆盖感兴趣的空域范围。发射波束是低增益的宽波束,因此SIAR具有抗截获的优点。实际上,SIAR具备MIMO雷达的一些特点,可视为MIMO

雷达的雏形。

　　MIMO 起初是出现在控制系统中的一个概念,指一个系统利用多个输入和多个输出的优势提高参数估计性能[6,7]。后来,MIMO 技术被应用于通信领域[8,9],通过在基站和移动终端布置多个天线实现信号的多发多收,可以在不增加带宽和功率的情况下,成倍提高通信系统的有效性和可靠性,成为第四代及以后移动通信系统的核心技术,获得了极大成功。在 MIMO 通信系统中,天线的布置通常要不小于半波长以保证天线间的不相关性,例如,基站的天线间距为 5~10 个波长,移动终端的天线间距最小为半个波长,这是实现空间复用和空间分集的基本要求。空间复用是指利用系统各天线发送不同信息以实现传输速率倍增。空间分集则是指通过系统各天线发送相同或相关信息以提高误码率性能。空间复用和空间分集本身存在矛盾,实际系统中一般采用空时编码技术来达到空间复用与空间分集性能的良好折中。

　　随着 SIAR 体制的出现以及 MIMO 技术在通信领域的成功应用,MIMO 技术被引入雷达领域,MIMO 雷达应运而生[10,11]。一经提出,MIMO 雷达便引起了国内外学者的广泛关注。相比其他体制雷达,多发多收的结构给 MIMO 雷达带来了分集优势[12,13]:发射端发射正交波形,接收端接收回波后,通过匹配滤波获得多个通道的信号,实现波形分集;发射端从不同方向照射目标,能够有效克服目标的雷达横截面积(radar cross-section,RCS)闪烁,提高检测性能,实现空间分集。注意,这里的空间分集和 MIMO 通信中的空间分集含义略有不同。MIMO 雷达的研究不仅具有重要的理论价值,也具有非常重要的工程意义,它以系统复杂度为代价增加了获取的信息量,能够更全面地搜集目标信息,是突破现有雷达性能瓶颈的希望。

　　MIMO 雷达是一种发射(或接收)多个在时间、空间或者是波形、极化方面相互独立的信号,使用多个阵元探测目标特性,同时使用多个阵元接收回波信号的雷达阵列。它既是对相控阵雷达理论的发展,也是通信 MIMO 理论在雷达领域的应用和创新。

　　在不同的分类标准下,MIMO 雷达有多种分类方式。最常见的分类方式是以雷达阵元间距为依据,将 MIMO 雷达分为两类:一类是集中式 MIMO 雷达,也称为相干 MIMO 雷达;另一类是分布式 MIMO 雷达,也称为非相干 MIMO 雷达。

　　在集中式 MIMO 雷达的收发阵列中,各个阵元相距较近,一般满足传统阵列雷达的半波长约束,目标对所有收发阵元呈现的反射特性均相同。集中式 MIMO 雷达可以收发分置,也可以收发同置。与传统相控阵雷达相比,集中式 MIMO 雷达能够获得更大的虚拟孔径,其等效波束宽度更窄,因此具有更好的角度分辨力;能够同时形成多个等效波束,具有更优的多目标处理能力;能够在相同阵元数条件下获得更大的系统自由度,具有更加灵活的相干处理工作模式。

　　分布式 MIMO 雷达具有很宽间隔的发射天线和接收天线,各发射天线发射相互正交的信号,且所有信道都满足独立条件,其特点是利用目标 RCS 角度扩展来实现空间分集增益,提高检测性能。分布式 MIMO 雷达一般收发分置。对于收发阵列,单通道回波很小的概率较大,若增加阵元数,从多角度去观测目标,则所有通道回波均很小的概率就可以得到控制。利用这一思想对抗目标随机衰落的分布式 MIMO 雷达的主要优点有:一是可以利用空间分集增益提高检测性能和角度估计性能;二是可以提高动目标检测性能;三是可以增加同时处理的目标个数。

　　相对于集中式 MIMO 雷达,分布式 MIMO 雷达的思想更加接近于通信 MIMO,对传统雷达概念有着更大程度的突破,更加新颖,包含的潜力更大。在对弱目标,尤其是隐身目标的检测方面,分布式 MIMO 雷达具有传统相控阵雷达以及集中式 MIMO 雷达所没有的优势。但是,它与传统雷达系统的差异较大,很多研究没有现成理论可用,因此在理论和实际应用上都有更长的路要走。

　　此外,MIMO 雷达还有其他的分类方式,例如,按照收发是否同置,MIMO 雷达可以分为单基地 MIMO 雷达和双/多基地 MIMO 雷达。

1.3　国内外研究现状

　　MIMO 雷达是通信理论在雷达界的一次创新性应用,国内外学者先后在 MIMO 雷达领域开展了很多研究工作。国际上,在国际声学、语音与信号处理(International Conference on Acoustics, Speech and Signal Processing, ICASSP)会议、Asilomar 会议、雷达会议等著名的学术会议上,都设有 MIMO 雷达的专题讨论会;一些高水平期刊上也涌现了大量关于 MIMO 雷达的文章,例如,在 *IEEE Signal Processing Magazine* 上发表的"MIMO radar with colocated antennas"[1] 和"MIMO radar with widely separated antennas"[2] 是关于集中式 MIMO 雷达和分布式 MIMO 雷达的经典综述型文章,分别详细介绍了两种雷达体制的系统结构,并对目前的研究现状做了总结。在国外,美国麻省理工学院、佛罗里达大学、加利福尼亚大学、华盛顿大学、新泽西技术研究所,加拿大的阿尔伯塔大学等多所院校和机构都致力于 MIMO 雷达的研究。在国内,MIMO 雷达也受到了越来越广泛的关注,近年来,国家自然科学基金委员会先后资助了多个 MIMO 雷达相关课题。国内研究 MIMO 雷达的主要单位有西安电子科技大学、清华大学、国防科技大学、电子科技大学、中国电子科技集团公司第十四研究所、中国电子科技集团公司第三十八研究所等。经过近二十年的发展,MIMO 雷达正逐渐由理论研究走向工程实践,下面分别从系统研究和试验样机两方面介绍其研究现状。

1.3.1　MIMO 雷达系统研究现状

根据 MIMO 雷达阵元间距的相对位置及信号处理方式的不同,下面分别介绍集中式 MIMO 雷达、分布式 MIMO 雷达、混合式 MIMO 雷达等的研究现状[14]。

1. 集中式 MIMO 雷达

集中式 MIMO 雷达的概念最早由 Bliss 等[10]在第 37 届 Asilomar 会议上提出,作者从理论上分析了集中式 MIMO 雷达在宽波束形成和杂波抑制等方面的优势。

集中式 MIMO 雷达系统结构示意图如图 1-1 所示。其可视为传统相控阵雷达的扩展,发射端发射正交波形信号或部分相关信号,在远场条件下,收发阵元到达目标的视线近似看作平行,每个信道的目标 RCS 一致,利用每个信道的信息提高空间分辨力。雷达的工作模式包括搜索和跟踪。在搜索模式下,集中式 MIMO 雷达通过发射正交波形信号在空域形成全向方向图,保证所有区域都能被照射到;在跟踪模式下,当搜索到感兴趣的目标时,可发射部分相关波形信号,形成具有一定指向性的波束对目标进行持续跟踪。当发射波形完全相关时,集中式 MIMO 雷达可等效于相控阵雷达。文献[10]提出了虚拟阵元的概念,虚拟阵元的存在扩大了阵列的虚拟孔径,增大了系统自由度。目前,学者主要围绕集中式 MIMO 雷达在增加目标可辨识数[15]、合成发射方向图[16-18]、改善目标角度估计精度[19-21]以及提高系统检测性能[22,23]等方面展开研究。集中式 MIMO 雷达硬件基础与传统相控阵雷达类似,因此其实现较分布式 MIMO 雷达更为容易。

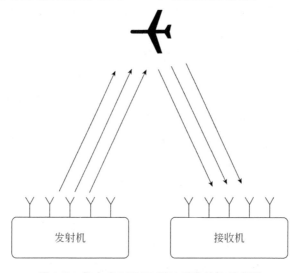

图 1-1　集中式 MIMO 雷达系统结构示意图

2. 分布式 MIMO 雷达

分布式 MIMO 雷达系统结构示意图如图 1-2 所示[11]。其收发端阵元间距很大，相当于从不同的视角来观测目标，是组网/多基地雷达的发展。此时，目标并不能视为点目标，各个观测路径是独立的，通过联合处理回波数据，增大可获取的信息量。接收端接收的回波信号不相关，不能直接进行相干处理，进行空间分集处理后，有助于克服目标的 RCS 闪烁，提高系统的检测性能。目前，学者主要围绕分布式 MIMO 雷达，在提高目标检测性能[24-27]、改善目标定位精度[28,29]以及雷达资源分配[30-33]等方面展开研究。实际中，分布式 MIMO 雷达在时间同步、相位同步、信道的有效估计上依然存在一定难度[34]。

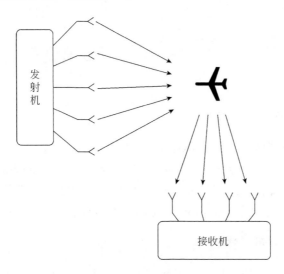

图 1-2　分布式 MIMO 雷达系统结构示意图

3. 混合式 MIMO 雷达

分布式 MIMO 雷达虽然能够克服目标 RCS 闪烁现象，但无法进行接收波束形成；集中式 MIMO 雷达可以进行接收波束形成，但无法获得空间分集特性。若将这两种阵元结构相结合，就可以实现优势互补。因此，有学者提出带有集中式子阵的分布式 MIMO 雷达概念[35]，也称为混合式 MIMO 雷达。混合式 MIMO 雷达系统结构示意图如图 1-3 所示，可以看出其由多个距离较远的分布式站点组成，每个站点都包含一个集中式子阵，混合了上述两种 MIMO 雷达阵元的结构。目前，国内外对混合式 MIMO 雷达展开研究的文献还相对较少。

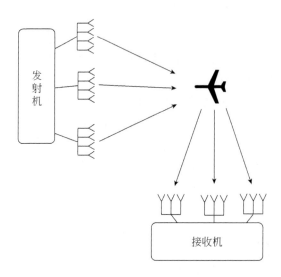

图 1-3　混合式 MIMO 雷达系统结构示意图

4. 其他新体制 MIMO 雷达

近年来,结合其他技术的新体制 MIMO 雷达同样引起了研究人员的广泛关注,如相控阵 MIMO 雷达[36-38]、压缩感知(compressive sensing,CS)MIMO 雷达[39-41]、频控阵(frequency diverse array,FDA)MIMO 雷达[42-44]、正交频分复用(orthogonal frequency division multiplexing,OFDM)MIMO 雷达[45-47]等。

1.3.2　MIMO 雷达试验样机

随着 MIMO 雷达理论研究的不断深入,国内外众多高校和研究机构开始研制 MIMO 雷达试验样机,推动了 MIMO 雷达从理论走向实践。

2003 年,美国林肯实验室研究 L 波段和 X 波段分别构造相参 MIMO 雷达实验系统,并做了相关实验,验证了窄带 MIMO 雷达和宽带 MIMO 雷达性能,其中 X 波段与普通相控阵雷达相比,接收机灵敏度提高了 9dB。2008 年,澳大利亚国防科学与技术组织(Defense Science and Technology Organization,DSTO)的 Frazer 等[48,49]在其原有天波超视距雷达(over the horizon radar,OTHR)基础上进行了改进,设计了 MIMO 雷达实验系统。2008 年,英国伦敦大学学院(University College London,UCL)也在组网雷达研究的基础上,改进原有设备用于统计 MIMO 雷达实验。2010 年,德国 Fraunhofer FHR 公司开发出成像 MIMO 雷达,用于地理现象监视,可用于雪崩、火山爆发探测等。2011 年,英国伦敦大学学院也研制出了高新 MIMO 雷达用于地理成像应用,安装在瑞士谷地德拉地区,用来进行雪崩探测和警告。此后,国外针对各种应用场景设计的 MIMO 雷达试验样机仍然在逐年增加[50-52]。

同时,MIMO 雷达也吸引了越来越多的国内研究团队先后投入到相关理论和实验系统研究中。在实验系统方面,目前国内已有多家单位拥有 MIMO 雷达实验系统,例如西安电子科技大学采用 25 个发射阵元、25 个接收阵元,获得了 1.2°的角度分辨性能;中国电子科技集团公司第十四研究所构建了一维有源线阵相参MIMO 雷达,验证了固定位置分布式 L 波段多载波一维综合脉冲与孔径技术;南京信息工程大学研发了机载 MIMO 通信雷达一体化实验系统,经由不同天线发射分别实现通信和合成孔径雷达(synthetic aperture radar,SAR)成像功能。

参 考 文 献

[1] Li J,Stoica P. MIMO radar with colocated antennas[J]. IEEE Signal Processing Magazine, 2007,24(5):106-114.

[2] Haimovich A M,Blum R S,Cimini L. MIMO radar with widely separated antennas[J]. IEEE Signal Processing Magazine,2008,25(1):116-129.

[3] Luce A S,Molina H,Muller D,et al. Experimental results on RIAS digital beamforming radar [C]//IEEE International Radar Conference,London,1992:505-510.

[4] Curtis T E,Ward R J. Digital beamforming for sonar systems[J]. IEE Proceedings F-Communications,Radar and Signal Processing,1980,127(4):257-265.

[5] Wang W,Wang R,Deng Y K,et al. Improved digital beam-forming approach with scaling function for range multi-channel synthetic aperture radar system[J]. IET Radar,Sonar & Navigation,2016,10(2):379-385.

[6] Aubry A,Carotenuto V,Maio A D,et al. Optimization theory-based radar waveform design for spectrally dense environments[J]. IEEE Aerospace and Electronic Systems Magazine, 2016,31(12):14-25.

[7] Larsson E G,Danev D,Olofsson M,et al. Teaching the principles of massive MIMO: Exploring reciprocity-based multiuser MIMO beamforming using acoustic waves[J]. IEEE Signal Processing Magazine,2017,34(1):40-47.

[8] You L,Gao X Q,Swindlehurst A L. Channel acquisition for massive MIMO-OFDM with adjustable phase shift pilots[J]. IEEE Transactions on Signal Processing,2016,64(6):1461-1476.

[9] Hassanien A,Vorobyov S A,Khabbazibasmenj A. Transmit radiation pattern invariance in MIMO radar with application to DOA estimation[J]. IEEE Signal Processing Letters,2015, 22(10):1609-1613.

[10] Bliss D W,Forsythe K W. Multiple-input multiple-output(MIMO)radar and imaging: Degrees of freedom and resolution[C]//Asilomar Conference on Signals,Systems and Computers,Monterey,2003:54-59.

[11] Fishier E,Haimovich A,Blum R,et al. MIMO radar:An idea whose time has come[C]//

IEEE Radar Conference, Philadelphia, 2004:71-78.

[12] Li J, Stoica P. MIMO Radar Signal Processing[M]. Hoboken: Wiley, 2008.

[13] Haghnegahdar M, Imani S, Ghorashi S A, et al. SINR enhancement in colocated MIMO radar using transmit covariance matrix optimization[J]. IEEE Signal Processing Letters, 2017, 24(3):339-343.

[14] 李玉翔. 知识辅助的 MIMO 雷达波形设计技术研究[D]. 郑州:战略支援部队信息工程大学, 2017.

[15] Li J, Stoica P, Xu L Z, et al. On parameter identifiability of MIMO radar[J]. IEEE Signal Processing Letters, 2007, 14(12):968-971.

[16] Li H, Zhao Y B, Cheng Z F, et al. Correlated LFM waveform set design for MIMO radar transmit beampattern[J]. IEEE Geoscience and Remote Sensing Letters, 2017, 14(3):329-333.

[17] Bouchoucha T, Ahmed S, Al-Naffouri T, et al. DFT-based closed-form covariance matrix and direct waveforms design for MIMO radar to achieve desired beampatterns[J]. IEEE Transactions on Signal Processing, 2017, 65(8):2104-2113.

[18] Deng H, Geng Z, Himed B. MIMO radar waveform design for transmit beamforming and orthogonality[J]. IEEE Transactions on Aerospace and Electronic Systems, 2016, 52(3):1421-1433.

[19] Li J F, Jiang D F, Zhang X F. DOA estimation based on combined unitary ESPRIT for coprime MIMO Radar[J]. IEEE Communications Letters, 2017, 21(1):96-99.

[20] Liu J, Wang X P, Zhou W D. Covariance vector sparsity-aware DOA estimation for monostatic MIMO radar with unknown mutual coupling[J]. Signal Processing, 2016, 119(2):21-27.

[21] Shi J P, Hu G P, Zong B F, et al. DOA estimation using multipath echo power for MIMO radar in low-grazing angle[J]. IEEE Sensors Journal, 2016, 16(15):6087-6094.

[22] Abed A M, Salehi J A, Hariri A. Multiuser detector for airborne co-located multiple input/multiple output radar using compressive measurements[J]. IET Radar, Sonar&Navigation, 2017, 11(2):260-268.

[23] Xia Y, Song Z, Lu Z, et al. Target detection in low grazing angle with OFDM MIMO radar[J]. Progress in Electromagnetics Research M, 2016, 46(1):101-112.

[24] Gu W K, Wang D W, Ma X Y, et al. Distributed OFDM-MIMO radar track-before-detect based on second order target state model[C]//IEEE Information Technology, Networking, Electronic and Automation Control Conference, Chongqing, 2016:667-671.

[25] Hu Q Z, Su H T, Zhou S H, et al. Target detection in distributed MIMO radar with registration errors[J]. IEEE Transactions on Aerospace and Electronic Systems, 2016, 52(1):438-450.

[26] Sun G H, He Z S, Zhang Y L. Moving platform based distributed MIMO radar detection in compound-Gaussian clutter without training data[C]//IEEE International Conference on

Signal Processing, Chengdu, 2016:1560-1565.

[27] Chen H, Himed B. Analyzing and improving MIMO radar detectionperformance in the presence of cybersecurity attacks[C]//IEEE International Radar Conference, Philadelphia, 2016:1135-1138.

[28] Zou Y B, Wan Q, Cao J M. Target localization in noncoherent distributed MIMO radar system using squared range-sum measurements[C]//IEEE International Conference on Signal Processing, Shanghai, 2016:1576-1579.

[29] Liang J L, Leung C S, So H C. Lagrange programming neural network approach for target localization in distributed MIMO radar[J]. IEEE Transactions on Signal Processing, 2016, 64(6):1574-1585.

[30] Garcia N, Haimovich A M, Coulon M, et al. Resource allocation in MIMO radar with multiple targets for non-coherent localization[J]. IEEE Transactions on Signal Processing, 2014, 62(10):2656-2666.

[31] Yu Y, Sun S Q, Madan R N, et al. Power allocation and waveform design for the compressive sensing based MIMO radar[J]. IEEE Transactions on Aerospace and Electronic Systems, 2014, 50(2):898-909.

[32] 严俊坤, 刘宏伟, 戴奉周, 等. 基于非线性机会约束规划的多基雷达系统稳健功率分配算法[J]. 电子与信息学报, 2014, 36(3):509-515.

[33] 严俊坤, 纠博, 刘宏伟, 等. 一种针对多目标跟踪的多基雷达系统聚类与功率联合分配算法[J]. 电子与信息学报, 2013, 35(8):1875-1881.

[34] Sammartino P F, Baker C J, Rangaswamy M. MIMO radar, theory and experiments[C]// IEEE International Workshop on Computational Advances in Multi-Sensor Adaptive Processing, Seattle, 2007:101-104.

[35] Fuhrmann D R, Browning J P, Rangaswamy M. Signaling strategies for the Hybrid MIMO phased-array radar[J]. IEEE Journal of Selected Topics in Signal Processing, 2010, 4(1):66-78.

[36] Hassanien A, Vorobyov S A. Phased-MIMO radar: A tradeoff between phased-array and MIMO radars[J]. IEEE Transactions on Signal Processing, 2010, 58(6):3137-3151.

[37] Wang W Q. Phased-MIMO radar with frequency diversityfor range-dependent beamforming [J]. IEEE Sensors Journal, 2013, 13(4):1320-1328.

[38] Khan W, Qureshi I M, Sultan K. Ambiguity function of phased-MIMO radar with colocated antennas and its properties[J]. IEEE Geoscience and Remote Sensing Letters, 2014, 11(7):1220-1224.

[39] Yu Y, Petropulu A P, Poor H V. MIMO radar using compressive sampling[J]. IEEE Journal of Selected Topics in Signal Processing, 2010, 4(1):146-163.

[40] Rossi M, Haimovich A M, Eldar Y C. Spatial compressive sensing for MIMO radar[J]. IEEE Transactions on Signal Processing, 2014, 62(2):419-430.

[41] 胡晓伟, 童宁宁, 何兴宇, 等. 基于 Kronecker 压缩感知的宽带 MIMO 雷达高分辨三维成像

[J]. 电子与信息学报,2016,38(6):1475-1481.

[42] Sammartino P F,Baker C J,Griffiths H D. Frequencydiverse MIMO techniques for radar [J]. IEEE Transactions on Aerospace and Electronic Systems,2013,49(1):201-222.

[43] Wang W Q. Overview of frequency diverse array in radar and navigation applications[J]. IET Radar,Sonar & Navigation,2016,10(6):1001-1012.

[44] 王文钦,邵怀宗,陈慧. 频控阵雷达:概念、原理与应用[J]. 电子与信息学报,2016,38(4):1000-1011.

[45] Cheng S J,Wang W Q,Shao H Z. Large time-bandwidth product OFDM chirp waveform diversity using for MIMO radar[J]. Multidimensional Systems and Signal Processing,2016,27(1):145-158.

[46] Zhuang S N,Fang Q Y,Ren B. Extended target detection for OFDM cognitive radar[J]. IET Electronics Letters,2016,52(19):1637-1638.

[47] 谷文堃,王党卫,马晓岩. 分布式 OFDM-MIMO 雷达 MTI 处理[J]. 系统工程与电子技术,2016,38(8):1794-1799.

[48] Frazer G J,Abramovich Y I,Johnson B A. HF skywave MIMO radar:The HILOW experimental program [C]//The 42nd Asilomar Conference on Signals, Systems and Computers,Pacific Grove,2008:639-643.

[49] Frazer G J,Abramovich Y I,Johnson B A,et al. Recent results in MIMO over-the-horizon radar[C]//IEEE Radar Conference,Rome,2008:1-6.

[50] Feger R,Pfeffer C,Stelzer A. Afrequency-division MIMO FMCW radar system based on delta-sigma modulated transmitters[J]. IEEE Transactions on Microwave Theory and Techniques,2014,62(12):3572-3581.

[51] Rossum W V,Hoogeboom P,Belfiori F. Coherent MUSIC technique for range/angle informationretrieval:Application to a frequency-modulated continuous wave MIMO radar[J]. IET Radar,Sonar & Navigation,2014,8(2):75-83.

[52] Sit Y L,Nuss B,Basak S,et al. Real-time 2D+velocity localization measurement of a simultaneous-transmit OFDM MIMO radar using software defined radios[C]//European Radar Conference,Paris,2016:21-24.

第 2 章　MIMO 雷达系统模型基础

当前广泛研究的 MIMO 雷达主要分为两种体制:一种是美国麻省理工学院林肯实验室提出的集中式 MIMO 雷达;另一种是美国贝尔实验室提出的分布式 MIMO 雷达。两种雷达在系统架构、信号处理流程等方面存在一定差别。

本章将介绍 MIMO 雷达系统架构、信号模型、信号处理流程等内容,在此基础上,按照从发送端到接收端的顺序,依次介绍 MIMO 雷达系统的关键技术,阐述其解决的具体问题和当前的研究现状。

2.1　MIMO 雷达系统架构

对于复杂系统的全面认识,通常从它的架构开始。集中式 MIMO 雷达和分布式 MIMO 雷达系统架构差异大,由此带来信号处理的一系列差别。

2.1.1　集中式 MIMO 雷达系统架构

集中式 MIMO 雷达通过使用发射天线阵列发射相互正交的信号或部分相关波形[1]来获得波形分集增益[2]。集中式 MIMO 雷达与传统相控阵雷达硬件基础类似,参照传统相控阵雷达模式。集中式 MIMO 雷达天线阵列如图 2-1 所示。其中,若干个收发阵元以载波波长的 1/2 为间隔,等间距排列为均匀线性阵列。

各通道发射信号相互正交,因此每个阵元在空间中发射信号相互叠加,对阵列整体来说,合成了一个全向的低增益宽波束。对于具有 N_{tr} 个收发天线的阵列,其发射阵列将会形成 N_{tr} 个独立波束,整个阵列的主瓣增益与传统相控阵雷达相比降低至 $1/N_{tr}$,同时由于整个阵列的发射功率以多个正交波形发射到空间中,每个信号的发射功率也降低至雷达总发射功率的 $1/N_{tr}$。MIMO 雷达波形分集及其带来的发射波束低增益特性,降低了敌方截获我方雷达信号的概率。

集中式 MIMO 雷达的收发可以共用同一天线阵列,靠功率分配器进行收发隔离。接收阵列收到回波信号后进行数字波束形成,从而形成多个高增益的窄波束。多个高增益的窄波束可以扫描发射阵列宽波束所照射的空间目标。考虑 MIMO 雷达发射阵列增益较低,为了达到与相控阵雷达相同的探测距离,集中式 MIMO 雷达需要进行 N_{tr} 倍于传统相控阵雷达的脉冲积累时间积累。

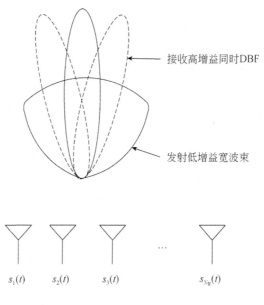

接收高增益同时DBF

发射低增益宽波束

$s_1(t)$　　$s_2(t)$　　$s_3(t)$　　　　$s_{N_{tr}}(t)$

图 2-1　集中式 MIMO 雷达天线阵列

DBF-数字波束形成(digital beam forming)

集中式 MIMO 雷达的发射阵列一般采用全向天线,在空间形成低增益宽波束。MIMO 雷达接收端可以利用传统的自适应信号处理或者其他的信号分离算法进行目标检测和参数估计。集中式 MIMO 雷达系统与传统相控阵雷达相比最大的优势是,其利用波形分集的特点形成虚拟阵列[3],扩展阵列孔径,提高雷达的目标参数估计能力和干扰抑制能力等。假设某集中式 MIMO 雷达具有 M 个发射阵元与 N 个接收阵元,其每个发射阵元与接收阵元在三维欧氏空间中的坐标矢量可以分别记为 T_m 和 R_n。假设空间中有一远场目标,MIMO 雷达对该目标进行探测,得到 M 个回波信号,被 N 个接收阵元接收后可以通过匹配滤波器分离出 $M \times N$ 个信号输出,表示如下:

$$y_{mn} = A_{mn} e^{-j2\pi p(T_m + R_n)/\lambda}, \quad m = 1, 2, \cdots, M; n = 1, 2, \cdots, N \qquad (2\text{-}1)$$

式中,A_{mn} 为信号幅度;$p(T_m + R_n)$ 为阵列方向矢量;λ 为信号波长。显然,该信号输出与一个包含 $M \times N$ 个阵元的接收阵列的输出信号等价。这一等价的虚拟阵列在空间中的位置可以表示为

$$\{T_m + R_n \mid m = 1, 2, \cdots, M; n = 1, 2, \cdots, N\} \qquad (2\text{-}2)$$

以图 2-2 中集中式 MIMO 雷达为例,该雷达具有 5 个均匀排列的收发阵元,阵元间隔为半波长。其物理阵列可以等效为一个拥有 9 个阵元的虚拟阵列。虚拟阵列相较于实际阵列孔径扩大,基于这一优势,集中式 MIMO 雷达相对传统相控

阵雷达有包括目标角度估计等参数估计性能的提升。

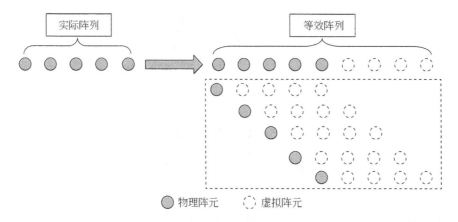

图 2-2　集中式 MIMO 雷达虚拟阵列

对于基于常规均匀阵列的集中式 MIMO 雷达,虚拟阵列还提高了系统整体冗余性。如图 2-3 所示,假设从天线阵列中移除特定阵元,得到的等效阵列却不发生变化,依然拥有 9 个连续的阵元排布。

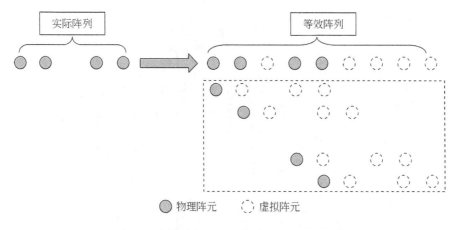

图 2-3　集中式 MIMO 雷达阵列冗余性示意图

图 2-4 为 5 阵元阵列相控阵模式下接收方向图,图 2-5 为 5 阵元阵列 MIMO 雷达模式下接收方向图,图 2-6 为 MIMO 雷达去冗余后 4 阵元阵列的接收方向图。可以看到,5 阵元阵列 MIMO 雷达模式下的方向图主瓣宽度比传统相控阵模式下更窄,即其对目标角度估计性能优于传统相控阵雷达;降低阵列冗余性,将其变化为一个 4 阵元非均匀阵列后,方向图与原 4 阵元阵列完全相同,即角度分辨性能不变。

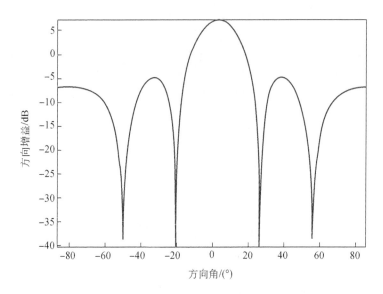

图 2-4　5 阵元阵列相控阵模式下接收方向图

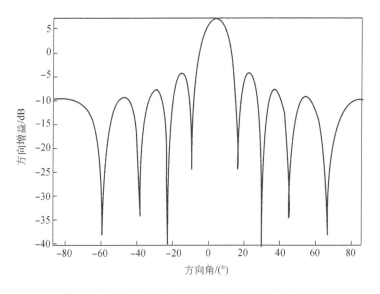

图 2-5　5 阵元阵列 MIMO 雷达模式下接收方向图

　　一方面,以降低阵列冗余性为准则优化阵元排布,可以提高集中式 MIMO 雷达的参数估计性能[4,5];另一方面,也可以利用冗余阵列提供的额外自由度提高集中式 MIMO 雷达的包括抗干扰能力在内的综合性能[6]。

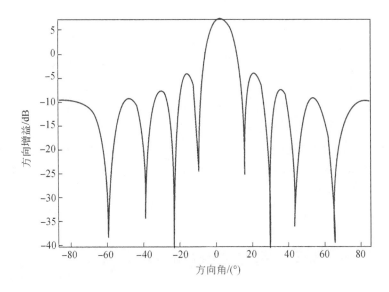

图 2-6　MIMO 雷达去冗余后 4 阵元阵列的接收方向图

2.1.2　分布式 MIMO 雷达系统架构

分布式 MIMO 雷达系统借鉴了通信中的 MIMO 理论,其收发天线在空间中以较远间隔分散布置,各个发射天线发射的信号相互正交。目标相对于每个雷达天线的角度各有不同,因此分布式 MIMO 雷达接收多个完全独立的目标回波信号,并获得空间分集增益[7]。分布式 MIMO 雷达可以利用空间分集增益克服由目标不同方向上回波参数不同带来的扩展目标 RCS 闪烁问题,提升了 MIMO 雷达对目标的检测能力,并可以提高目标的参数估计精度[8]。

分布式 MIMO 雷达的阵元之间有较大间隔,不同接收阵元处收到的回波信号是多个甚至所有发射信号经过目标反射后的叠加,信号中可能调制有目标信息。各收发阵元摆放的位置差别很大,因此不同发射波形照射到目标的传输通道也不同,经过目标反射抵达接收阵元的信号在不同接收端互不相关。由于对目标探测信号照射的角度与位置不同,信号所携带的目标信息也有所区别,这一特性对低可探测目标及微小目标的检测有很大意义。分布式 MIMO 雷达在获取更多目标信息,提高目标探测能力的同时,对雷达系统的时间、相位同步也提出了更高的要求[7]。

在平面坐标系下,分布式 MIMO 雷达为了获得目标的多个不相关探测通道,对天线布设的间距有所要求。在三维坐标下,假设各探测通道参数满足高斯随机分布,则对阵元部署的要求如下:

$$\frac{x_{tk}}{d(T_k,X_0)}-\frac{x_{ti}}{d(T_i,X_0)}>\frac{\lambda}{D_x}, \quad \frac{x_{rl}}{d(R_l,X_0)}-\frac{x_{rj}}{d(R_j,X_0)}>\frac{\lambda}{D_x} \tag{2-3}$$

$$\frac{y_{tk}}{d(T_k,X_0)}-\frac{y_{ti}}{d(T_i,X_0)}>\frac{\lambda}{D_y}, \quad \frac{y_{rl}}{d(R_l,X_0)}-\frac{y_{rj}}{d(R_j,X_0)}>\frac{\lambda}{D_y} \tag{2-4}$$

$$\frac{z_{tk}}{d(T_k,X_0)}-\frac{z_{ti}}{d(T_i,X_0)}>\frac{\lambda}{D_z}, \quad \frac{z_{rl}}{d(R_l,X_0)}-\frac{z_{rj}}{d(R_j,X_0)}>\frac{\lambda}{D_z} \tag{2-5}$$

式中，T_k 和 T_i 分别为两个发射阵元的位置(x_{tk},y_{tk},z_{tk})和(x_{ti},y_{ti},z_{ti})；R_l 和R_j 分别为两个接收阵元的位置(x_{rl},y_{rl},z_{rl})和(x_{rj},y_{rj},z_{rj})；X_0 为目标的位置坐标(D_x,D_y,D_z)；λ 为雷达波长；$d(T_i,X_0)$为阵元 T_i 和目标X_0 之间的直达距离，其表达式为

$$d(T_i,X_0)=\sqrt{(x_{ti}-D_x)^2+(y_{ti}-D_y)^2+(z_{ti}-D_z)^2} \tag{2-6}$$

2.2　MIMO 雷达收发信号模型

MIMO 雷达发射的波形包括正交波形和部分相关波形。正交波形即指 MIMO 雷达发射阵元所发射的各个波形间互不相关或互相关较弱，理想情况下取值为零。部分相关波形的发射信号间则具有一定的相关性，从而可以在空间中得到特定的发射方向图，达到将电磁能量集中于感兴趣的空间范围内，合理利用雷达发射功率的目的。这通常是基于设计发射波形互相关矩阵来实现的[9]。相比而言，发射正交波形的 MIMO 雷达更为典型且常见，其更多代表了 MIMO 雷达的特性，这是由于当 MIMO 雷达发射的波形不相关时，来自不同空间回波的互干扰较小，具有更多的空间自由度，利于在接收端通过匹配滤波提取更多的目标信息。

2.2.1　MIMO 雷达正交波形

假设 MIMO 雷达使用的 M 个发射波形为
$$s_1(k),s_2(k),s_3(k),\cdots,s_M(k), \quad k=1,2,\cdots,L_s$$
则其自相关函数可以定义为

$$A(s_m,n)=\begin{cases} \dfrac{1}{L_s-n}\sum_{k=1}^{L_s-n}s_m(k)s_m^*(k+n), & 0\leqslant n<L_s \\ \dfrac{1}{L_s+n}\sum_{k=-n+1}^{L_s}s_m(k)s_m^*(k+n), & -L_s<n<0 \end{cases} \tag{2-7}$$

互相关函数可以定义为

$$C(s_m, s_p, n) = \begin{cases} \dfrac{1}{L_s - n} \sum\limits_{k=1}^{L_s - n} s_m(k) s_p^*(k+n), & 0 \leqslant n < L_s; p \neq m \\ \dfrac{1}{L_s + n} \sum\limits_{k=-n+1}^{L_s} s_m(k) s_p^*(k+n), & -L_s < n < 0; p \neq m \end{cases} \tag{2-8}$$

若要满足正交波形的条件,且具有较好的自相关性能,方便参数提取,则要求在理想条件下:

$$\begin{cases} A(s_m, n) = \begin{cases} 0, & n \neq 0 \\ 1, & n = 0 \end{cases} \\ C(s_m, s_p, n) = 0 \end{cases} \tag{2-9}$$

或可以将每个正交波形视为一个 $1 \times L_s$ 的信号矢量,并进行归一化,则可以得到

$$\frac{1}{L_s} \sum_{k=1}^{L_s} S(k)\, S^H(k) = I_M \tag{2-10}$$

式中,$S(k) = [s_1(k), s_2(k), \cdots, s_M(k)]^T$;H 表示共轭转置;$I_M$ 为 $M \times M$ 的单位矩阵。

现有 MIMO 雷达的正交波形通常以上述两个约束条件为基础,同时面向不同应用背景及探测任务,完成波形设计。理想条件下,要求一组完全正交的发射波形的任意两个波形的互相关函数为零,而自相关函数则在除 $n = 0$ 以外的位置有较低的电平输出。然而受现实条件制约,尤其是在发射波形长度受限且需要有多组波形数目时,很难得到正交性能优良的发送波形组。这里以文献[10]中基于遗传算法优化设计的长度为 40 的正交相位编码为例,做其自相关与互相关函数图像,如图 2-7 和图 2-8 所示。

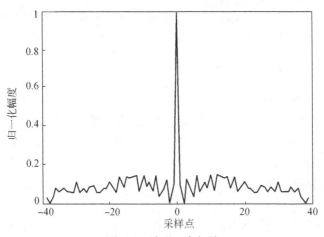

图 2-7　波形 1 自相关

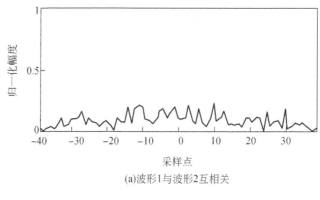

(a)波形1与波形2互相关

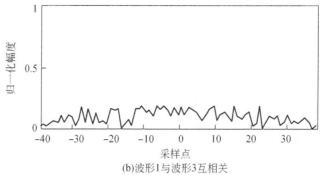

(b)波形1与波形3互相关

图 2-8　　波形 1 与波形 2、波形 3 互相关

图 2-7 为波形 1 的自相关函数输出,图 2-8 为波形 1 与波形 2、波形 3 的互相关函数输出。可以看到,即使是经过优化设计的正交波形依然具有较高的互相关电平。因此,通过波形设计并不能实现完全消除波形相关性的目标。

2.2.2　MIMO 雷达回波信号模型

MIMO 雷达系统收发波束示意图如图 2-9 所示,由 MIMO 雷达发射机产生多路相互正交的信号,送至各个发射阵元,由此形成主瓣较宽甚至全向发射的低增益波束,在 MIMO 雷达接收端,每个接收阵元均可接收所有发射阵元发射的正交波形信号,并形成多个对目标的探测通道,之后进行匹配滤波以及 DBF 处理。经过上述信号处理流程,即可进行杂波抑制、目标检测、参数估计以及目标跟踪等一系列处理工作。

如图 2-10 所示,假设 MIMO 雷达具有 M 个发射阵元,N 个接收阵元,每个阵元间距相等。发射阵元发射 M 个中心频率为 f_0 的窄带信号,记为 $s_1,s_2,\cdots,s_M$。第 m 个发射阵元所发射信号可表示为$[s_m(0),s_m(1),s_m(2),\cdots,s_m(L_s-1)]$,其中

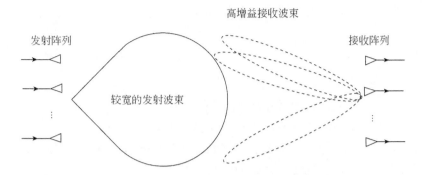

图 2-9 MIMO 雷达系统收发波束示意图

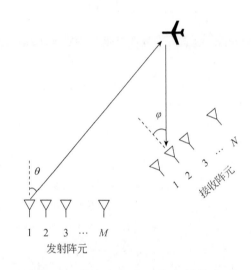

图 2-10 集中式 MIMO 雷达对目标探测

L_s 为信号慢时间采样点数,则目标处信号可表示为

$$p(k) = \alpha_T \sum_{m=1}^{M} e^{-j2\pi f_0 \tau_m} s_m(k) \tag{2-11}$$

式中,α_T 为发射阵列到目标的衰减因子;τ_m 为第 m 个发射阵元到目标的传播时延。

若目标相对发射阵列法线角度为 θ,则各发射阵元所发射信号相对于第一发射阵元所发射信号到目标处的时延差为

$$\tau_m - \tau_1 = \frac{(m-1)d_t \sin\theta}{c} \tag{2-12}$$

式中,d_t 为发射阵元间隔;c 为光速。此时,目标处信号可以表示为

$$p(k) = \alpha_{\mathrm{T}} \mathrm{e}^{-\mathrm{j}2\pi f_0 \tau_1} \sum_{m=1}^{M} \mathrm{e}^{\mathrm{j}2\pi f_0 (\tau_m - \tau_1)} s_m(k)$$

$$= \alpha_{\mathrm{T}} \mathrm{e}^{-\mathrm{j}2\pi f_0 \tau_1} \sum_{m=1}^{M} \mathrm{e}^{\mathrm{j}2\pi f_0 (m-1) d_{\mathrm{t}} \sin\theta / c} s_m(k), \quad k = 1, 2, \cdots, L_{\mathrm{s}}$$

$$(2\text{-}13)$$

第 n 个接收阵元接收的目标反射回波信号为

$$x_n(k) = \alpha_0 \alpha_{\mathrm{R}} \mathrm{e}^{-\mathrm{j}2\pi f_0 \tau_n} p(k) + v_n(k), \quad k = 1, 2, \cdots, L_{\mathrm{s}}; n = 1, 2, \cdots, N \quad (2\text{-}14)$$

式中，α_0 为目标散射系数；α_{R} 为目标到接收阵列的衰减因子；τ_n 为信号到达第 n 个接收阵元的时延；$v_n(k)$ 为进入接收机的噪声。

各个接收阵元与第一个接收阵元的信号时延差为

$$\tau_n - \tau_1 = \frac{(n-1) d_{\mathrm{r}} \sin\varphi}{c} \tag{2-15}$$

式中，d_{r} 为接收阵元间间隔。此时，第 n 个接收阵元接收的信号可以表示为

$$x_n(k) = \alpha_{\mathrm{R}} \alpha_0 \mathrm{e}^{-\mathrm{j}2\pi f_0 \tau_1} \mathrm{e}^{\mathrm{j}2\pi f_0 (n-1) d_{\mathrm{r}} \sin\varphi / c} p(k) + v_n(k),$$

$$k = 1, 2, \cdots, L_{\mathrm{s}}; n = 1, 2, \cdots, N \tag{2-16}$$

将式(2-16)进行向量化表示，可以写为

$$X(k) = \alpha b(\varphi) a^{\mathrm{T}}(\theta) S(k) + V(k), \quad k = 1, 2, \cdots, L_{\mathrm{s}} \tag{2-17}$$

其中

$$\alpha = \alpha_{\mathrm{T}} \alpha_{\mathrm{R}} \alpha_0 \tag{2-18}$$

$$X(k) = [x_1(k), x_2(k), \cdots, x_N(k)]^{\mathrm{T}} \tag{2-19}$$

$$a(\theta) = [1, \mathrm{e}^{-\mathrm{j}2\pi d_{\mathrm{t}} f_0 \sin\theta / c}, \cdots, \mathrm{e}^{-\mathrm{j}2\pi (M-1) d_{\mathrm{t}} f_0 \sin\theta / c}]^{\mathrm{T}} \tag{2-20}$$

$$b(\varphi) = [1, \mathrm{e}^{-\mathrm{j}2\pi d_{\mathrm{r}} f_0 \sin\varphi / c}, \cdots, \mathrm{e}^{-\mathrm{j}2\pi (N-1) d_{\mathrm{r}} f_0 \sin\varphi / c}]^{\mathrm{T}} \tag{2-21}$$

$$S(k) = [s_1(k), s_2(k), \cdots, s_M(k)]^{\mathrm{T}} \tag{2-22}$$

$$V(k) = [v_1(k), v_2(k), \cdots, v_N(k)]^{\mathrm{T}} \tag{2-23}$$

式中，$X(k)$ 为接收信号矩阵；$a(\theta)$ 为发射导向矢量；$b(\varphi)$ 为接收导向矢量；$S(k)$ 为发射信号矩阵；$V(k)$ 为噪声矩阵。

2.3　接收端信号处理流程

MIMO 雷达同时发射多个信号对目标进行探测，在接收端依赖匹配滤波器将信号波形分离[2]。匹配滤波器是一种在高斯白噪声背景下对已知信号进行检测的最佳线性滤波器。

理想条件下，MIMO 雷达发射信号相互正交，匹配滤波器对目标信号输出最大，而对其他通道的发射信号输出为零，因此利用一组匹配滤波器与接收信号求互相关，即可从接收到的合成回波信号中分离出不同阵元所发射的信号对目标的观

测信息。

假设输入的接收信号为 $x(k)$，匹配滤波器的单位冲击响应为 $h(k)$，所需要提取的目标信号为 $s(k)$，长度为 L_s，则匹配滤波器的输出信号可以表示为

$$y(k) = x(k) * h(k) = \sum_{i=0}^{L_s} x(i)h(n-i) = \sum_{i=0}^{L_s} x(i)s^*(i+k_0-k) \quad (2\text{-}24)$$

式中，$s^*(i+k_0-k)$ 为待分离波形的延时共轭。

上述形式为匹配滤波器在时域的卷积表达形式，对信号的时域卷积可以对应为其频域形式的相乘，因此信号的匹配滤波也可以通过频域处理来实现。在实际应用中，匹配滤波器的频域处理与时域卷积完全等效，且运算速度较快，因此通常采用此算法进行匹配滤波。

匹配滤波器频域算法原理如图 2-11 所示。

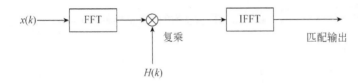

图 2-11　匹配滤波器频域算法原理

FFT-快速傅里叶变换(fast Fourier transform)；IFFT-快速傅里叶逆变换(inverse fast Fourier transform)

首先需要将输入的待匹配信号进行 FFT 计算，然后与计算好的频域滤波器进行复乘运算，最终将复乘结果进行 IFFT 处理即可得到匹配滤波结果。

在 MIMO 雷达中，为了分离目标对多个发射波形的回波信号，需要对同一个阵元的接收信号进行多次匹配滤波处理，因此可以将多个匹配滤波器的第一级 FFT 运算合并进行，如图 2-12 所示，以信号处理流程的结构优化达到节约运算资源的效果。

根据匹配滤波器在 MIMO 雷达接收信号处理中位置的不同，可以实现多种信号处理算法。

2.3.1　先匹配滤波后波束形成

根据前述分析，MIMO 雷达接收信号为

$$X(k) = \alpha b^{\mathrm{T}}(\varphi)a(\theta)S(k) + V(k), \quad k=1,2,\cdots,L_s \quad (2\text{-}25)$$

接收机首先需要利用一组匹配滤波器对接收信号进行分离，针对每个发射信号设计匹配滤波器 $h_m(k)(k=1,2,\cdots,L_s; m=1,2,\cdots,M)$，然后利用其对信号 $x_n(k)$ 进行匹配滤波，在每个接收阵元得到 M 个输出为

$$z_{mn}(k) = x_n(k) * h_m(k) \quad (2\text{-}26)$$

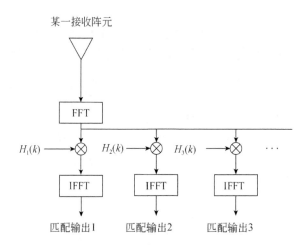

图 2-12　MIMO 雷达中的匹配滤波器实现

一般情况下,有

$$h_m(k) = s_m^*(L-k), \quad k=1,2,\cdots,L_s; m=1,2,\cdots,M \qquad (2\text{-}27)$$

式中,"$*$"表示共轭。将所有 N 个接收阵元的匹配滤波器输出 $z_{mn}(k)$ 按行排列,可以得到一个 $M \times N$ 的信号矩阵:

$$Z = \begin{bmatrix} z_{11}(k) & z_{12}(k) & \cdots & z_{1N}(k) \\ z_{21}(k) & z_{22}(k) & \cdots & z_{2N}(k) \\ \vdots & \vdots & & \vdots \\ z_{M1}(k) & z_{M2}(k) & \cdots & z_{MN}(k) \end{bmatrix} \qquad (2\text{-}28)$$

该矩阵每个元素对应每个对目标的独立观测通道的信号输出,其中每一行为每一个单独的发射信号在所有接收阵元上的匹配滤波输出,每一列为每一个单独的接收阵元所接收信号对所有发射信号的匹配滤波输出。

可以利用波束形成器,在 β 方向上对信号矩阵 Z 进行波束形成:

$$y(\beta) = g^H(\beta)Z \qquad (2\text{-}29)$$

式中,$g(\beta)$ 为 $1 \times N$、方向为 β 的波束形成向量。先匹配滤波后波束形成信号处理框图如图 2-13 所示。

假设所使用的信号匹配滤波器长度为 L_s,发射波束个数为 P_{tx},所要形成的波束个数为 P,则该算法的运算量为 $M \times N \times L_s + M \times P_{tx} + N \times P$。其中,进行匹配滤波需要运算量为 $M \times N \times L_s$,进行发射波束形成需要运算量为 $M \times P_{tx}$,进行接收波束形成需要运算量为 $N \times P$。

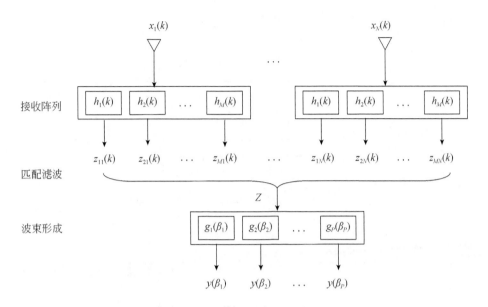

图 2-13　先匹配滤波后波束形成信号处理框图

2.3.2　先波束形成后匹配滤波

在此信号处理流程中，接收信号 $X(k)$ 首先经过 P 个波束形成器，形成 P 个方向上的接收波束。假设其在第 p 个方向上的波束形成器指向为 β_p，加权矢量为 $g(\beta_p)$，则第 p 个方向上的波束形成输出为

$$d(\beta_p, k) = g^H(\beta_p) X(k), \quad p = 1, 2, \cdots, P; k = 1, 2, \cdots, L_s \tag{2-30}$$

然后对 $d(\beta_p, k)$ 进行匹配滤波，由此可以得到信号的匹配滤波器输出为

$$D_{pm}(k) = d(\beta_p, k) * h_m(k), \quad p = 1, 2, \cdots, P; k = 1, 2, \cdots, L_s \tag{2-31}$$

接着对每个匹配滤波器的输出结果进行发射波束形成，即可得到最终的输出信号为

$$y(\beta_p) = w_p D_p, \quad p = 1, 2, \cdots, P \tag{2-32}$$

式中，$D_p = [D_{p1}, D_{p2}, \cdots, D_{pM}]^T$ 为所有发射信号在同一波束形成器下输出组成的信号向量；w_p 为第 p 个发射波束形成器 DBF 的权系数，当发射信号相互正交时，$w_p = \alpha^H(\beta_p)$。先波束形成后匹配滤波信号处理流程图如图 2-14 所示。

这种信号处理流程需要的运算量为 $P \times M \times L_s + N \times P + M \times P_{tx}$。

2.3.3　匹配滤波与波束形成联合处理

在先波束形成后匹配滤波的基础上，若发射方向与接收方向相同，即收发天线

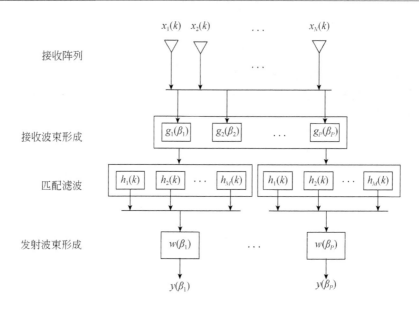

图 2-14　先波束形成后匹配滤波信号处理流程图

为同一阵列,且满足发射信号相互正交,则可以将发射波束形成与匹配滤波进行联合处理,以较为有效地降低运算量。例如,当需要波束形成的指向为 β_p 时,可以设计联合匹配滤波器权值为

$$h_p = w_i \left[h_1(k), h_2(k), \cdots, h_M(k)\right]^{\mathrm{T}} = \alpha^{\mathrm{H}}(\beta_p) S_m^*(L_s - k) \tag{2-33}$$

匹配滤波与波束形成联合处理流程图如图 2-15 所示。

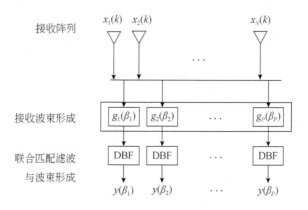

图 2-15　匹配滤波与波束形成联合处理流程图

这种算法需要的运算量为 $P \times L_s + P \times N$,明显小于前两种处理算法。

将上述几种算法的运算量总结列于表 2-1。通常情况下,$P < L_s$ 总是成立的,

因此先接收波束形成后匹配滤波处理的算法在运算复杂度上总是优于先匹配滤波后波束形成的信号处理算法。当收发阵元同置且发射信号相互正交时，应用联合匹配滤波算法所需要的运算量最低。

表 2-1　MIMO 雷达信号处理流程对比

信号处理流程	运算量
先匹配滤波后波束形成	$M \times N \times L_s + M \times P_{tx} + N \times P$
先波束形成后匹配滤波	$P \times M \times L_s + M \times P_{tx} + N \times P$
匹配滤波与波束形成联合处理	$P \times L_s + P \times N$

2.4　MIMO 雷达系统关键技术

MIMO 雷达作为复杂雷达系统，其关键技术包括阵列设计、波形设计、干扰抑制、目标检测、参数估计等。

2.4.1　阵列设计

分布式 MIMO 雷达的阵元相距较大，一般是波长的数倍，其阵列设计问题相当于阵元选址问题，与资源分配中的阵元选取有相似之处。

集中式 MIMO 雷达是阵列设计的主要研究对象，其阵元间距较小，可与波长相比拟。一方面，其系统结构与传统相控阵雷达有相似之处，因此可以利用传统阵列设计中成熟的思想和算法；另一方面，由于其多发多收的特殊体制，阵列设计问题会相对复杂。

集中式 MIMO 雷达布阵研究主要包括以下方面：第一类研究从优化方向图的角度展开，阵型、阵元间距能影响方向图的主瓣宽度、旁瓣高度等，为了提高角度分辨率，希望方向图能够获得窄的主瓣宽度和低的旁瓣高度，但这两者相互矛盾，需要通过研究取得两者的良好折中；第二类研究基于最小冗余阵列展开，3.1 节将会对最小冗余阵列的概念、设计算法、性能优势等方面进行详细介绍；第三类研究主要根据应用需求进行布阵设计。目前，很多研究通过优化发射波形或者改进数据处理算法来提高系统性能。然而，从某种意义上讲，天线阵列结构是最重要的，是决定系统性能的关键因素。MIMO 雷达布阵设计的主要目的就是满足不同应用场景下的实际需求，因此第三类研究是目前布阵设计研究的主要趋势。

在布阵方案确定后，实际中不可避免地存在阵列误差，如阵元之间的互耦、阵元位置的扰动、接收通道之间的相位和幅度不一致等。目前，广泛使用的子空间分解类算法大多基于理想阵列流型，误差的存在会导致算法性能显著下降，甚至失效。因此,阵列校正技术是阵列设计中不可缺少的重要环节。与传统阵列类似,阵列误差也会对 MIMO 雷达的系统性能产生影响,误差校正技术是目前 MIMO 雷达研究领域的热点问题。关于传统阵列误差的研究已有很多成果,但是由于 MIMO 雷达的多发多收体制,需要同时考虑发射端和接收端的影响,其较传统阵列校正而言更加复杂。目前,关于 MIMO 雷达阵列校正的研究一般有两类:一类是针对单一误差的校正[11,12];另一类往往为了简化问题,将三种误差作为整体进行估计。虽然 MIMO 雷达阵列校正研究已经取得了一些成果,但是仍然存在有待继续完善的地方,需要对其进行进一步探索,以便估计出收发端不同类型的误差,分别进行误差校正[13]。

2.4.2　波形设计

MIMO 雷达的每副天线或每个阵元都可以自由地选择发射信号波形,这就是波形分集,波形分集能力赋予了 MIMO 雷达潜在的探测能力,从而使得波形设计成为 MIMO 雷达的关键技术。

波形设计主要达到两方面目的:一是通过合理设计发射信号波形,综合发射方向图,可以动态管理雷达系统的电磁能量。传统的相控阵雷达通过控制各个通道发射信号波形的相位来实现系统空间能量的分配,即形成满足一定要求的发射方向图。MIMO 雷达可以控制每个通道(天线或阵元)的发射波形,其合成发射方向图的可控自由度远大于相控阵雷达。因此,其系统工作模式更为灵活。二是优化发射信号波形,使空间合成信号具有良好的时域自相关特性和互相关特性。所设计的发射信号波形如果使得空间合成信号具有良好的时域自相关特性,那么对雷达接收系统来说,其能很好地进行脉冲压缩,从而顺利地提取目标的距离、速度和方位信息;如果使得空间合成信号具有较低的时域互相关特性,那么不同方向的目标回波间的相互干扰就很低。此外,波形设计还能使整个雷达系统很难被敌方侦察机交叉定位,从而提高整个雷达系统的战场生存能力。

MIMO 雷达波形设计主要包含正交波形设计、发射方向图匹配设计、发射信号波形合成三项内容。其中,采用正交波形可使分布式 MIMO 雷达能保证不同目标回波的相互干扰很小,从而很顺利地从目标回波中提取独立的目标信息,同时天线发射增益的降低使雷达具备低截获能力,从而提高战场生存能力;采用正交波形可使集中式 MIMO 雷达增加虚拟孔径,从而提高阵列空间分辨率。采用发射方向图匹配设计可以优化发射方向图,使得整个系统的电磁能量最大限度地辐射到感兴趣的目标或者区域上,从而提高整个雷达系统的探测性能,同时可避免或减少不同空间方向之间目标或区域的相互干扰。

在不同的任务阶段,MIMO 雷达需要发射相应的波形。在全空检测阶段,需要对整个空间进行检测,因此 MIMO 雷达需要发射正交波形;在搜索阶段,MIMO 雷达需要对观测角度范围进行宽角度辐射,而待观测角度范围可能是不连续的,因此需要形成特定的发射方向图;在检测估计阶段,需要尽可能地提高检测概率以及参数估计精度,因此要针对不同的性能要求对波形进行优化。

2.4.3　干扰抑制

MIMO 雷达干扰抑制是指采用某种算法对 MIMO 雷达系统面临的各种干扰进行处理,以减小其对系统性能的影响。其重要性体现在:一方面,MIMO 雷达的大多数优势来自它的多通道并行处理能力,理想情况下,多个发射天线发射相互正交的波形,接收端能够直接利用匹配滤波实现多通道分离,进而完成目标检测、参数估计等工作。然而实际上,严格正交的波形是不存在的,多个观测通道之间相互干扰,将带来匹配滤波器输出旁瓣电平增大以及峰值的估计误差,最终导致系统性能下降[14]。另一方面,随着 MIMO 雷达应用的推广,在复杂电磁环境下受到各种有源电子干扰的可能性非常高,研究 MIMO 雷达对外部干扰的抑制能力,对提高其在现代电子战行动中的生存能力和应用效果具有重要的现实意义和军事价值。

MIMO 雷达的干扰分类如图 2-16 所示。

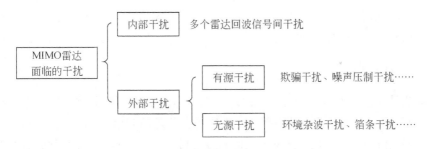

图 2-16　MIMO 雷达的干扰分类

目前,在抑制由波形相关性对 MIMO 雷达带来的内部干扰这个问题上,主要有以下 3 种思路:

(1)优化 MIMO 雷达波形设计,这类算法通过引入特定优化条件和全局优化算法生成具有较低自相关旁瓣以及互相关性的发射波形,但实际中这类优化算法可以搜索到的波形组数量有限,且在波形长度受限情况下,其设计波形依然会有较高的互相关电平。

(2)基于波形解相关算法,消除波形互相关矩阵中的互相关量,但这类算法只能应用于后端参数估计算法,不能消除由 MIMO 雷达多通道间干扰带来的对距离估计以及目标检测方面的影响。

(3)通过设计优于传统匹配滤波器的脉冲压缩滤波器,以提高波形分离性能。

然而,这类自适应滤波器需要较高的运算复杂度,而且经常涉及信号协方差矩阵的求逆运算,导致输出结果不稳定。

MIMO 雷达面临的外部干扰可以分为无源干扰和有源干扰[15]。其中,无源干扰指的是由地形、电磁传播环境、雷达设备老化、无线设备信号泄漏等对雷达目标探测所造成的干扰;有源干扰指的是其他无线设备有意施加的干扰,此类型的干扰能够造成雷达的回波检测得到错误或是虚假的结果,严重降低雷达的工作效能。相比之下,无源干扰往往是具有规律、可预测的,而有源干扰作为一种恶意行为,对雷达的危害更加明显[16]。

典型的有源干扰主要有压制式干扰和欺骗式干扰两种。其中,压制式干扰主要通过功率压制的方式,降低干扰目标雷达的检测性能;欺骗式干扰则通过构建虚假目标信号的方式,对目标雷达的检测行为进行欺骗[17]。在电子对抗中,降低敌方有源干扰对己方的影响、提高己方雷达的抗干扰性能是电子对抗领域的一个非常重要的课题。有源欺骗干扰具有灵活性和针对性,因此针对它的干扰抑制技术研究受到了更多的关注。除了信号处理算法方面的研究,针对有源干扰,还可以采取一些参数捷变的算法对其进行反欺骗。

总体来说,对多通道雷达体制,尤其是 MIMO 雷达干扰抑制技术的研究还未完全展开。如何发挥 MIMO 雷达的多通道收发和高自由度的特点,对主动欺骗干扰进行抑制,还有较大研究潜力。

2.4.4　目标检测

检测是雷达最基本的任务,雷达首先要发现目标,才能进一步对目标进行分析、识别和跟踪。在有源雷达系统中,发射天线发射已知信号,信号照射到目标后反射到接收阵列,雷达系统的任务就是通过分析反射波进行目标检测和参数估计。但是,雷达的检测性能受到目标 RCS 闪烁影响,致使接收信号的能量降低,严重的时候会使检测结果不可靠。减轻目标 RCS 闪烁的一个途径是尽可能增大目标反射回来的能量,传统雷达通过最大化相干处理增益,这要求天线之间的间距比较小,发射端和接收端的信号有较强的相关性,而 MIMO 雷达则是通过发射正交信号、增大天线之间的间距,从而获取分集增益来达到这一要求的。

文献[18]将分布式 MIMO 雷达与传统相控阵雷达做了对比,研究表明分布式 MIMO 雷达的检测性能更加突出。文献[19]推导了不同阵型下的检测概率与虚警概率。文献[20]研究了干扰环境下目标的检测问题,推导了相应的检测器,并讨论了其恒虚警性。文献[21]设计了多级假设检验检测器,解决了多目标情况下目标数量未知时的检测与定位问题。文献[22]提出了 MIMO 雷达似然比检测算法,并推导了算法的检测概率和虚警概率。文献[23]推导了 MIMO 雷达单发单收、单发多收、多发单收以及多发多收四种模式下的检测模型,并对各种模式的性能做了总结对比。文献[24]分析了极化分布式 MIMO 雷达的检测性能,并利用线性寻优算法和遗传算法分别对发射天线功率进行优化,其还对信号频率与目标 RCS 的关系进行了分析。文献[25]研究了 RCS 在部分相关和分布未知时的检测性能,然后分析了杂波对目标检测的影响,最后研究了分布式 MIMO 雷达对隐身目标的检测性能。文献[26]针对 MIMO 雷达的多输入多输出特点,推导了基于贝叶斯滤波的检测前跟踪算法,该算法利用原始的观测数据在低信噪比情况下实现了对多目标的检测与跟踪。文献[27]提出了基于概率假设密度的 MIMO 雷达检测前跟踪算法,以粒子滤波的形式实现该算法,并推导了后验克拉默-拉奥(Cramer-Rao)界。文献[28]利用正交频分复用波形获取多路回波信号,并且在短时间内进行非相参积累,提高了信噪比,有助于目标检测。文献[29]推导了广义似然比检测器,为减小运算复杂度,提出了基于逐目标消除-Hough 变换的检测前跟踪算法,该算法不需要已知目标数量,有助于 MIMO 雷达的早期预警。

2.4.5　参数估计

参数估计是雷达信号处理的一个重要环节。雷达要实现对目标高精度的实时跟踪,就必须首先获得目标的位置参数(如距离、方位、俯仰角)、运动参数(如径向速度)等测量数据,并进行连续测量,通过定位、跟踪、滤波、平滑、预测等运算,形成稳定的目标航迹。因此,准确估计目标各种参数是雷达后续各种数据处理的前提。

雷达的参数估计实际上是一个谱分析的过程,传统的空间谱估计算法主要包括线性预测类算法、子空间分解类算法和子空间拟合类算法[30-34]。常见的 MIMO 雷达参数估计算法主要由这三类算法延展而来。MIMO 雷达与相控阵雷达不同的是,其在接收自由度之外扩展了发射自由度,因此 MIMO 雷达的参数估计算法与相控阵类似。同时,在参数估计的发展过程中,为了应对不同的问题和任务又衍生出许多处理手段和算法。

针对相干信号下的参数估计,主要的解决办法有两类:一类是空间平滑算法;另一类是矩阵重构算法。例如,文献[35]采用矩阵重构算法解决了双基地 MIMO 雷达的相干目标角度估计问题;文献[36]采用发射端和接收端两次空间平滑解决了单次快拍下的双基地 MIMO 雷达的角度估计问题。这两种算法虽然都能有效处理相干源的问题,但空间平滑算法的平滑次数与相干源数目有关且在一定程度上减小了阵列孔径;矩阵重构算法也存在自由度的下降或是对相干源有一定约束。

针对高斯色噪声影响探测的情况,可以采用高阶累积量、互相关矩阵、空间差分等算法去除噪声影响。例如,文献[37]利用修正空间差分平滑算法解决了双基地 MIMO 雷达高斯色噪声和相干信号的问题;文献[38]利用四阶累积量去除了色噪声的影响；文献[39]采用波达角(direction of arrival,DOA)矩阵法解决了空间色噪声条件下的参数估计问题。针对冲击噪声下的协方差矩阵无界而导致传统子空间分解类算法失效的问题，文献[40]~[43]主要利用基于分数低阶矩(fractional lower order moment,FLOM)的算法得到信号的低阶矩，从而抑制了冲击噪声。文献[44]~[46]主要通过对接收信号进行无穷范数或矩阵行2范数等的归一化预处理，使得其二阶矩满足有界条件，然后利用传统的子空间分解类的参数估计算法进行估计。

MIMO 雷达的分集特性使得其在多维空间谱估计方面更有优势。针对这类问题，研究者通过改变雷达结构、参数估计算法、发射波形等实现了多维信息的估计。文献[47]利用矩阵 Khatri-Rao 积的性质和时空滑窗的算法实现了非均匀阵列的二次扩展和收发角与多普勒频率的联合估计。文献[48]利用了四元数特性对目标收发角和极化参数进行联合估计。

2.5 本 章 小 结

本章首先介绍了两类 MIMO 雷达的系统架构及基本工作原理，建立了 MIMO 雷达收发信号模型；其次重点分析了 MIMO 雷达接收端的三种信号处理算法，并比较了这三种处理算法在运算复杂度上的差异；最后按照从发送端到接收端的顺序，依次介绍了阵列设计、波形设计、干扰抑制、目标检测、参数估计等 MIMO 雷达系统关键技术解决的问题及其现状。

参 考 文 献

[1] Fuhrmann D R, San Antonio G. Transmit beamforming for MIMO radar systems using partial signal correlation[C]//The 38th Asilomar Conference on Signals, Systems and Computers, Monterrey, 2004: 295-299.

[2] 何子述, 韩春林, 刘波. MIMO 雷达概念及其技术特点分析[J]. 电子学报, 2005, 33(B12): 2441-2445.

[3] Forsythe K W, Bliss D W, Fawcett G S. Multiple-input multiple-output (MIMO) radar: Performance issues[C]//The 38th Asilomar Conference on Signals, Systems and Computers, Monterrey, 2004: 310-315.

[4] Chen C Y, Vaidyanathan P P. Minimum redundancy MIMO radars[C]//IEEE International Symposium on Circuits and Systems, Baltimore, 2008: 45-48.

[5] 洪振清, 张剑云, 梁浩, 等. 最小冗余 MIMO 雷达阵列设计[J]. 数据采集与处理, 2013, 28(4): 471-477.

[6] Zhang W, He Z, Liu H, et al. Comparisons of anti-jamming property of array configurations for MIMO radar with the same virtual array[C]//International Workshop on Microwave and

Millimeter Wave Circuits and System Technology, Chengdu, 2012: 1-4.

[7] Wang H, Liao G, Wang Y, et al. On parameter identifiability of MIMO radar with waveform diversity[J]. Signal Processing, 2011, 91(8): 2057-2063.

[8] Aittomaki T, Koivunen V. Performance of MIMO radar with angular diversity under swerling scattering models[J]. IEEE Journal of Selected Topics in Signal Processing, 2010, 4(1): 101-114.

[9] Yang T, Su T, Zhu W T, et al. Transmit waveform synthesis for MIMO radar using spatial-temporal decomposition of correlation matrix[C]//IEEE Radar Conference, Cincinnati, 2014: 1307-1310.

[10] Liu B, He Z, He Q. Optimization of orthogonal discrete frequency-coding waveform based on modified genetic algorithm for MIMO radar[C]//International Conference on Communications, Circuits and Systems, Kokura, 2007: 966-970.

[11] 刘志国, 廖桂生. 双基地 MIMO 雷达互耦校正[J]. 电波科学学报, 2010, 25(4): 663-667.

[12] Li J, Zhang X, Cao R, et al. Reduced-dimension MUSIC for angle and array gain-phase error estimation in bistatic MIMO radar[J]. IEEE Communications Letters, 2013, 17(3): 443-446.

[13] Liu H, Zhao L, Li Y, et al. A sparse-based approach for DOA estimation and array calibration in uniform linear array[J]. IEEE Sensors Journal, 2016, 16(15): 6018-6027.

[14] Li J, Liao G, Ma K, et al. Waveformdecorrelation for multitarget localization in bistatic MIMO radar systems[C]//IEEE Radar Conference, Arlington, 2010: 21-24.

[15] 赵国庆. 雷达对抗原理[M]. 西安: 西安电子科技大学出版社, 2012.

[16] 廖胜男. 雷达有源干扰抑制算法研究[D]. 成都: 电子科技大学, 2010.

[17] 闵庆义. 有源假目标干扰及其抗干扰[J]. 航天电子对抗, 1996, 1(1): 1-5.

[18] Fishler E, Haimovich A, Blum R, et al. MIMO radar: An idea whose time has come[C]// IEEE Radar Conference, Philadelphia, 2004: 71-78.

[19] Du C, Thompson J S, Petillot Y. Predicteddetection performance of MIMO radar[J]. IEEE Signal Processing Letters, 2008, 15: 83-86.

[20] Bruyere D, Nathan D, Goodman A. SINR improvements in multi-sensor space-time adaptive processing[C]//The Second IASTED International Conference on Antennas, Radar, and Wave Propagation, Lanzarote, 2005: 1-10.

[21] Ai Y, Yi W, Morelande M R, et al. Joint multi-target detection and localization with a noncoherent statistical MIMO radar[C]//The 17th International Conference on Information Fusion, Salamanca, 2014: 1-8.

[22] 戴喜增, 彭应宁, 汤俊. MIMO 雷达检测性能[J]. 清华大学学报(自然科学版), 2007, 47(1): 88-91.

[23] 肖文书. MIMO 雷达中的信号检测[J]. 电子学报, 2010, 38(3): 626-631.

[24] Liao Y, He Z, Jia K, et al. Performance of polarimetric statistical MIMO radar on stealth target detection[J]. International Journal of Digital Content Technology & Its Applications,

2012,6(1):104-112.

[25] Liao Y Y, He Z S. Astudy on stealth target detection performance of statistical MIMO radar
[J]. Journal of Computational Information Systems,2011,7(8):2894-2901.

[26] Habtemariam B K, Tharmarasa R, Kirubarajan T. Multitarget track before detect with
MIMO radars[C]//IEEE Aerospace Conference, Big Sky,2010:1-9.

[27] Habtemariam B K, Tharmarasa R, Kirubarajan T. PHD filter based track-before-detect for
MIMO radars[J]. Signal Processing,2012,92(3):667-678.

[28] 谷文堃,王党卫,马晓岩,等. 分布式 OFDM-MIMO 雷达非相参积累目标检测方法[J]. 系
统工程与电子技术,2015,37(10):2266-2271.

[29] Gatti R, Pramod M S, Jijesh J J. Implementation of MIMO radar for multiple target
detection[J]. IOSR Journal of Electronics and Communication Engineering, 2013, 6(8):
2278-2834.

[30] 王永良,陈辉,彭应宁,等. 空间谱估计理论与算法[M]. 北京:清华大学出版社,2004.

[31] Burg J P. Maximum entropy spectral analysis[C]//The 37th Metting of the Annual
International SEG Meeting, Oklahoma City,1967:307-318.

[32] Capon J. High-resolution frequency-wavenumber spectrum analysis[J]. Proceedings of the
IEEE,1969,57(8):1408-1418.

[33] Ottersten B, Viberg M, Stoica P, et al. Exact and Large Sample ML Techniques for Parameter
Estimation and Detection in Array Processing[M]. Berlin:Springer-Verlag, 1993.

[34] Krim H, Viberg M. Two decades of array signal processing research[J]. IEEE Signal
Processing Magazine,1996,13(4):67-94.

[35] 梁浩,崔琛,伍波,等. 双基地 MIMO 雷达相干目标角度估计算法[J]. 系统工程与电子技
术,2014,36(6):1068-1074.

[36] 洪升,万显荣,易建新,等. 基于单次快拍的双基地 MIMO 雷达多目标角度估计方法[J]. 电
子与信息学报,2013,35(5):1149-1155.

[37] Hong S, Wan X, Cheng F, et al. Covariance differencing-based matrix decomposition for
coherent sources localization in bi-static multiple-input-multiple-output radar[J]. IET Radar
Sonar Navigation,2015,9(5):540-549.

[38] 王彩云,龚珞珞,吴淑侠. 色噪声下双基地 MIMO 雷达 DOD 和 DOA 联合估计[J]. 系统工
程与电子技术,2015,37(10):2255-2259.

[39] 符渭波,苏涛,赵永波,等. 空间色噪声环境下基于时空结构的双基地 MIMO 雷达角度和多
普勒频率联合估计方法[J]. 电子与信息学报,2011,33(7):1649-1654.

[40] Li L. Joint parameter estimation andtarget localization for bistatic MIMO radar system in
impulsive noise[J]. Signal, Image and Video Processing,2015,9(8):1-9.

[41] Li L, Qiu T, Shi X. Parameter estimation based on fractional power spectrum density in
bistatic MIMO radar system under impulsive noise environment[J]. Circuits Systems and
Signal Processing,2015,35(9):3266-3283.

[42] Tsung-Hsien L, Jerry M M. A subspace-based direction finding algorithm using fractional

lower order statistics[J]. IEEE Transactions on Signal Processing,2001,49(8):1605-1613.

[43] 刘宝宝,张俊英,袁细国,等. 冲击噪声环境下双基地 MIMO 雷达角度估计[J]. 西安电子科技大学学报,2015,42(4):182-187.

[44] 郑志东,袁红刚,张剑云. 冲击噪声背景下基于稀疏表示的双基地 MIMO 雷达多目标定位[J]. 电子与信息学报,2014,36(12):3001-3007.

[45] Visuri S,Oja H,Koivunen V. Subspace-based direction-of-arrival estimation using nonparametric statistics[J]. IEEE Transactions on Signal Processing,2001,49(9):2060-2073.

[46] He J, Liu Z, Wong K T. Snapshot-instantaneous $\|\cdot\|_{\infty}$ normalization against heavy-tail noise[J]. IEEE Transactions on Aerospace and Electronic Systems,2008,44(3):1221-1227.

[47] 郑志东,方飞,袁红刚,等. 时空非均匀采样下双基地 MIMO 雷达收发角及多普勒频率联合估计方法[J]. 电子与信息学报,2015,37(9):2164-2170.

[48] 李佳. 基于四元数的 MIMO 雷达收发角与极化参数联合估计方法研究[D]. 长春:吉林大学,2011.

第 3 章　MIMO 雷达阵列设计技术

MIMO 雷达的复杂度主要源于其多发多收体制,发射多个不同的正交信号对发射端提出了较高要求,多接收天线也使接收端的数据处理压力变大[1]。因此,在实际应用中,要在系统复杂度和性能之间取得折中。一方面,阵列设计是降低系统复杂度的重要手段之一;另一方面,MIMO 雷达的布阵方式在很大程度上决定了系统的整体性能,是 MIMO 雷达实际应用中必须考虑的问题。因此,阵列设计属于发挥系统潜能的基础性研究。然而,实际中并不存在一种"万能的"阵型适用于所有应用场景,往往需要根据应用需求,制定不同的设计准则。MIMO 雷达阵列设计算法是灵活多样的,具有丰富的内涵。如何在给定阵元数的条件下,设计最优的布阵方案以获得更优的系统性能;如何在满足需求的前提下,合理布置收发阵元的位置,都值得研究。

分布式 MIMO 雷达的阵元相距较大,其阵列设计相当于阵元选址,与资源分配中的阵元选取有相似之处。因此,本章主要讨论集中式 MIMO 阵列设计,从阵元布阵和阵列校正两个方面进行展开。

3.1　阵列设计基础

集中式 MIMO 雷达阵元间距较小,发射端发射正交信号,接收端通过匹配滤波分离出多路信号,形成了比实际孔径大的虚拟阵列,从而增大了系统自由度,能够获得更高的空间分辨力和更优的参数估计性能。虚拟阵列的性能在一定程度上能够表征整个 MIMO 雷达系统的性能,是集中式 MIMO 雷达研究的基础。另外,最小冗余阵列是一类非常重要的非均匀阵列,也是 MIMO 雷达阵列设计的主流研究方向。

3.1.1　信号模型

假设集中式 MIMO 雷达信号模型如图 3-1 所示,收发阵列布置紧凑,有 M 个发射阵元,以首个发射阵元位置为参考,则发射阵元位置坐标表示为$(0, x_2, x_3, \cdots, x_M)$;$N$ 个接收阵元,以首个接收阵元位置为参考,接收阵元位置坐标表示为$(0, y_2, y_3, \cdots, y_N)$。定义发射的正交波形为 $s(t) = [s_1(t), s_2(t), \cdots, s_M(t)]^{\mathrm{T}}$,根据波形之间的正交性,有

$$\int_{T_\mathrm{p}} s_m(\tau)s_k^*(\tau)\mathrm{d}\tau = \begin{cases} c_0, & m=k \\ 0, & m \neq k \end{cases} \tag{3-1}$$

式中，c_0 为常数；T_p 为发射信号的脉冲宽度。

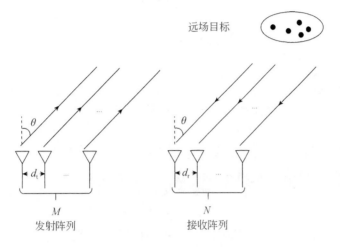

图 3-1　集中式 MIMO 雷达信号模型

　　假设远场目标是点目标，这意味着目标的物理尺寸对雷达来说小到可以看作没有外延或外延很小的点。第 m 个阵元的发射波形是窄带信号 s_m，发射波形互相关矩阵满足

$$R = \frac{1}{L_\mathrm{p}}\sum_{l=1}^{L_\mathrm{p}} s(l)s^\mathrm{H}(l) = I_M \tag{3-2}$$

式中，L_p 为脉冲周期内的采样点个数；I_M 为 $M\times M$ 的单位矩阵。

　　发射信号经过不同的传输时延到达接收端。由于发射信号的正交性，空间形成了 $M\times N$ 个互不相关的传输信道。在远场条件下，第 n 个接收阵元收到的方位角为 θ 的点目标回波为

$$z_n(t) = \sum_{m=1}^{M}\alpha s_m\left[t-\tau_{\mathrm{R}n}(t)-\tau_{\mathrm{T}m}(t)\right] + n_n(t) \tag{3-3}$$

式中，$\tau_{\mathrm{T}m}(t)$ 为第 m 个发射阵元到目标的传输时延；$\tau_{\mathrm{R}n}(t)$ 为第 n 个接收阵元到目标的传输时延；α 为传播衰减系数以及目标的反射特性；为了简单起见，噪声 $n_n(t)$ 设为零均值的高斯白噪声。在窄带条件下，有

$$s_m\left[t-\tau_{\mathrm{R}n}(t)-\tau_{\mathrm{T}m}(t)\right] \approx s_m(t)\mathrm{e}^{-\mathrm{j}2\pi x_m\sin\theta/\lambda}\mathrm{e}^{-\mathrm{j}2\pi y_n\sin\theta/\lambda} \tag{3-4}$$

则式(3-3)可以表示为

$$z_n(t) = \alpha b_n(\theta)\sum_{m=1}^{M} a_m(\theta)s_m(t) + n_n(t) \tag{3-5}$$

式中,$a_m(\theta)=\mathrm{e}^{-\mathrm{j}2\pi x_m\sin\theta/\lambda}$;$b_n(\theta)=\mathrm{e}^{-\mathrm{j}2\pi y_n\sin\theta/\lambda}$。

假设 T_s 为采样间隔,将 L_p 个回波信号矢量表示为 $z_n=[z_n(T_s),\cdots,z_n(lT_s),\cdots,z_n(L_pT_s)]$,则满足

$$
\begin{aligned}
z_n &= [z_n(T_s),\cdots,z_n(lT_s),\cdots,z_n(L_pT_s)] \\
&= b_n(\theta)\alpha\sum_{i=1}^{M}a_i(\theta)s_i+n_n \\
&= b_n(\theta)\alpha a^{\mathrm{T}}(\theta)S+n_n
\end{aligned}
\tag{3-6}
$$

式中,$S=[s_1,s_2,\cdots,s_M]^{\mathrm{T}}$;$s_m=[s_m(T_s),s_m(2T_s),\cdots,s_m(L_pT_s)]$;$n_n=[n_n(T_s),n_n(2T_s),\cdots,n_n(L_pT_s)]$;$a(\theta)$ 为发射阵列的导向矢量,表示为 $a(\theta)=[1,\mathrm{e}^{-\mathrm{j}2\pi x_2\sin\theta/\lambda},\cdots,\mathrm{e}^{-\mathrm{j}2\pi x_M\sin\theta/\lambda}]^{\mathrm{T}}$。

同理,接收阵列的导向矢量表示为 $b(\theta)=[1,\mathrm{e}^{-\mathrm{j}2\pi y_2\sin\theta/\lambda},\cdots,\mathrm{e}^{-\mathrm{j}2\pi y_N\sin\theta/\lambda}]^{\mathrm{T}}$。如果空间中存在 Q 个目标,方位角为 $\theta=(\theta_1,\theta_2,\cdots,\theta_Q)$,那么总的接收信号为

$$
Z_s=[z_1,z_2,\cdots,z_N]=\sum_{i=1}^{Q}\alpha_ib(\theta_i)a^{\mathrm{T}}(\theta_i)S+N_n
\tag{3-7}
$$

式中,$N_n=[n_1,n_2,\cdots,n_N]^{\mathrm{T}}$;$Z_s$ 为 $N\times L$ 的目标回波矩阵。

以上所讨论的情况假设收发阵列之间的距离远小于收发阵列与目标之间的距离,因此目标的波达角(direction of arrival,DOA)与波离角(direction of depature,DOD)近似看作相同。若 DOA 和 DOD 不相同,则接收信号表示为

$$
Z_s=[z_1,z_2,\cdots,z_N]=\sum_{i=1}^{Q}\alpha_ib(\theta_{ti})a^{\mathrm{T}}(\theta_{ri})S+N_n
\tag{3-8}
$$

式中,θ_{ti} 和 θ_{ri} 分别为第 i 个目标的 DOD 和 DOA。

接收端采用匹配滤波技术,分离不同通道的回波。将各接收天线通过一组匹配滤波器,每一个滤波器对应一个发射信号,输出是单个发射信号引起的回波。N 个接收天线后面都对应 M 个匹配滤波器,因此共有 MN 个匹配滤波输出,处理结构如图 3-2 所示。

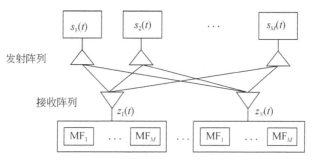

图 3-2　MIMO 雷达信号处理结构

MF-匹配滤波(match filtering)

匹配滤波的输出为

$$\eta_{\mathrm{m}} = \mathrm{vec}\left[\frac{1}{\sqrt{L_{\mathrm{p}}}}\sum_{l=1}^{L_{\mathrm{p}}} Z(l)\,S^{\mathrm{H}}(l)\right] \approx \sum_{i=1}^{Q} \alpha_i d(\theta_i,\beta) + v_n \tag{3-9}$$

式中，$\mathrm{vec}(\,\cdot\,)$ 表示将矩阵拉直；$v_{\mathrm{n}} \sim \mathrm{CN}(0,\sigma^2 I_{MN})$；$d(\theta_i,\beta) = \sqrt{L_{\mathrm{p}}}\,\mathrm{vec}\big[b(\theta_i)\,\cdot\,a^{\mathrm{T}}(\theta_i)\big]$。

式(3-9)的模型利用矩阵形式可以表示为

$$\eta_{\mathrm{m}} = D(\theta,\beta)\alpha_{\mathrm{tar}} + v_{\mathrm{n}} \tag{3-10}$$

式中，$D(\theta,\beta) = [d(\theta_1,\beta),d(\theta_2,\beta),\cdots,d(\theta_Q,\beta)]$；$\alpha_{\mathrm{tar}} = [\alpha_1,\alpha_2,\cdots,\alpha_Q]^{\mathrm{T}}$。

3.1.2　虚拟阵列

考虑式(3-4)，将导向矢量的指数看作 MIMO 雷达在虚拟位置 (x_m,y_n) 处的相位中心，进一步将该处看作实际天线所在。对于方位角为 θ 的单点散射目标，MIMO 雷达的信道矩阵为 $H = b(\theta)a^{\mathrm{T}}(\theta)$。下面分别讨论两种虚拟阵列的形成过程：其一，收发端的阵元重合，即收发复用；其二，收发端没有重合的阵元，即收发分置，该情况下的虚拟阵列构造更加自由，具有更优越的性能。

1. 收发复用 MIMO 雷达

以阵元间距为半波长的均匀阵列为参考，一个 3 阵元的均匀阵列用 {1,1,1} 表示。假设收发复用的均匀收发阵列位置为 {1,1,1,1}，则虚拟阵列的形成过程如图 3-3 所示，对应的虚拟阵列位置为 {1,2,3,4,3,2,1}，孔径为 7。

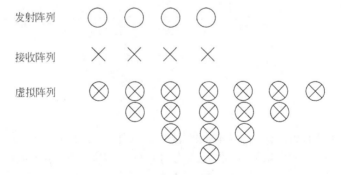

图 3-3　收发复用均匀结构下的虚拟阵列形成过程

假设收发复用的非均匀阵列位置为 {1,1,1,0,1}，则虚拟阵列的形成过程如图 3-4 所示，对应的虚拟阵列位置为 {1,2,3,2,3,2,2,0,1}，孔径为 9。非均匀阵列相对于均匀阵列而言，不受阵元间距的限制，布阵方式更加灵活。

　　由此可见,虚拟阵列的孔径大于实际阵列的孔径;重合的虚拟阵元能够起到空间平滑的作用,降低方向图的旁瓣。在收发复用的条件下,MIMO 雷达的信道矩阵是一个对称矩阵,矩阵中的不同元素代表不同的传输信道,因此最多的有效虚拟阵元个数为 $n(n+1)/2$,即最大的虚拟阵列孔径为 $n(n+1)/2$。

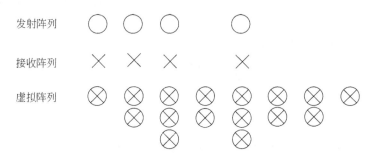

图 3-4　收发复用非均匀结构下的虚拟阵列形成过程

2. 收发分置 MIMO 雷达

　　假设发射阵列位置为 $\{1,1,0,1\}$,接收阵列位置为 $\{1,0,1,1\}$,则虚拟阵列的形成过程如图 3-5 所示,对应的虚拟阵列位置为 $\{1,1,1,3,1,1,1\}$,孔径为 7。

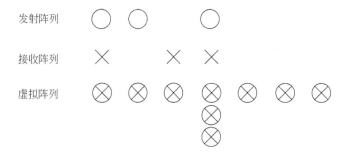

图 3-5　收发分置均匀结构下的虚拟阵列形成过程

　　在收发分置的布阵模式下,最大的有效虚拟阵元数为 $M \times N$。可以采取如下布阵方式获得最多的虚拟阵元:收发端均匀分布,发射阵元间距为接收阵元间距的 N 倍,或接收阵元间距为发射阵元间距的 M 倍,此时虚拟阵列的孔径最大为 $M \times N$。产生的虚拟阵元填充了大间隔的发射阵列或接收阵列,因此不会产生栅瓣。如图 3-6 所示,假设接收阵列位置为 $\{1,1,1\}$,发射阵列位置为 $\{1,0,0,1,0,0,1\}$,对应的虚拟阵列为 $\{1,1,1,1,1,1,1,1,1\}$,获得的最大孔径为 9。

　　由上述分析可知,虚拟阵列分布与阵元的位置和数量有关。MIMO 雷达的系统性能可以用虚拟阵列的性能来表征:虚拟阵元的产生给系统带来了更大的自由

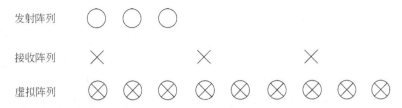

图 3-6　收发分置非均匀结构下的虚拟阵列形成过程

度,因而能够获得更窄的波束、更高的空间分辨率,增加了可辨识的目标数目;相互重叠的虚拟阵元以加权的方式降低了方向图旁瓣;对于阵元间距大于半波长的阵列,虚拟阵元的存在实现了内插,依然可以进行无模糊的角度测量。

3.1.3　最小冗余阵列

　　均匀阵列因其结构简单,在 MIMO 雷达中获得了广泛应用,然而其对空间的分辨率较低。为了获得更高的分辨率,需要通过增加阵元个数来扩大阵列孔径。阵元个数的增多意味着成本的增加以及系统复杂度的增大,因此非均匀阵列得到了发展。非均匀阵列的布阵方式更加灵活,相同阵元数下能够获得更大的阵列孔径。最小冗余阵列是很重要的一类非均匀阵列,它的原理是把位置限制在均匀栅格上,优化阵元位置,使具有相同延时差的阵元对数量最少。

　1.设计算法

　　若阵列导向矢量中有相同的分量,则减少了虚拟阵列中的有效阵元数,虚拟阵列出现冗余。从节约成本的角度出发,应该尽量减少阵元冗余。

　　文献[2]最早提出了最小冗余的概念,指出当阵元间距包含所有 $1 \sim L_a$ 的整数时,就能有效减少物理阵元个数,L_a 表示期望孔径大小。文献[3]把最小冗余的思想引入 MIMO 雷达领域,提出了一种最小冗余 MIMO 雷达的设计算法:当虚拟阵列孔径一定时,通过优化收发端的阵元位置减少阵元数。在单入多出(single input multiple output,SIMO)雷达系统中,最小冗余阵列的设计问题可以描述为

$$\min_{\{y_n\}} N$$
$$\text{s. t. } |\{y_n\}| = N \tag{3-11}$$
$$\{y_n - y_n{}'\} \supset \{1, 2, \cdots, L_a\}$$

式中,$|\{\cdot\}|$ 表示集合 $\{\cdot\}$ 的势;$\{y_n - y_n{}'\}$ 为所有阵元对间距集合。

　　对于虚拟孔径要求为 L 的 MIMO 雷达系统,最小冗余阵列的设计需保证阵元对的位置差遍历 $1 \sim L_a$ 的所有整数,可以表述为

$$\min_{x_m, y_n} N+M$$

$$\text{s. t. } |\{x_m\}| = M, \quad |\{y_n\}| = N \tag{3-12}$$

$$\{x_m + y_n - x_{m'} - y_{n'}\} \supset \{1, 2, \cdots, L_a\}$$

MIMO雷达最小冗余阵列的设计步骤分为两步:第一,在满足虚拟孔径的前提下,通过优化阵元位置减少所需的阵元数;第二,在总阵元数固定的情况下,进一步优化阵元的数目和位置,使虚拟孔径达到最大。

2. 性能仿真

假设一个收发分置的MIMO雷达系统,发射阵列的位置为$\{0,1,3\}$,要求所设计的虚拟阵列孔径为$L_a=63$。在最小冗余原则下,接收端至少有5个阵元,且解不唯一。以其中一种情况为例:接收端位置为$\{0,6,13,40,60\}$,此时形成的虚拟阵列位置为$\{0,1,3,6,7,9,13,14,16,40,41,43,60,61,63\}$。针对相同阵元数下的均匀阵列,发射端位置为$\{0,1,2\}$,接收端位置为$\{0,3,6,9,12\}$,此时虚拟阵列的位置为$\{0,1,2,3,4,5,6,7,8,9,10,11,12,13,14\}$,形成的最大虚拟阵列的孔径为15。

图3-7为最小冗余阵列与均匀阵列中所有阵元对的位置差。可以看出,均匀阵列的阵元对间距存在很多冗余,因此相同阵元数下的虚拟阵列孔径远小于最小冗余阵列的虚拟阵列孔径。

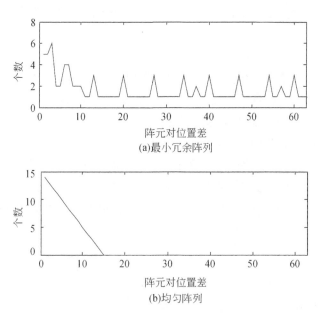

图 3-7　最小冗余阵列与均匀阵列中所有阵元对的位置差

　　下面对两种阵列的参数估计性能进行对比。假设远场有 4 个目标,分别位于[5°,10°,15°,20°],信噪比(signal to noise ratio,SNR)为 10dB,利用多重信号分类(multiple signal classification,MUSIC)算法[4]估计目标方位角。图 3-8(a)为均匀阵列和最小冗余阵列的参数估计结果。由图可知,两种配置的阵列均能有效估计出 4 个目标。当目标位于[0°,3°,6°,9°]时,依然用这两种阵列进行测向,由图 3-8(b)可知,均匀阵列没有形成 4 个谱峰,无法准确测向,最小冗余阵列仍然能准确估计出方位角。为了提高均匀阵列的空间分辨率,进一步增加均匀阵列接收端的阵元个数,当增加到 8 个阵元且将其布置在[0,3,6,9,12,15,18,21]位置时,获得了最大的虚拟阵列孔径,仿真结果如图 3-8(c)所示,此时均匀阵列可以准确分辨 4 个目标。

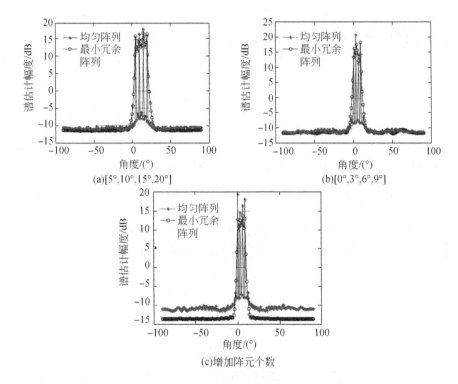

图 3-8　MUSIC 算法性能仿真

　　综上所述,在相同阵元数条件下,最小冗余阵列的虚拟孔径大于均匀阵列的虚拟孔径,且具有更高的角度分辨率。如果均匀阵列想要获得相同的分辨率,那么需要以增加阵元个数为代价。

3.2　等效虚拟阵列分布下的布阵算法

MIMO 雷达布阵与多天线布阵类似,均是根据应用需求制定波束性能指标,该指标确定了等效虚拟阵列的位置以及加权值。因此,本节重点考虑已知系统等效虚拟阵列分布下的布阵问题。

对于该问题,有以下两种解决思路:一是以空间卷积算子为核心,把系统等效虚拟阵列抽象成空间卷积模型[5],离散反卷积的求解具有一定难度,若要求得唯一的解析解,则必须要求卷积的两个因式完全相同,因此这种算法只能解决收发复用的 MIMO 雷达布阵问题,对于空间反卷积不存在解析解的情况,只能给出近似解;二是将 MIMO 雷达等效虚拟阵列抽象成多项式模型,把布阵问题转变成多项式分解问题[6-8],分解结果对应收发阵列的阵元分布,但该算法只适用于解决等效虚拟阵列均匀分布的情况,不具有通用性。

鉴于以上问题,本节研究一种基于牛顿-舒伯特-克罗内克(Newton-Schubert-Kronecker,NSK)多项式分解的布阵算法。首先将等效虚拟阵列与收发阵列的阵元位置关系用多项式乘积表示;然后对多项式进行标准化处理,再由韦达定理的推广进行一次因式提取,根据牛顿插值法确定多项式的高次因式,如此循环直至多项式完全分解;最后根据多项式分解结果给出布阵方案。

3.2.1　方向图多项式模型

基于 3.1.1 节中的信号模型,等效虚拟阵列的方向图可以分解为收发方向图的乘积[8],因此将远场等效虚拟阵列的辐射方向图表示为

$$P_{\mathrm{V}}(\theta) = P_{\mathrm{T}}(\theta) P_{\mathrm{R}}(\theta)$$

$$= \sum_{m=1}^{M} w_{\mathrm{T}}(m) \mathrm{e}^{-\mathrm{j}2\pi x_m \sin\theta/\lambda} \sum_{n=1}^{N} w_{\mathrm{R}}(n) \mathrm{e}^{-\mathrm{j}2\pi y_n \sin\theta/\lambda}$$

$$= \sum_{m=1}^{M} \sum_{n=1}^{N} w_{\mathrm{T}}(m) w_{\mathrm{R}}(n) \mathrm{e}^{-\mathrm{j}2\pi(y_n + x_m)\sin\theta/\lambda} \tag{3-13}$$

式中,$P_{\mathrm{T}}(\theta)$ 和 $P_{\mathrm{R}}(\theta)$ 分别为发射方向图和接收方向图;$w_{\mathrm{R}}(n)$ 和 $w_{\mathrm{T}}(m)$ 分别为收发端某一位置的阵元加权值,其由某一位置处的天线数目决定。定义收发端阵元加权矢量分别为 $w_{\mathrm{R}} = [w_{\mathrm{R}}(0), w_{\mathrm{R}}(1), \cdots, w_{\mathrm{R}}(N-1)]$、$w_{\mathrm{T}} = [w_{\mathrm{T}}(0), w_{\mathrm{T}}(1), \cdots, w_{\mathrm{T}}(M-1)]$,将 $u = \mathrm{e}^{-\mathrm{j}2\pi d \sin\theta/\lambda}$($d$ 表示相邻栅格的间距)代入 $P_{\mathrm{T}}(\theta)$、$P_{\mathrm{R}}(\theta)$ 和 $P_{\mathrm{V}}(\theta)$ 的表达式,则有

$$P_{\mathrm{T}}(u) = \sum_{m=0}^{M-1} w_{\mathrm{T}}(m) u^m \tag{3-14}$$

$$P_R(u) = \sum_{n=0}^{N-1} w_R(n) u^n \tag{3-15}$$

$$P_V(u) = \sum_{i=0}^{M+N-1} w_V(i) u^i \tag{3-16}$$

式中，$W_V = [w_V(0), w_V(1), \cdots, w_V(M+N-1)]$ 为等效虚拟阵列的加权矢量；$w_V(i)$ 为等效虚拟阵列在 i 位置的阵元加权值。

因此，系统等效虚拟阵列、收发阵列阵元位置对应的多项式满足如下关系：

$$P_V(u) = P_T(u) P_R(u) \tag{3-17}$$

由上述分析，该布阵问题可以理解为把等效虚拟阵列对应的多项式分解成两个因式的乘积，从而得到收发阵列的阵元加权矢量，由此确定阵元分布。为了扩大布阵算法的适用范围，需要进一步寻找具有广泛适用性的多项式分解算法。

3.2.2　算法设计

Kronecker 在 Newton 和 Schubert 的基础上，给出了一种多项式分解算法[9]。本节将该算法的核心思想用于 MIMO 雷达布阵设计，并称其为基于 NSK 多项式分解的布阵算法。定义标准多项式形式如下：

$$P_V(u) = a_0^{(0)} + a_1^{(0)} u + a_2^{(0)} u^2 + \cdots + a_{n-1}^{(0)} u^{n-1} + u^n \tag{3-18}$$

式中，系数 $a_i^{(0)}$ 均为整数，且最高项系数 $a_n^{(0)} = 1$。

1. 多项式标准化处理

若要运用基于 NSK 多项式分解的布阵算法，则必须将等效虚拟阵列多项式模型转化为标准多项式的形式，即阵列加权矢量 W_V 需要同时满足以下两个条件：第一，W_V 中的元素均为正整数；第二，最高项系数 $a_n^{(0)} = 1$。如果不满足以上条件，那么需要先对等效虚拟阵列对应的多项式进行标准化处理。

从波束性能角度来看，W_V 与 $c_0 W_V$（表示将 W_V 中的元素同时扩大 c_0 倍）对应的方向图是一致的。等效虚拟阵列位置及加权值由所给的波束性能指标决定，因此若存在小数加权值，则可以将 W_V 中的元素同时扩大相同倍数，使之全部转换成整数。

假设阵元加权矢量 $W_V = [1.25, 1.5, 2, 1.5, 1.25, 1, 1.5, 1]$，$d = \lambda/2$，则把 W_V 中每个加权系数扩大 4 倍，得到 $W_V' = [5, 6, 8, 6, 5, 4, 6, 4]$，仍然取 $d' = \lambda/2$。

图 3-9 给出了 W_V 和 W_V' 对应的波束方向图，两者的波束性能图完全重合，主瓣宽度均为 $13.37°$，第一旁瓣电平均为 -12.35dB。仿真结果表明，小数加权矢量与其相对应的整数加权矢量具有相同的波束方向图。因此，当 W_V 中存在小数加权值时，可以将每个加权系数扩大相同的倍数化为整数加权。若化为整数加权后的多项式最高项系数 $a_n^{(0)} \neq 1$，则可先根据文献[9]将该多项式的因式分解等价转化

为一个标准多项式的因式分解,再利用本节多项式分解算法进行布阵设计。

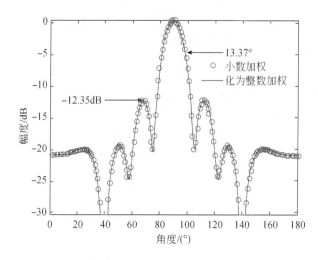

图 3-9　小数加权和化为整数加权的波束性能对比图

2.不同幂次因式提取

不妨设系统等效虚拟阵列对应的多项式标准化后为

$$P_{\mathrm{V}}(u)=a_0^{(0)}+a_1^{(0)}u+a_2^{(0)}u^2+\cdots+a_{n-1}^{(0)}u^{n-1}+u^n$$

下面由简单到复杂给出多项式分解步骤:

1)u 幂次项提取

如果 $a_0^{(0)}=a_1^{(0)}=\cdots=a_{m-1}^{(0)}=0$ 且 $a_m^{(0)}\neq0$,那么有

$$P_{\mathrm{V}}^{(1)}(u)=P_{\mathrm{V}}(u)/u^m=a_0^{(1)}+a_1^{(1)}u+\cdots+a_{n-1}^{(1)}u^{n-1}+u^{n-m} \tag{3-19}$$

式中,$a_i^{(1)}=a_{i+m}^{(0)}(i=0,1,2,\cdots,n-m-1)$。

如果不能进行 u 幂次项提取,那么有

$$P_{\mathrm{V}}^{(1)}(u)=P_{\mathrm{V}}(u)=a_0^{(1)}+a_1^{(1)}u+\cdots+a_{n-1}^{(1)}u^{n-1}+u^n \tag{3-20}$$

式中,$a_i^{(1)}=a_i^{(0)}(i=0,1,2,\cdots,n-1)$。

2)一次因式 $u+c_i$ 提取

对 u 幂次项提取后的多项式进行一次因式提取,以式(3-19)为例。

由韦达定理的推广[10]可知,当 $P_{\mathrm{V}}^{(1)}(u)=0$ 的根为 $d_0,d_1,\cdots,d_q$ 时,$\prod\limits_{i=0}^{q}d_i=(-1)^{n-m}a_0^{(1)}$。因此,在 MIMO 雷达布阵问题中,只需找出常数项 $a_0^{(1)}$ 的正因子 c_0, $c_1,\cdots,c_p$,逐个验证 $P_{\mathrm{V}}^{(1)}(-c_i)(i=0,1,2,\cdots,p)$。如果 $P_{\mathrm{V}}^{(1)}(-c_i)=0$,那么 $u+c_i$ 是 $P_{\mathrm{V}}^{(1)}(u)$ 的一次因式,可利用构造法转换 $P_{\mathrm{V}}^{(1)}(u)$,有

$$P_V^{(1)}(u) = u^{n-m} + a_{n-m-1}^{(1)} u^{n-m-1} + a_{n-m-2}^{(1)} u^{n-m-2} + \cdots + a_1^{(1)} u + a_0^{(1)}$$

$$= \sum_{k=0}^{n-m-1} a_k^{(2)} u^k (u + c_i) \tag{3-21}$$

式中

$$\begin{cases} a_{n-m-1}^{(2)} = 1 \\ a_{n-m-k}^{(2)} = a_{n-m-k+1}^{(1)} - a_{n-m-k+1}^{(2)} c_i, \quad k = 2, 3, \cdots, n-m \end{cases} \tag{3-22}$$

那么

$$P_V^{(2)}(u) = \sum_{k=0}^{n-m-1} a_k^{(2)} u^k \tag{3-23}$$

对 $P_V^{(2)}(u)$ 再次尝试一次因式提取,直至一次因式提取完毕。设从 $P_V^{(2)}(u)$ 中剔除全部一次因式后得 $Q_V^{(1)}(u)$,对 $Q_V^{(1)}(u)$ 进行高次项提取。

3)高次项提取

设 $\deg[Q_V^{(1)}(u)] = N_{\max}$($\deg$ 表示多项式 $Q_V^{(1)}(u)$ 的次数),如果 $Q_V^{(1)}(u)$ 能被因式分解,那么至少存在一个最高次数不大于 $N_{\max}/2$ 的因式。为了方便描述,定义 $L_n = \lfloor N_{\max}/2 \rfloor$,若 $g_k'(u)$ 是 $Q_V^{(1)}(u)$ 的因式,则 $k = \deg[g_k'(u)] \leqslant L_n$,利用牛顿插值法确定 k 次待定因式 $g_k(u)$:

(1)设有 $k+1$ 个互异的整数 $u_0, u_1, u_2, \cdots, u_k$,分别计算 $Q_V^{(k-1)}(u_0)$,$Q_V^{(k-1)}(u_1)$,$Q_V^{(k-1)}(u_2)$,$\cdots$,$Q_V^{(k-1)}(u_k)$。

(2)如果 $g_k(u)$ 是 $Q_V^{(k-1)}(u)$ 的因式,那么满足 $g_k(u_i) | Q_V^{(k-1)}(u_i)$。因为 $Q_V^{(k-1)}(u_i)$ 只有有限个因子,所以 $g_k(u_i)$ 的值也是有限的,此时 $k+1$ 维向量 $[g_k(0), g_k(1), g_k(2), \cdots, g_k(k)]$ 也只有有限个。

(3)对于每一组 $[g_k(0), g_k(1), g_k(2), \cdots, g_k(k)]$,由插值公式唯一确定 k 次多项式 $g_k(u)$,k 由 2 增至 L_n 的过程中,k 的值每增加 1,插值点就增加一个。为了利用已算出的插值点的值,求插值点时采用牛顿插值公式:

$$g_k(u) = g(0) + g(0,1)(u-0) + \cdots + g(0,1,\cdots,k)(u-0)(u-1)\cdots[u-(k-1)] \tag{3-24}$$

式中,$g(0,1,2,\cdots,m) = \sum_{j=0}^m \dfrac{g_k(u_j)}{(u_j - u_0)\cdots(u_j - u_{j-1})(u_j - u_{j+1})\cdots(u_j - u_m)}$。

可求得有限个 $g_k(u)$,且 $g_k'(u)$ 必为其中一个,因此在 $g_k(u)$ 中搜索 $Q_V^{(k-1)}(u)$ 的因式,其中 $k = 2, 3, \cdots, L_n$。

根据因式的定义,若某个多项式 $g_k(u)$ 能除尽 $Q_V^{(k-1)}(u)$,则 $g_k(u)$ 是 $Q_V^{(k-1)}(u)$ 的因式。下面对 $Q_V^{(k-1)}(u)$ 进行更新,剔除因子 $g_k'(u)$ 后得到 $Q_V^{(k)}(u)$,满足 $Q_V^{(k-1)}(u) = Q_V^{(k)}(u) g_k'(u)$。以此类推,在 k 由 2 增至 L_n 的过程中,能够得到 $Q_V^{(1)}(u)$ 所有的因式 $g_k'(u)$。

根据多项式因式分解结果,将等效虚拟阵列对应的多项式写成两个因式的乘积,进一步得到收发阵列的布阵情况。

综上所述,基于 NSK 多项式分解的布阵算法步骤如算法 3-1 所示。

算法 3-1　基于 NSK 多项式分解的布阵算法步骤

步骤 1　初始化,将等效虚拟阵列对应的多项式 $P_V(u)$ 进行标准化处理。

步骤 2　进行 u 幂次项提取条件判断,若满足条件,则进行幂次项提取;否则进入步骤 3。

步骤 3　进行一次因式提取条件判断,若满足条件,则进行一次因式提取,并且再次进入步骤 3,否则进入步骤 4。

步骤 4　判断提取过后多项式的最高次次数 N_{max},计算 $L_n = \lfloor N_{max}/2 \rfloor$,若 $L_n \geq 2$,则进入步骤 5;否则结束算法。

步骤 5　尝试提取 k 次因式,用牛顿插值公式确定 k 次待定多项式 $g_k(u)(k=2,3,\cdots,L_n)$,在 $g_k(u)$ 中搜索 $Q_V^{(k-1)}(u)$ 的 k 次因式 $g_k'(u)$,剔除因子 $g_k'(u)$ 得到 $Q_V^{(k)}(u)$,如此循环,直至多项式分解结束。

步骤 6　根据多项式分解结果,确定收发阵列的布阵情况。

3.2.3　设计举例

为了便于更好地理解基于 NSK 多项式分解的布阵算法,现举例说明。假设根据波束性能指标确定的等效虚拟阵列加权矢量 $W_V = [0.5, 0.5, 1, 1.5, 1, 1, 0.5]$,其对应的多项式为 $0.5 + 0.5u + u^2 + 1.5u^3 + u^4 + u^5 + 0.5u^6$。

首先对该多项式进行标准化处理,将 W_V 化为整数加权矢量 $W_V' = [1, 1, 2, 3, 2, 2, 1]$,对应的多项式为 $P_V(u) = 1 + u + 2u^2 + 3u^3 + 2u^4 + 2u^5 + u^6$,然后进行不同幂次的因式提取。

1)u 幂次提取

因为 $a_0^{(0)} = 1 \neq 0$,无须进行幂次提取,所以 $P_V^{(1)}(u) = P_V(u)$。

2)一次因式 $u + c_i$ 提取

常数项 $a_0^{(1)}$ 的正因子为 1 且 $P_V^{(1)}(-1) = 0$,因此 $u + 1$ 是 $P_V^{(1)}(u)$ 的一次因式。由 $P_V^{(1)}(u) = (u+1)(u^5 + u^4 + u^3 + 2u^2 + 1)$,得 $P_V^{(2)}(u) = u^5 + u^4 + u^3 + 2u^2 + 1$。

对 $P_V^{(2)}(u)$ 再次进行一次因式提取。常数项 $a_0^{(2)}$ 的正因子为 1,而 $P_V^{(2)}(-1) \neq 0$,因此 $P_V^{(2)}(u)$ 不能进行一次因式提取。剔除所有一次因式以后的多项式为 $Q_V^{(1)}(u) = P_V^{(2)}(u)$。

3)高次项提取

已知 $Q_V^{(1)}(u) = 1 + 2u^2 + u^3 + u^4 + u^5$,那么 $N_{max} = \deg[Q_V^{(1)}(u)] = 5$,$L_n = \lfloor N_{max}/2 \rfloor = 2$。下面利用牛顿插值公式求二次待定多项式 $g_2(u)$:

(1)计算 $Q_V^{(1)}(0) = 1, Q_V^{(1)}(1) = 6, Q_V^{(1)}(2) = 65$。

(2)$g_2(0)$可能的取值有 1、-1；$g_2(1)$可能的取值有$\{1,-1,2,-2,3,-3,6,$ $-6\}$；$g_2(2)$可能的取值有$\{1,-1,5,-5,13,-13,65,-65\}$，关于 $g_2(0)$、$g_2(1)$、$g_2(2)$的取值共有 128 种组合：$\{(1,1,1),(1,1,-1),(1,1,5),\cdots,(-1,-6,-65)\}$。

(3)利用牛顿插值法计算出各组合对应的二次待定多项式，并在其中搜索确定$Q_V^{(1)}(u)$的二次多项式，对应于$\{1,2,5\}$的插值多项式为 $g_2(u)=u^2+1$，且其能整除$Q_V^{(1)}(u)$，因此 $g_2'(u)=g_2(u)$，高次项提取完毕。

综上所述：$P_V(u)=(u+1)(u^2+1)(u^3+u^2+1)$。

根据上述多项式分解结果，得到以下 6 种设计算法。

设计 1：$P_T(u)=u+1$，$P_R(u)=(u^2+1)(u^3+u^2+1)$，收发分置阵列，2 发 6 收。

设计 2：$P_T(u)=u^2+1$，$P_R(u)=(u+1)(u^3+u^2+1)$，收发分置阵列，2 发 6 收。

设计 3：$P_T(u)=u^3+u^2+1$，$P_R(u)=(u+1)(u^2+1)$，收发分置阵列，3 发 4 收。

设计 4：$P_T(u)=(u^2+1)(u^3+u^2+1)$，$P_R(u)=1+u$，收发分置阵列，6 发 2 收。

设计 5：$P_T(u)=(u+1)(u^3+u^2+1)$，$P_R(u)=1+u^2$，收发分置阵列，6 发 2 收。

设计 6：$P_T(u)=(u+1)(u^2+1)$，$P_R(u)=u^3+u^2+1$，收发分置阵列，4 发 3 收。

设计 4、设计 5、设计 6 的布阵方案分别是设计 1、设计 2、设计 3 收发阵列调换的结果。两者的收发增益不同，因此仍然被视作不同的设计。根据收发阵列天线数最小的原则，设计 3 和设计 6 是最优的布阵方案。当然，也可以根据其他的设计原则选择相应的最优布阵方案。

3.2.4　仿真实验

将所提算法设计下的布阵方案的整体方向图与波束性能指标进行对比，以验证所提算法的性能。为了测试算法的适用范围，针对等效虚拟阵列的不同分布，讨论对应的阵列设计方案。

1. 均匀等效虚拟阵列

讨论收发分置阵列，假设根据方向图设计指标确定的等效虚拟阵列的加权矢量为$W_V=[1,1,\cdots,1]\in\mathbb{R}^{15}$，则对应多项式 $P_V(u)=\sum_{i=0}^{14}u^i$。文献[5]无法用空间反卷积算法获得严格的解析解,非线性最小二乘法给出的近似解为 $W_T=W_R=$ $[0.749,0.408,0.337,0.312,0.313,0.337,0.408,0.749]$,布阵结果如图 3-10(a) 所示,所设计的收发复用下的等效虚拟阵列加权矢量为 $W_V=[0.56,0.61,0.67,$ $0.74,0.84,0.97,1.20,1.88,1.20,0.97,0.84,0.74,0.67,0.61,0.56]$,达不到设计指标要求。基于 NSK 多项式分解后的结果为 $P_V(u)=(1+u+u^2)(1+u^3+u^6+u^9+u^{12})$。因此,有以下两种布阵方案。

设计 1:$P_T(u)=1+u+u^2$,$P_R(u)=1+u^3+u^6+u^9+u^{12}$,收发分置阵列,3 发 5 收。

设计 2:$P_T(u)=1+u^3+u^6+u^9+u^{12}$,$P_R(u)=1+u+u^2$,收发分置阵列,5 发 3 收。

布阵方案的等效虚拟阵列加权矢量为 $W_V=[1,1,1,1,1,1,1,1,1,1,1,1,1,1,1]$,满足指标要求,布阵示意图如图 3-10 所示。

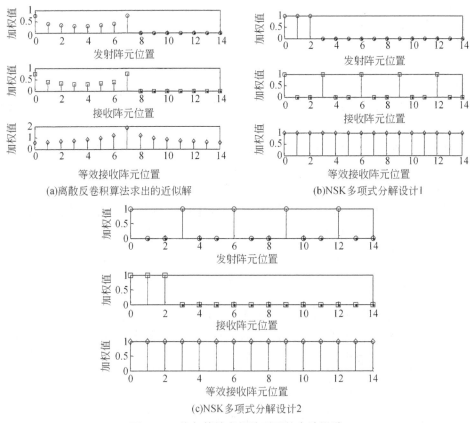

(a)离散反卷积算法求出的近似解　　　　　　(b)NSK多项式分解设计1

(c)NSK多项式分解设计2

图 3-10　均匀等效虚拟阵列下的布阵设计

图 3-11 给出了文献[5]中布阵方案与本节所给布阵方案的波束性能对比图。图 3-11(a)中,该近似解对应的方向图的主瓣宽度是 7.97°,第一旁瓣电平是 −15.64dB。波束指标方向图的主瓣宽度是 6.79°,第一旁瓣电平是 −13.13dB,两个方向图有所差异。图 3-11(b)中,所给布阵方案的等效虚拟阵列方向图与波束性能指标完全一致。设计 1 的发射阵列在 0 位置、1 位置、2 位置分别布有一个阵元,接收阵列在 0 位置、3 位置、6 位置、9 位置分别布有一个阵元。将设计 1 的收发阵列调换就得到设计 2。虽然两种设计的波束性能完全一致,但因为收发增益是不同的,所以仍然被视作不同的设计方案。

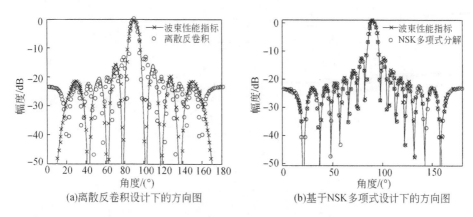

(a)离散反卷积设计下的方向图　　　　(b)基于NSK多项式设计下的方向图

图 3-11　均匀等效虚拟阵列设计下的波束性能对比图

MIMO 雷达体制中,收发复用阵列无法获得均匀等效虚拟阵列,因此当等效虚拟阵列均匀分布时,无须讨论收发复用布阵设计。

综上所述,当系统等效虚拟阵列均匀分布时,文献[5]中的离散反卷积算法只能给出近似满足波束性能指标的收发复用布阵方案,基于 NSK 多项式分解的布阵算法能合理地设计出满足要求的收发分置布阵方案。

2.非均匀等效虚拟阵列

1)收发复用阵列

假设等效虚拟阵列的加权矢量为 $W_V=[1,2,3,4,5,4,3,2,1]$,则对应多项式 $P_V(u)=1+2u+3u^2+4u^3+5u^4+4u^5+3u^6+2u^7+u^8$。该设计指标下,等效虚拟阵列非均匀,因此文献[13]中的算法失效。利用本节算法进行多项式分解,结果为 $P_V(u)=(1+u+u^2+u^3+u^4)(1+u+u^2+u^3+u^4)$,由此给出收发复用的设计方案。

设计 1:$P_T(u)=P_R(u)=1+u+u^2+u^3+u^4$,收发复用阵列,5 发 5 收。

图 3-12 给出了所提算法的布阵设计,对应的系统等效虚拟阵列加权矢量为

$W_V=[1,2,3,4,5,4,3,2,1]$，满足性能指标要求。收发阵列需要 5 根天线，分别布置在 0、1、2、3、4 位置，系统自由度为 9。文献[5]中离散反卷积算法下的设计方案和本节算法一致。图 3-13 进一步给出了波束性能对比图，基于 NSK 多项式分解算法，离散反卷积算法下布阵方案的等效虚拟阵列方向图与性能指标完全一致，主瓣宽度均为 $14.95°$，第一旁瓣电平均为 -24.11dB。

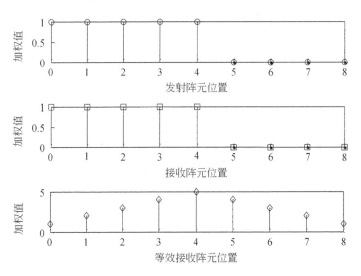

图 3-12　非均匀等效虚拟阵列下的收发复用布阵设计

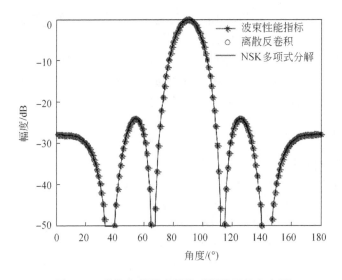

图 3-13　非均匀等效虚拟阵列设计下的方向图

因此,当系统等效虚拟阵列非均匀分布时,不能使用文献[8]中的算法求解,而本节基于 NSK 多项式分解的布阵算法依然适用,且所给布阵方案与文献[5]中的离散反卷积算法相同。

2)收发分置阵列

假设根据系统波束性能指标得到的等效虚拟阵列加权矢量为 $W_V=[1,2,3,4,4,4,3,2,1]$,对应的多项式为 $P_V(u)=1+2u+3u^2+4u^3+4u^4+4u^5+3u^6+2u^7+u^8$。因为该设计指标下的系统等效虚拟阵列非均匀,所以文献[8]中的算法失效。文献[5]中的离散反卷积算法也只能给出近似解,基于 NSK 多项式分解结果为 $P_V(u)=(1+u)(1+u^2)(1+u+u^2)(1+u^3)$。由此得到以下 7 种可能的布阵方案(收发阵列调换的情况在此不再说明)。

设计 1: $P_T(u)=1+u$,$P_R(u)=(1+u^2)(1+u+u^2)(1+u^3)$,收发分置,2 发 12 收。

设计 2: $P_T(u)=1+u^2$,$P_R(u)=(1+u)(1+u+u^2)(1+u^3)$,收发分置,2 发 12 收。

设计 3: $P_T(u)=1+u+u^2$,$P_R(u)=(1+u)(1+u^2)(1+u^3)$,收发分置,3 发 8 收。

设计 4: $P_T(u)=1+u^3$,$P_R(u)=(1+u)(1+u^2)(1+u+u^2)$,收发分置,2 发 12 收。

设计 5: $P_T(u)=(1+u)(1+u^2)$,$P_R(u)=(1+u+u^2)(1+u^3)$,收发分置,4 发 6 收。

设计 6: $P_T(u)=(1+u)(1+u+u^2)$,$P_R(u)=(1+u^2)(1+u^3)$,收发分置,6 发 4 收。

设计 7: $P_T(u)=(1+u)(1+u^3)$,$P_R(u)=(1+u^2)(1+u+u^2)$,收发分置,4 发 6 收。

图 3-14 所给的 7 种设计下的等效虚拟阵列阵元加权矢量均为 $W_V=[1,2,3,4,4,4,3,2,1]$,满足设计要求。图 3-15 进一步给出了这 7 种设计下的方向图与波束性能指标的对比图。由图可见,两者的波束性能完全一致,且主瓣宽度为 $14.57°$,最高旁瓣高度为 $-27.61dB$。7 种设计所需要的收发天线数是不同的,设计 1、设计 2、设计 4 需要 14 个阵元,设计 5、设计 6、设计 7 需要 10 个阵元,设计 3 需要 11 个阵元。收发阵列调换的设计在此不再赘述。可以根据不同的设计准则选择合适的布阵方案。

综上所述,当等效虚拟阵列非均匀分布时,文献[8]中的算法不再适用,文献[5]中的离散反卷积算法不一定能够求得收发复用的解析解,而本节所给算法依然能够合理地设计出满足波束性能指标的布阵方案。

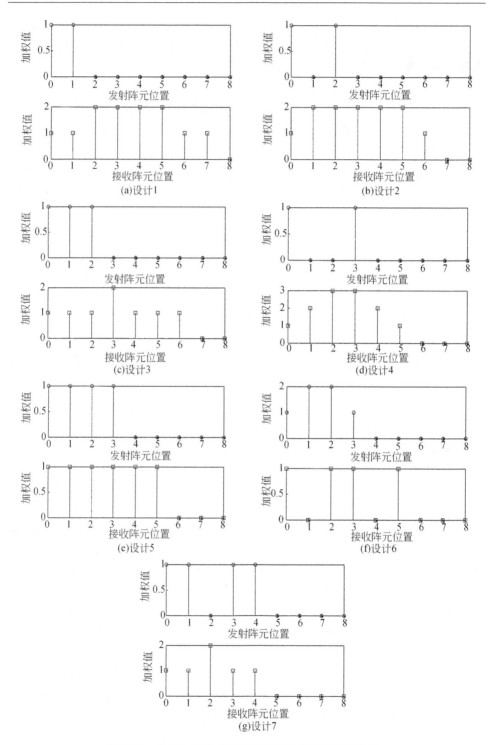

图 3-14　非均匀等效虚拟阵列下的收发分置布阵设计

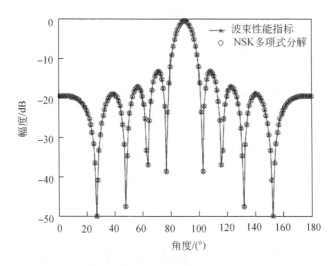

图 3-15　非均匀系统等效虚拟阵列设计下的波束性能对比图

3.3　优化参数估计性能的布阵算法

3.2 节研究了已知等效虚拟阵列分布的布阵设计,本节将以优化参数估计性能为目的,继续讨论 MIMO 雷达布阵算法。将参数估计的均方误差看成衡量参数估计性能的标准,以参数估计均方误差最小为目标函数,研究一种基于 D-optimality 准则的布阵算法。

3.3.1　最大似然测向算法

目前,广泛应用于 MIMO 雷达参数估计的算法有:最大似然估计(maximum likelihood estimation,MLE)算法、最小二乘(least squares,LS)算法、Capon 谱估计算法、旋转不变子空间算法等。其中,最大似然估计算法是最常用、最有效的算法之一,它对 MIMO 雷达几何阵型没有特殊的要求,只要 SNR 满足一定条件,最大似然估计算法的均方误差就可以接近克拉默-拉奥界(Cramer- Rao bound,CRB)[11]。

最大似然估计算法的基本思想是:假设被估计的参数是未知常数,观测数据为已知的随机变量,在该未知量没有先验知识的情况下,利用已知的观测数据对其进行估计。

根据 3.1.1 节的信号模型,观测矢量 η 为独立的复高斯矢量,$\eta \sim CN(D(\theta,\beta)\alpha, \sigma^2 I_{MN})$,$\beta$ 是与阵列结构有关的参数,表示阵元的位置信息。假设待估计的参数

向量为 $\xi = [\theta^T, \alpha^T]^T$，观测数据的概率密度函数为

$$f(\eta \mid \xi) = \prod_{l=1}^{L_p} \frac{1}{(2\pi\sigma^2)^{MN/2}} \exp\left[-\frac{1}{2\sigma^2}(\eta - D\alpha)^H(\eta - D\alpha)\right] \tag{3-25}$$

其似然函数为

$$h(\xi) = \ln f(\eta \mid \xi) = -\frac{MNL_p}{2}\ln(2\pi\sigma^2) - \frac{1}{2\sigma^2}\sum_{l=1}^{L_p}(\eta - D\alpha)^H(\eta - D\alpha) \tag{3-26}$$

根据式(3-26)，$h(\xi) \propto -(\eta - D\alpha)^H(\eta - D\alpha)$，利用最大似然估计算法对方位角进行估计：

$$(\hat{\theta}, \hat{\alpha})_{ML} = \arg\min_{\theta,\alpha} \| \eta - D(\theta,\beta)\alpha \|^2 \tag{3-27}$$

α 的求解是一个常见的最小二乘问题，其解为

$$\alpha = (D^H D)^{-1} D^H \eta \tag{3-28}$$

将式(3-28)代入式(3-27)，可得 θ 的最大似然估计为

$$\hat{\theta}_{ML} = \arg\max_{\theta} h(\theta) \tag{3-29}$$

式中，$h(\theta) = \mathrm{tr}(P_D \hat{R}_0)$，$P_D(\theta) \overset{\text{def}}{=} D(D^H D)^{-1} D^H$，$\hat{R}_0 = \eta\eta^H$。简单起见，将 $D(\theta,\beta)$ 简记为 D。

3.3.2　D-optimality 准则下阵列结构推导

布阵的目的是通过合理设置收发阵元位置以保证系统性能满足实际使用要求。本节为了得到最优方位角估计精度，以参数估计的均方误差为目标函数，将其称为 D-optimality 准则。D-optimality 表示最小化最优线性无偏估计的均方误差，定义如下[12]：

$$\beta = \arg\min_{\beta}\{\det[\Omega(\hat{\theta})]\} \tag{3-30}$$

式中，$\det[\cdot]$ 为行列式的值；$\hat{\theta}$ 为参数 θ 的估计值，$\Omega(\hat{\theta})$ 为估计值 $\hat{\theta}$ 的均方误差。在无偏估计中，参数估计的偏差都为 0，因此均方误差分别退化为各自的方差。

在基于 D-optiamlity 准则的布阵设计中，$\hat{\theta}$ 为远场目标方位角的估计值，β 为与阵列结构相关的参数矢量。一方面，通过设计阵元位置，使 $\hat{\theta}$ 的方差最小，则 $\hat{\theta}$ 的高维联合置信区域体积最小；另一方面，$\hat{\theta}$ 的方差越小，越密集地聚集在真值附近。在这种意义上，该阵列的参数估计性能是最优的。明显地，D-optimality 准则下的布阵设计关键在于推导估计值 $\hat{\theta}$ 的方差。

利用最大似然测向算法估计方位角，并求取估计值方差，具体过程如下：

定义 $Y_i = \dfrac{\partial h(\theta)}{\partial \theta_i}$（$i = 1, 2, \cdots, Q$），用向量形式表示记为 $Y(\theta) =$

$[Y_1, Y_2, \cdots, Y_Q]^T$。假设最大似然估计算法求得的估计值为 θ_0，在 SNR 较高的情况下，有 $Y(\theta_0) \approx 0$，将 $Y(\theta)$ 在 $\theta = \theta_0$ 处进行泰勒级数展开，忽略高次项得

$$Y(\theta) \approx Y(\theta_0) + \frac{\partial Y(\theta)}{\partial \theta}\Big|_{\theta_0}(\theta - \theta_0) \approx \frac{\partial Y(\theta)}{\partial \theta}\Big|_{\theta_0}(\theta - \theta_0) \qquad (3\text{-}31)$$

记 $T_H = \frac{\partial Y(\theta)}{\partial \theta}\Big|_{\theta_0}$，$T_H$ 是 $Y(\theta)$ 的 Hessian 矩阵，在 SNR 较高或快拍数较大时有

$$T_H = \frac{\partial Y(\theta)}{\partial \theta}\Big|_{\theta_0} \approx E\left[\frac{\partial Y(\theta)}{\partial \theta}\Big|_{\theta_0}\right] \qquad (3\text{-}32)$$

根据式(3-31)、式(3-32)得 $\theta = \theta_0 + T_H^{-1}Y$，由此得

$$E[\theta] = \theta_0 + T_H^{-1}E[Y] = \theta_0 \qquad (3\text{-}33)$$

$$\Omega_\theta = T_H^{-1}E[YY^T](T_H^{-1})^T \qquad (3\text{-}34)$$

为了得到 Ω_θ，分别计算 $E[YY^T]$ 和 T_H。

1）$E[YY^T]$ 的推导

$$Y_i = \frac{\partial h(\theta)}{\partial \theta_i} = -\text{tr}\left(\frac{\partial P_D}{\partial \theta_i}\hat{R}_0\right) \qquad (3\text{-}35)$$

式中

$$\frac{\partial P_D}{\partial \theta_i} = -\frac{\partial}{\partial \theta_i}[D\,(D^H D)^{-1}D^H]$$

$$= -\left\{\frac{\partial D}{\partial \theta_i}[(D^H D)^{-1}D^H] - D\,(D^H D)^{-1}\frac{\partial D^H}{\partial \theta_i}D\,(D^H D)^{-1}D^H\right.$$

$$\left. - D\,(D^H D)^{-1}D^H\frac{\partial D}{\partial \theta_i}(D^H D)^{-1}D^H + D\,(D^H D)^{-1}\frac{\partial D^H}{\partial \theta_i}\right\}$$

$$= -\left\{(I - P_D)\frac{\partial D}{\partial \theta_i}[(D^H D)^{-1}D^H] + D\,(D^H D)^{-1}\frac{\partial D^H}{\partial \theta_i}(I - P_D)\right\}$$

上述公式的推导用到了如下关系：$\frac{\partial H^{-1}}{\partial x} = -H^{-1}\frac{\partial H}{\partial x}H^{-1}$，在本节中，$H = D^H D$。

定义

$$B_i = (I - P_D)\frac{\partial D}{\partial \theta_i}[(D^H D)^{-1}D^H] \qquad (3\text{-}36)$$

则 $B_i^H = D\,(D^H D)^{-1}\frac{\partial D^H}{\partial \theta_i}(I - P_D)$，因此有 $\frac{\partial P_D}{\partial \theta_i} = -(B_i + B_i^H)$，$Y_i = 2\text{Re}[\text{tr}(B_i \hat{R}_0)]$。

于是，容易得到

$$E[YY^T] = 4E\{\text{Re}[\text{tr}(B_i \hat{R}_0)]\text{Re}[\text{tr}(B_j \hat{R}_0)]\} \qquad (3\text{-}37)$$

2)T_H 的推导

$$T_H = \frac{\partial Y(\theta)}{\partial \theta}\Big|_{\theta_0} = 2E\left\{\mathrm{Re}\left[\mathrm{tr}\left(\frac{\partial B_i}{\partial \theta_j}\hat{R}_0\right)\right]\right\}$$

$$= 2L_p\mathrm{Re}\left[\mathrm{tr}\left(\frac{\partial B_i}{\partial \theta_j}\hat{R}_0\right)\right]$$

$$= 2L_p\mathrm{Re}\left[\mathrm{tr}(C_{ij}\hat{R}_0)\right] \tag{3-38}$$

式中，$C_{ij} = -\frac{\partial P_D}{\partial \theta_j}\frac{\partial D}{\partial \theta_i}\left[(D^H D)^{-1}D^H\right] + (I-P_D)\frac{\partial D}{\partial \theta_i}(D^H D)^{-1}\frac{\partial D^H}{\partial \theta_j}(I-P_D)$。

综合式(3-37)、式(3-38)得

$$\Omega(\hat{\theta}) = \frac{1}{L_p^2}\{\mathrm{Re}[\mathrm{tr}(C_{ij}\hat{R}_0)]\}^{-1}E\{\mathrm{Re}[\mathrm{tr}(B_i\hat{R}_0)]\mathrm{Re}[\mathrm{tr}(B_j\hat{R}_0)]\}\{\mathrm{Re}[\mathrm{tr}(C_{ij}\hat{R}_0)]\}^{-1} \tag{3-39}$$

综上所述，通过推导估计参数 $\hat{\theta}$ 的方差，建立基于 D-optimality 准则的布阵模型：

$$\arg\min_{\beta}\{\det[\Omega(\hat{\theta})]\}$$

$$\mathrm{s.\,t.}\ \ \Omega(\hat{\theta}) = \frac{1}{L_p^2}\{\mathrm{Re}[\mathrm{tr}(C_{ij}\hat{R}_0)]\}^{-1}$$

$$\cdot E\{\mathrm{Re}[\mathrm{tr}(B_i\hat{R}_0)]\mathrm{Re}[\mathrm{tr}(B_j\hat{R}_0)]\}\{\mathrm{Re}[\mathrm{tr}(C_{ij}\hat{R}_0)]\}^{-1} \tag{3-40}$$

3.3.3　鲁棒性分析

假设远场条件下有多个目标，每个目标的方位角上均存在相同的角度扰动 θ_Δ，但是保持目标间的方位角之差不变，则信号模型变为

$$\tilde{\eta} = \Delta D(\theta,\beta)\alpha + v \tag{3-41}$$

式中，$\Delta = \begin{bmatrix} e^{jd_1\sin\theta_\Delta} & & & \\ & e^{jd_2\sin\theta_\Delta} & & \\ & & \ddots & \\ & & & e^{jd_{MN}\sin\theta_\Delta} \end{bmatrix}_{MN\times MN}$。

探究基于 D-optimality 准则的布阵设计与角度扰动值 θ_Δ 的关系，此时有

$$P_D' = \Delta D(D^H\Delta^H\Delta D)^{-1}D^H\Delta^H = \Delta P_D\Delta^H \tag{3-42}$$

$$C_{ij}' = -\Delta\frac{\partial P_D}{\partial \theta_j}\Delta^H\Delta\frac{\partial D}{\partial \theta_i}\left[(D^H\Delta^H\Delta D)^{-1}D^H\Delta^H\right]$$

$$+ (I-\Delta P_D\Delta^H)\Delta\frac{\partial D}{\partial \theta_i}(D^H\Delta^H\Delta D)^{-1}\frac{\partial D^H}{\partial \theta_j}\Delta^H(I-\Delta P_D\Delta^H)$$

$$= -\Delta \frac{\partial P_D}{\partial \theta_j} \frac{\partial D}{\partial \theta_i} [(D^{\mathrm{H}}D)^{-1}D^{\mathrm{H}}\Delta^{\mathrm{H}}] + \Delta \frac{\partial D}{\partial \theta_i}(D^{\mathrm{H}}D)^{-1}\frac{\partial D^{\mathrm{H}}}{\partial \theta_j}\Delta^{\mathrm{H}}$$

$$-\Delta \frac{\partial D}{\partial \theta_i}(D^{\mathrm{H}}D)^{-1}\frac{\partial D^{\mathrm{H}}}{\partial \theta_j}P_D\Delta^{\mathrm{H}} - \Delta P_D \frac{\partial D}{\partial \theta_i}(D^{\mathrm{H}}D)^{-1}\frac{\partial D^{\mathrm{H}}}{\partial \theta_j}\Delta^{\mathrm{H}}$$

$$+\frac{\partial D}{\partial \theta_i}(D^{\mathrm{H}}D)^{-1}\frac{\partial D^{\mathrm{H}}}{\partial \theta_j}\Delta^{\mathrm{H}}P_D\Delta^{\mathrm{H}} \tag{3-43}$$

$$\hat{R}'_0 = \Delta DD^{\mathrm{H}}\Delta^{\mathrm{H}} + \sigma^2 I \tag{3-44}$$

$$B'_i = (I - P'_D)\frac{\partial D'}{\partial \theta_i}[(D'^{\mathrm{H}}D')^{-1}D'^{\mathrm{H}}]$$

$$= (I - \Delta P_D\Delta^{\mathrm{H}})\Delta \frac{\partial D}{\partial \theta_i}[(D^{\mathrm{H}}\Delta^{\mathrm{H}}\Delta D)^{-1}D^{\mathrm{H}}\Delta^{\mathrm{H}}]$$

$$= \Delta \frac{\partial D}{\partial \theta_i}[(D^{\mathrm{H}}D)^{-1}D^{\mathrm{H}}\Delta^{\mathrm{H}}] - \Delta P_D \frac{\partial D}{\partial \theta_i}[(D^{\mathrm{H}}D)^{-1}D^{\mathrm{H}}\Delta^{\mathrm{H}}] \tag{3-45}$$

下面讨论 $\Omega(\hat{\theta})$ 随扰动值 θ_Δ 的变化情况,即分别讨论 T_{H} 和 $E[YY^{\mathrm{T}}]$ 随 θ_Δ 的变化情况。

1) T_{H} 随扰动值 θ_Δ 的变化情况

将式(3-43)、式(3-44)代入 $C'_{ij}\hat{R}'_0$ 得到

$$C'_{ij}\hat{R}'_0 = \left\{ -\Delta \frac{\partial P_D}{\partial \theta_j} \frac{\partial D}{\partial \theta_i}[(D^{\mathrm{H}}D)^{-1}D^{\mathrm{H}}\Delta^{\mathrm{H}}] + \Delta \frac{\partial D}{\partial \theta_i}(D^{\mathrm{H}}D)^{-1}\frac{\partial D^{\mathrm{H}}}{\partial \theta_j}\Delta^{\mathrm{H}} \right.$$

$$\left. -\Delta \frac{\partial D}{\partial \theta_i}(D^{\mathrm{H}}D)^{-1}\frac{\partial D^{\mathrm{H}}}{\partial \theta_j}P_D\Delta^{\mathrm{H}} + \Delta \frac{\partial D}{\partial \theta_i}(D^{\mathrm{H}}D)^{-1}\frac{\partial D^{\mathrm{H}}}{\partial \theta_j}\Delta^{\mathrm{H}}P_D\Delta^{\mathrm{H}} \right\}$$

$$\cdot (\Delta DD^{\mathrm{H}}\Delta^{\mathrm{H}} + \sigma^2 I) - \Delta P_D \frac{\partial D}{\partial \theta_i}(D^{\mathrm{H}}D)^{-1}\frac{\partial D^{\mathrm{H}}}{\partial \theta_j}\Delta^{\mathrm{H}} \tag{3-46}$$

式(3-46)中每一项都是 $\Delta(\bullet)\Delta^{\mathrm{H}}$ 的结构,根据矩阵迹的性质: $\mathrm{tr}(AB) = \mathrm{tr}(BA)$,从而可以得到 $\mathrm{tr}[\Delta(\bullet)\Delta^{\mathrm{H}}] = \mathrm{tr}[(\bullet)\Delta^{\mathrm{H}}\Delta] = \mathrm{tr}(\bullet)$。因此,$T_{\mathrm{H}}$ 不受扰动值 θ_Δ 的影响。

2) $E[YY^{\mathrm{T}}]$ 随扰动值 θ_Δ 的变化情况

将式(3-44)、式(3-45)代入 $B'_i\hat{R}'_0$ 得到

$$B'_i\hat{R}'_0 = \left\{ \Delta(I - P_D)\frac{\partial D}{\partial \theta_i}[(D^{\mathrm{H}}D)^{-1}D^{\mathrm{H}}\Delta^{\mathrm{H}}] \right\}(\Delta DD^{\mathrm{H}}\Delta^{\mathrm{H}} + \sigma^2 I) \tag{3-47}$$

与式(3-46)类似,式(3-47)每一项都是 $\Delta(\bullet)\Delta^{\mathrm{H}}$ 的结构,因此 $E[YY^{\mathrm{T}}]$ 也不受扰动值 θ_Δ 的影响。

由式(3-40)可知,基于 D-optimality 准则的布阵模型与目标的个数、方位角有关,这在一定程度上降低了布阵方案的适用性。在实际进行多目标参数估计时,往往要求系统性能最优或者接近最优。经过鲁棒性分析可得,相同的方位角之差下,基于 D-optimality 准则的布阵方案是相同的。因此,只要保证当目标相距较近时,

设计出具有最优参数估计性能的系统结构,那么当目标相距较远时,该系统结构依然是次优的,能够满足使用要求[13]。

3.3.4　CRB 推导

CRB 给出了任何无偏估计的均方误差下界,根据文献[13],接收数据的 Fisher 信息矩阵为

$$p(Z|\theta)=c_0\exp\big[-\mathrm{tr}(P_D\hat{R}_0)\big] \tag{3-48}$$

式中,c_0 表示一个常数。进一步可得

$$J_{L_p}=-\left\{E\left[\frac{\partial^2\ln p(Z|\theta)}{\partial\theta_i\partial\theta_j}\right]\right\}=-\left[-L_p\mathrm{tr}\left(\frac{\partial^2 P_D}{\partial\theta_i\partial\theta_j}\hat{R}_0\right)\right] \tag{3-49}$$

因此,参数估计的 CRB 为

$$\mathrm{CRB}_{\theta\theta}=\frac{1}{2L_p}\{\mathrm{Re}[\mathrm{tr}(C_{ij}\hat{R}_0)]\}^{-1} \tag{3-50}$$

由式(3-39)可以看出,$\Omega(\hat{\theta})$ 的第一项表示参数估计的 CRB,其余两项可以视为调整因子。因此,$\Omega(\hat{\theta})$ 可以看作一种修正的 CRB。相对于 CRB 而言,D-optimality 准则推导出的 $\Omega(\hat{\theta})$ 能够更详细、更准确地描述最大似然估计算法的性能。当 SNR 较高时,$\Omega(\hat{\theta})$ 的后两项近似于单位矩阵,$\Omega(\hat{\theta})$ 与 CRB 非常接近。

综上所述,基于 D-optimality 准则的布阵算法步骤如算法 3-2 所示。

算法 3-2　基于 D-optimality 准则的布阵算法步骤

步骤 1　确定 MIMO 雷达收发阵列的阵元个数。
步骤 2　根据实际需求,设置参考方位角值 θ。
步骤 3　根据系统性能要求、SNR 以及物理限制等确定等效虚拟阵列的孔径。
步骤 4　基于 D-optimality 准则,运用穷举法进行布阵设计。

需要指出的是,虽然穷举法会带来较高的算法复杂度,但是阵元布设不需要实时变化,在布阵算法中,复杂度不是主要的优化目标。阵元位置一旦设定,基本不会再有变动,调整阵元布设损耗的资源要远远超出计算损耗的资源,且阵元布阵方案关系到整个 MIMO 雷达测向系统的性能,若能通过较高复杂度的算法合理布置好收发阵列位置,则在实际中非常值得采用。

3.3.5　仿真实验

本节针对 D-optimality 准则下的布阵方案、均匀阵列、最小冗余阵列进行参数估计性能对比,并分析阵列孔径大小对性能的影响。

1. 参数估计性能对比

假设收发复用的 MIMO 雷达在零均值高斯白噪声下,远场存在两个点目标,基于最大似然估计算法,分别利用 D-optimality 准则下的布阵方案、相同阵元数的均匀阵列和相同孔径的最小冗余阵列进行参数估计,目标方位角之差为对应的均匀阵列方向图的主瓣宽度。每个 SNR 条件下进行 1000 次蒙特卡罗仿真实验,以参数估计的均方误差作为衡量系统参数估计性能的标准。表 3-1 为三种布阵方式的阵元位置。

表 3-1　三种布阵方式的阵元位置

布阵方式	阵元位置			
	3	4	5	6
均匀阵列	{0,1,2}	{0,1,2,3}	{0,1,2,3,4}	{0,1,2,3,4,5}
最小冗余阵列	{0,1,4}	{0,1,4,6}	{0,1,4,6,13}	{0,1,4,6,13,21}
D-optimality 准则	{0,3,4}	{0,1,5,6}	{0,1,7,12,13}	{0,1,12,19,20,21}

图 3-16 给出阵元数为 4 和 6 的三种布阵方式的参数估计性能对比图。由图可知,D-optimality 准则下布阵方案的参数估计性能最好,最小冗余阵列次之,均匀阵列的性能相对较差;SNR 越高,三种布阵方式的参数估计均方误差越小;当阵元数增多时,虚拟孔径相应变大,参数估计性能有所提升;在 SNR 高于 2dB 左右时,D-optimality 准则下的均方误差接近于参数估计的 CRB。这些结论同样适用于收发分置的 MIMO 雷达,且 D-optimality 准则下的收发分置布阵方式更加灵活,可以任意组合收发端阵元数。

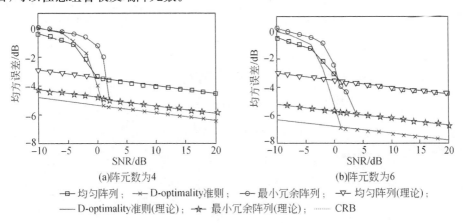

图 3-16　参数估计均方误差

2. 孔径对参数估计性能的影响

在参数估计性能对比时,最小冗余阵列和 D-optimality 准则下布阵方案的虚拟孔径是相同的。阵元数一定,均匀布阵和最小冗余布阵下的虚拟阵列孔径是确定的。相比而言,D-optimality 准则下的阵列孔径比较灵活,能获得更大的虚拟阵列孔径。在一定程度上,可以根据系统设计要求和物理条件选择合适的阵列孔径大小。

为了进一步讨论孔径对 D-optimality 准则下布阵方案参数估计性能的影响,假设有一个收发复用的 4 阵元 MIMO 雷达阵列,表 3-2 列出了不同虚拟阵列孔径下的阵元位置和理论估计均方误差。图 3-17 为估计均方误差随孔径变化情况。由图可知,随着阵列孔径的变大,参数估计性能得到了显著改善。但是,图中出现了两段较为平坦的曲线,孔径分别对应 16~20 和 30~50,称其为门限效应,其指的是达到一定孔径后,参数估计的均方误差变化很慢。当孔径由 12 扩大到 16 时,估计均方误差提高了 4.5dB;当孔径由 16 扩大到 20 时,估计均方误差只提高了 0.7dB;当孔径由 30 扩大到 50 时,估计均方误差只提高了 1.67dB。实际中,一方面,通过增大孔径降低理论的参数估计均方误差;另一方面,应尽量避免门限效应。因此,一般把门限效应的起始值作为孔径的选择,如图 3-17 中的 16 或 30。

表 3-2　D-optimality 准则下不同虚拟阵列孔径下的阵元位置和理论估计均方误差

孔径	阵元位置	等效阵元位置	理论估计均方误差/dB
12	{0,1,4,6}	{0,1,2,4,5,6,7,8,10,12}	−10.98
14	{0,1,4,7}	{0,1,2,4,5,7,8,11,14}	−12.18
16	{0,1,4,8}	{0,1,2,4,5,8,9,12,16}	−15.48
18	{0,1,8,9}	{0,1,2,8,9,10,16,17,18}	−15.70
20	{0,1,8,10}	{0,1,2,9,10,11,18,19,20}	−16.18
24	{0,1,11,12}	{0,1,2,11,12,13,22,23,24}	−16.61
26	{0,1,11,13}	{0,1,2,11,12,13,14,22,24,26}	−18.60
30	{0,1,14,15}	{0,1,2,14,15,16,28,29,30}	−20.71
50	{0,1,24,25}	{0,1,2,24,25,26,48,49,50}	−22.38

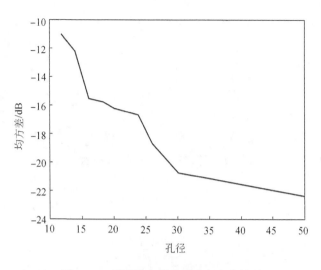

图 3-17　估计均方误差随孔径变化情况

图 3-18 描述了 SNR 为 10dB 时不同孔径下布阵方案方向图。由图可知,随着孔径的增大,方向图的主瓣宽度越来越窄,但是伪峰越来越高。伪峰的升高容易造成参数估计错误,将其称为错误估计。在 SNR=-10dB、SNR=0dB、SNR=10dB 三种情况下,进行 500 次蒙特卡罗仿真,统计表 3-2 中不同孔径下布阵方案的错误估计概率。图 3-19 描述了错误估计概率随孔径变化图。在相同阵元数的前提下,SNR 一定,孔径越大,错误估计概率越高;孔径一定,SNR 越小,错误估计概率越高。因此,若将错误估计概率控制在一定的范围,则必须提高 SNR 或降低虚拟阵列的孔径值。实际中,应根据需求,在分辨率与伪峰之间做出权衡判断。例如,对于地面监视雷达,方向图旁瓣的升高会影响其正常工作;对于仰角向上的空中监视雷达,主要考虑空间分辨率的提高,旁瓣不是其主要考虑的因素。

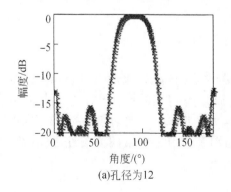
(a)孔径为12

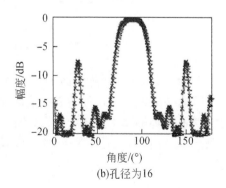
(b)孔径为16

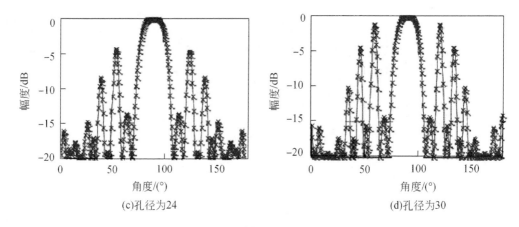

(c)孔径为24　　　　　　　　　　　(d)孔径为30

图 3-18　伪峰随孔径的变化图

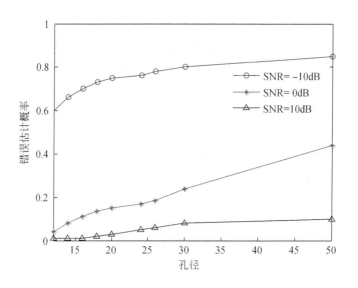

图 3-19　错误估计概率随孔径变化图

综上所述,与相同阵元数的均匀阵列、最小冗余阵列相比,D-optimality 准则下的布阵方式能获得最优的参数估计性能。同时,该算法的孔径设计更加灵活,通过扩大孔径能够获得更高的空间分辨率,但同时也带来了方向图旁瓣的升高,在考虑阵元布阵时,需要在空间分辨率以及方向图旁瓣引起的空间模糊性之间做出权衡。

3.4　幅相误差和位置误差下的阵列校正算法

3.2 节和 3.3 节讨论了不同应用背景下的 MIMO 雷达布阵算法,合理设计阵元位置能够提高系统性能,在理论上符合实际需求。但是,在实际布阵以及阵列工作时,不可避免地存在各种误差,会对系统性能造成一定影响。因此,本节探讨误差存在下的阵列校正问题。

3.4.1　阵列误差模型

1. 误差建模

实际应用中,由于天线生产过程加工误差的存在,加之环境、使用年限的变化,多路收发通道的多个有源器件的幅相增益往往不能视作相同。考虑这一因素,本节引入与方位无关的误差参数 α_m、φ_m、β_n、γ_n,其中 α_m 与 φ_m 表示第 m 个发射阵元的幅度与相位误差,β_n 与 γ_n 表示第 n 个接收阵元的幅度与相位误差。一般地,分别以收发端的首阵元作为参考,将误差参数进行归一化,可得 $\alpha_1 = 1$、$\varphi_1 = 0$、$\beta_1 = 1$、$\gamma_1 = 0$。因此,收发端幅相误差的表达式为

$$\Gamma_t = \text{diag}[1, \alpha_2 \exp(-j\varphi_2), \cdots, \alpha_M \exp(-j\varphi_M)] \tag{3-51}$$

$$\Gamma_r = \text{diag}[1, \beta_2 \exp(-j\gamma_2), \cdots, \beta_N \exp(-j\gamma_N)] \tag{3-52}$$

在布阵过程中,由于人为因素或测量误差,实际阵元位置和理想位置之间存在一定偏差,如果阵元处于运动载体上,那么载体本身的运动状况也会对阵元位置产生影响。考虑最简单的情况,假设布阵时能够保证阵元的横坐标准确,只存在纵坐标方向的误差,位置误差定义为实际阵元位置偏离理想位置的距离,引入与方位无关的位置误差参数 Δx_{tm}、Δy_m,其表示第 m 个发射阵元与第 n 个接收阵元的位置误差。对于窄带信号,由位置误差引起的时延误差相当于相位移动,即有 $s(t+\tau) = s(t)e^{j2\pi\Delta x/\lambda}$,因此位置误差矩阵的表达式为

$$\Delta_t = \text{diag}[w_{t1}, w_{t2}, \cdots, w_{tM}] \tag{3-53}$$

$$\Delta_r = \text{diag}[w_{r1}, w_{r2}, \cdots, w_{rN}] \tag{3-54}$$

式中,$w_{tm} = \exp(j2\pi\Delta x_{tm}\sin\theta/\lambda)$,$m = 1, 2, \cdots, M$;$w_{rn} = \exp(j2\pi\Delta y_{rn}\sin\theta/\lambda)$,$n = 1, 2, \cdots, N$;。若分别以收发阵列的首阵元为参考,则有 $\Delta x_{t1} = \Delta y_{r1} = 0$,从而进一步有 $w_{r1} = w_{t1} = 0$。

基于以上假设,收发端同时存在位置误差和幅相误差下的阵列流形导向矢量为

$$A'(\theta) = [\Gamma_r \Delta_r a_r(\theta)] \otimes [\Gamma_t \Delta_t a_t(\theta)] = [\Gamma_r a'_r(\theta)] \otimes [\Gamma_t a'_t(\theta)] \tag{3-55}$$

式中,"$\otimes$"表示 Kronecker 积。

2. 阵列误差对 MUSIC 算法的影响

根据前面的讨论,阵列误差下的导向矢量和理想导向矢量之间存在偏差。子空间分解类算法的原理是利用噪声子空间与信号子空间的正交性,通过谱峰搜索估计出目标方位。在存在误差的情况下,依然使用理想导向矢量会大大影响子空间分解类算法的性能,甚至导致其失效。下面以 MUSIC 算法[4]为例进行讨论。

远场条件下的接收信号模型为

$$Z'(t) = A'(\theta)S(t) + N(t) \tag{3-56}$$

通过接收端匹配滤波器后的回波数据的协方差矩阵为

$$
\begin{aligned}
R &= E[Z'(t) Z'^{\mathrm{H}}(t)] \\
&= A'E[SS^{\mathrm{H}}] A'^{\mathrm{H}} + \sigma^2 I \\
&= A' R_s A'^{\mathrm{H}} + \sigma^2 I \\
&= U_{\mathrm{S}} \Sigma_{\mathrm{S}} U_{\mathrm{S}}^{\mathrm{H}} + U_{\mathrm{N}} \Sigma_{\mathrm{N}} U_{\mathrm{N}}^{\mathrm{H}}
\end{aligned}
\tag{3-57}
$$

式中,U_{S} 表示由大特征值张成的信号子空间;U_{N} 表示由小特征值张成的噪声子空间。

下面进行谱峰搜索,即求解下述问题:

$$
\begin{aligned}
&\min f(\theta, \Lambda) \\
&\text{s. t. } f(\theta, \Lambda) = 1/A'^{\mathrm{H}}(\theta, \Lambda) \Sigma_{\mathrm{S}} A'(\theta, \Lambda)
\end{aligned}
\tag{3-58}
$$

式中,Λ 表示通道幅相信息以及阵元位置信息。实际导向矢量 $A'(\theta, \Lambda)$ 是 Λ 和目标方位角 θ 的函数。

令 $f_1(\theta, \Lambda) = \partial f(\theta, \Lambda)/\partial \theta$,假设 Λ_0 表示真实的通道幅相信息和阵元实际位置,θ_0 是目标的实际方位角,在 (θ_0, Λ_0) 处进行一阶泰勒级数展开,可得

$$f_1(\theta, \Lambda) \approx f_1(\theta_0, \Lambda_0) + \frac{\partial f_1(\theta, \Lambda)}{\partial \theta} \Big|_{\theta=\theta_0} (\theta - \theta_0) + \frac{\partial f_1(\theta, \Lambda)}{\partial \Lambda^{\mathrm{T}}} \Big|_{\Lambda=\Lambda_0} (\Lambda - \Lambda_0)$$

$$\tag{3-59}$$

由 MUSIC 算法原理[4]可知,$f(\theta_0, \Lambda_0)$ 是函数 $f(\theta, \Lambda)$ 的极小值,因此 $f_1(\theta_0, \Lambda_0) = 0$,设角度估计误差为 $\Delta\theta$,当 $f_1(\theta, \Lambda_0) = 0$ 时,有

$$\Delta\theta = \theta - \theta_0 = -\frac{\partial f_1(\theta, \Lambda)}{\partial \Lambda^{\mathrm{T}}} \Big|_{\Lambda=\Lambda_0} \left[\frac{\partial f_1(\theta, \Lambda)}{\partial \theta} \Big|_{\theta=\theta_0} \right]^{-1} (\Lambda - \Lambda_0) \tag{3-60}$$

若存在阵列误差,即 $\Lambda \neq \Lambda_0$,则角度估计也会存在偏差 $\Delta\theta$。当不存在阵列误差时,即 $\Lambda = \Lambda_0$,MUSIC 算法能对目标方位角 θ_0 进行准确估计。因此,在 MIMO 雷达实际投入使用中,阵列误差校正问题不容忽视。

3.4.2 基于旋转阵列的误差校正算法

基于 3.4.1 节建立的误差模型,对接收数据的协方差矩阵 R 进行特征分解,假

设最大特征值对应的归一化特征矢量为 V，则有

$$
\begin{aligned}
V &= [v_{11}, v_{12}, \cdots, v_{1M}, v_{21}, \cdots, v_{2M}, \cdots, v_{NM}]^{\mathrm{T}} \\
&= [\Gamma_{\mathrm{r}} a_{\mathrm{r}}'(\theta)] \otimes [\Gamma_{\mathrm{t}} a_{\mathrm{t}}'(\theta)]
\end{aligned}
\tag{3-61}
$$

式中

$$
v_{nm} = \beta_n \alpha_m \exp[-\mathrm{j}(\gamma_n + \varphi_m)] \exp\left[-\mathrm{j}\frac{2\pi}{\lambda}(y_{\mathrm{r}m}' + x_{\mathrm{t}m}')\sin\theta\right]
\tag{3-62}
$$

实际中，R 由有限次样本累积计算而得，在误差信息和阵元位置均未知的条件下，尝试建立如下代价函数：

$$
J(\Gamma_{\mathrm{r}}, \Gamma_{\mathrm{t}}, \Delta x_{\mathrm{t}}, \Delta y_{\mathrm{t}}) = \| [\Gamma_{\mathrm{r}} a_{\mathrm{r}}'(\theta)] \otimes [\Gamma_{\mathrm{t}} a_{\mathrm{t}}'(\theta)] - V \|^2
\tag{3-63}
$$

显然，接收数据同时耦合了位置误差和幅相误差，不能通过循环迭代的方式得出最优解析解。下面分别从解误差耦合、误差校正两方面进行研究。

1. 解误差耦合

假设在远场某一固定方位 θ（精确已知）有一点校正源，可假定发射阵列在转台上，旋转发射阵列，每次的转动角度精确已知，为 $\Delta\theta$，获得不同方位角对应的回波数据。记回波数据协方差矩阵的最大特征值所对应的归一化特征矢量为

$$
V_2 = [u_{11}, u_{12}, \cdots, u_{1M}, u_{21}, \cdots, u_{2M}, \cdots, u_{NM}]^{\mathrm{T}}
\tag{3-64}
$$

式中

$$
u_{nm} = \beta_n \alpha_m \exp[-\mathrm{j}(\gamma_n + \varphi_m)] \exp\left[-\mathrm{j}\frac{2\pi}{\lambda}(y_{\mathrm{r}m}' + x_{\mathrm{t}m}')\sin(\theta + \Delta\theta)\right]
\tag{3-65}
$$

观察式(3-62)、式(3-65)，将 V 和 V_2 中的元素对应相除可以分离相互耦合的位置误差和幅相误差，有

$$
P = \frac{V}{V_2} = [p_{11}, p_{12}, \cdots, p_{1M}, p_{21}, \cdots, p_{2M}, \cdots, p_{NM}]
\tag{3-66}
$$

式中

$$
p_{nm} = \exp\left(-\mathrm{j}\frac{2\pi}{\lambda}\{(y_{\mathrm{r}m}' + x_{\mathrm{t}m}')[\sin\theta - \sin(\theta + \Delta\theta)]\}\right)
\tag{3-67}
$$

则 P 可表示为

$$
P = \exp\left\{-\mathrm{j}\frac{2\pi}{\lambda}G[\sin\theta - \sin(\theta + \Delta\theta)]\right\}
\tag{3-68}
$$

式中

$$
\begin{aligned}
G &= [g_1, g_2, \cdots, g_{NM}] \\
&= [0, x_{\mathrm{t}2}', \cdots, x_{\mathrm{t}M}', y_{\mathrm{r}2}', y_{\mathrm{r}2}' + x_{\mathrm{t}2}', \cdots, y_{\mathrm{r}2}' + x_{\mathrm{t}M}', \cdots, y_{\mathrm{r}N}' + x_{\mathrm{t}M}']^{\mathrm{T}}
\end{aligned}
\tag{3-69}
$$

式中，G 表示等效虚拟阵列的位置；$x_{\mathrm{t}i}'$ 表示第 i 个发射阵元的实际位置；$y_{\mathrm{r}i}'$ 表示第 i 个接收阵元的实际位置。由式(3-68)可知，P 中只含有收发端的位置误差信息。

2. 位置误差校正

经过前面的误差分离,对等式(3-68)两边取相位,令

$$\begin{cases} \Phi = \arg(P) = (\phi_1, \phi_2, \cdots, \phi_{NM}) \\ \Psi = (\psi_1, \psi_2, \cdots, \psi_{NM}) = -\dfrac{2\pi}{\lambda} G \left[\sin\theta - \sin(\theta + \Delta\theta) \right] \end{cases} \quad (3\text{-}70)$$

因为 ϕ_i 的取值范围为 $[-\pi, \pi]$,所以要对 ψ_i 去模糊:

$$\phi_i = \psi_i - 2l_i\pi = \frac{2\pi}{\lambda} g_i \left[\sin\theta - \sin(\theta + \Delta\theta) \right] - 2l_i\pi, \quad i = 1, 2, \cdots, NM \quad (3\text{-}71)$$

下面对 l_i 的取值进行讨论。

若不存在阵列误差,则有

$$\Psi_{\text{ideal}} = (\psi_1', \psi_2', \cdots, \psi_{NM}') = -\frac{2\pi}{\lambda} G_{\text{ideal}} \left[\sin\theta - \sin(\theta + \Delta\theta) \right] \quad (3\text{-}72)$$

$$-\pi \leqslant \psi_i' - 2l_i'\pi \leqslant \pi \quad (3\text{-}73)$$

式中,$G_{\text{ideal}} = [0, x_{t2}, \cdots, x_{tM}, x_{r2}, x_{r2} + x_{t2}, \cdots, x_{r2} + x_{tM}, \cdots, x_{rN} + x_{tM}]^{\text{T}}$。

阵列位置误差一般较小,实际虚拟阵列位置坐标 G 与理想虚拟阵列位置坐标 G_{ideal} 很接近,因此 $\Psi \approx \Psi_{\text{ideal}}$、$l_i = l_i'$。分以下三种情况对其进行讨论:

(1) 当 $-\pi < \psi_i' < \pi$ 时,$l_i = 0$。

(2) 当 $\psi_i' > \pi$ 时,假设 $\lfloor \psi_i'/\pi \rfloor = n$,若 n 是奇数,$-\pi \leqslant \psi_i' - (\lfloor n/2 \rfloor + 1) \cdot 2\pi \leqslant \pi$,则 $l_i = \lfloor n/2 \rfloor + 1$;若 n 是偶数,$-\pi \leqslant \psi_i' - n\pi \leqslant \pi$,则 $l_i = \lfloor n/2 \rfloor$。

(3) 当 $\psi_i' < -\pi$ 时,假设 $\lfloor -\psi_i'/\pi \rfloor = n$,若 n 是奇数,$-\pi \leqslant \psi_i' + (\lfloor n/2 \rfloor + 1) \cdot 2\pi \leqslant \pi$,则 $l_i = -(\lfloor n/2 \rfloor + 1)$;若 n 是偶数,$-\pi \leqslant \psi_i' + n\pi \leqslant \pi$,则 $l_i = -\lfloor n/2 \rfloor$。

在求出 G 后,根据等效虚拟阵列的形成原理,由式(3-69)求出收发阵列的实际阵元位置,则有

$$X = G(1:M) \quad (3\text{-}74)$$

$$Y = \left[0, \frac{1}{M} \sum_{i=1}^{M} (g_{M+i} - g_i), \frac{1}{M} \sum_{i=1}^{M} (g_{2M+i} - g_i), \cdots, \frac{1}{M} \sum_{i=1}^{M} (g_{(N-1)M+i} - g_M) \right]$$

$$(3\text{-}75)$$

另外需要注意的是,实际处理中,旋转角 $\Delta\theta$ 要尽量大,若 $\Delta\theta$ 较小,则 $\sin\theta$ 和 $\sin(\theta + \Delta\theta)$ 的值比较接近,会影响求解特性,进而影响误差校正精度。

3. 幅相误差校正

根据式(3-61)和式(3-62),发射端和接收端的实际导向矢量分别为 $T_t = \text{diag}[V(1:M)]$、$T_r = \left[1, \dfrac{1}{M} \sum_{i=1}^{M} \dfrac{v_{2i}}{v_{1i}}, \cdots, \dfrac{1}{M} \sum_{i=1}^{M} \dfrac{v_{Ni}}{v_{1i}} \right]$。在求出收发阵元的实际位置

后,推导出发射端和接收端的幅相误差矩阵分别为

$$\Gamma_t = \frac{T_t}{\exp\left(-\mathrm{j}\dfrac{2\pi}{\lambda}X\sin\theta\right)} \tag{3-76}$$

$$\Gamma_r = \frac{T_r}{\exp\left(-\mathrm{j}\dfrac{2\pi}{\lambda}Y\sin\theta\right)} \tag{3-77}$$

综上所述,基于旋转阵列的误差校正算法流程如算法 3-3 所示。

算法 3-3　基于旋转阵列的误差校正算法流程

步骤 1　沿固定方向转动转台。
步骤 2　利用不同方向的接收数据分离位置误差和幅相误差。
步骤 3　通过解相位模糊得到虚拟阵元位置,进而分别得到收发阵列实际位置。
步骤 4　在求出实际收发阵列位置后,对幅相误差进行校正。

为了提高估计精度,可以通过多次旋转阵列,获得不同方位的信号源回波数据,多次测量求平均值进行误差估计优化。

3.4.3　仿真实验

1.均匀阵列误差校正性能分析

假设 MIMO 雷达的收发阵列均匀分布,阵元个数均为 9,转台每次旋转的角度为 50°,信号码长设为 64。收发端的幅度误差参数设定为在 [0.85,1.15] 随机分布,相位误差参数设定为在 [−10,10] 随机分布,阵列位置误差参数设定为在 [−0.1,0.1] 随机分布。所有的位置都以半波长为量测单位,收发端的理想阵元位置和实际阵元位置如图 3-20 所示。

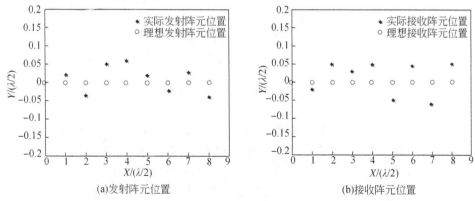

(a)发射阵元位置　　　　　　　(b)接收阵元位置

图 3-20　均匀阵列布阵示意图

采用均方根误差(average root mean square error,ARMSE)作为衡量参数估计性能的标准,分别在快拍数为 200 和 1000 的情况下进行 500 次蒙特卡罗仿真。图 3-21 给出了误差估计的 ARMSE 随 SNR 的变化情况,曲线均呈下降趋势。从上述仿真可以看出,误差估计精度受快拍数和 SNR 的影响:快拍数越大,误差估计精度越高;SNR 越大,误差估计精度越高。在 SNR 大于 18dB 后,阵元位置误差估计小于 0.01,幅度误差估计小于 0.013,相位误差控制在 0.95°左右,此时快拍数的影响已经不大。因此,基于旋转阵列的误差校正算法能够有效将收发端的误差解耦合并进行误差校正。为了获得更好的估计精度和校正效果,可以在高快拍数和高 SNR 下进行误差校正。

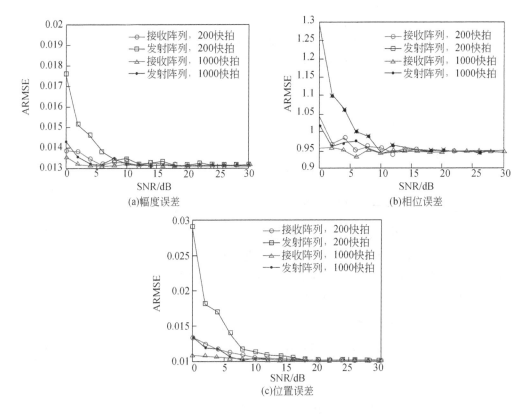

(a)幅度误差　　　　　　　　　　　　　　(b)相位误差

(c)位置误差

图 3-21　均匀线阵下的误差估计精度

为进一步验证本节算法的有效性,这里利用估计出的误差对收发阵列分别进行补偿。假设远场条件下有三个目标分别位于−10°、−14°、60°方向处,SNR 为 15dB,快拍数为 500。误差参数的设置与上一个实验相同。利用 MUSIC 算法进行参数估计,理想的功率谱、阵列误差下的功率谱以及校正后的功率谱定义如下:

$$\begin{cases} P(\theta) = \dfrac{1}{A^{H}(\theta)U_{N}U_{N}^{H}A(\theta)} \\[2mm] P_{e}(\theta) = \dfrac{1}{A^{H}(\theta)\widetilde{U}_{N}\widetilde{U}_{N}^{H}A(\theta)} \\[2mm] P_{c}(\theta) = \dfrac{1}{\hat{A}^{H}(\theta)\widetilde{U}_{N}\widetilde{U}_{N}^{H}\hat{A}(\theta)} \end{cases} \tag{3-78}$$

式中，$P(\theta)$、$P_{e}(\theta)$ 和 $P_{c}(\theta)$ 分别表示理想的、阵列误差下的和校正后的 MUSIC 功率谱；$A(\theta)$ 表示理想的阵列流形；$\hat{A}(\theta)$ 表示经过校正的阵列流形；U_{N} 表示理想的噪声子空间；$\widetilde{U}_{N}$ 表示误差存在下的噪声子空间。

图 3-22 是 MUSIC 算法下的功率谱图。由图可知，误差的存在增大了主瓣宽度，同时降低了谱峰高度，影响了角度估计精度。当用本节算法对阵列进行校正时，所得的功率谱与理想功率谱基本重合，从而验证了本节算法的有效性。

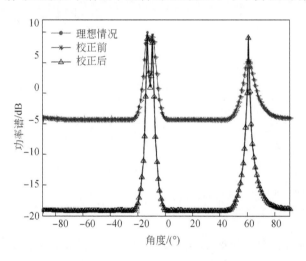

图 3-22　MUSIC 算法下的功率谱图

2. 旋转角对误差估计精度的影响

收发阵列位置及阵列误差参数设置同前面，这里讨论转台旋转角 $\Delta\theta$ 从 10° 变化到 80°、快拍数为 500、SNR 为 15dB 时，误差估计的 ARMSE 随转角的变化情况，如图 3-23 所示。根据图 3-23(a)，幅度误差估计的 ARMSE 几乎不受转角的影响，因为幅度误差是根据匹配滤波后协方差矩阵特征向量的幅值获得的，所以与相位无关，与转角也无关。根据图 3-23(b) 和 (c)，阵元位置误差估计和相位误差估计随转角变化明显，且转角越大，估计精度越高。

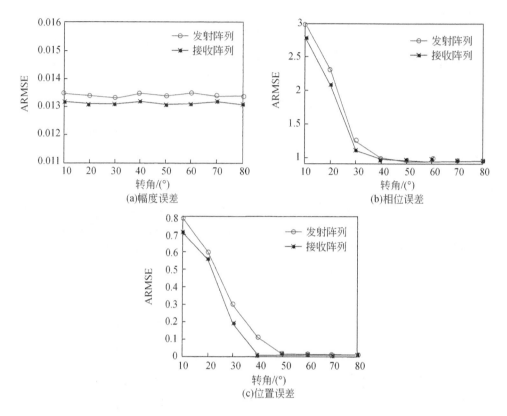

图 3-23　误差估计 ARMSE 随转角变化图

3.非均匀阵列误差校正性能

　　假设收发阵列非均匀分布,发射阵列和接收阵列的位置分别为[0,1,2.5,3.5,5,6]、[0,1,2,3.5,5,6,7.5],信号码长为 64。收发端的幅度误差参数设定为在[0.85,1.15]随机分布,相位误差参数设定为在[-10,10]随机分布,阵列位置误差参数设定为在[-0.1,0.1]随机分布。所有的位置都以半波长为量测单位,收发端理想和实际阵元位置如图 3-24 所示。

　　分别在快拍数为 200 和 1000 的情况下,进行 500 次蒙特卡罗仿真实验,用本节算法对存在误差的非均匀阵列进行校正,仍然以 ARMSE 作为误差估计精度判断标准,如图 3-25 所示。由图 3-25 可知,快拍数越高,ARMSE 越小;SNR 越高,ARMSE 越小,当 SNR 大于 20dB 时,幅度误差的 ARMSE 稳定在 0.01,相位误差的 ARMSE 稳定在 0.95°,位置误差的 ARMSE 稳定在 0.01。可见,本节算法能有效地对非均匀阵列的幅相误差和位置误差进行校正。

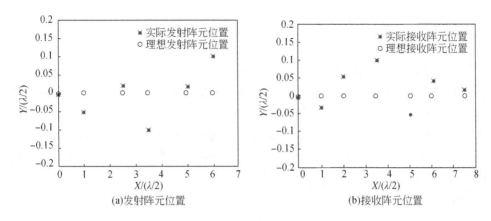

图 3-24　非均匀阵列布阵示意图

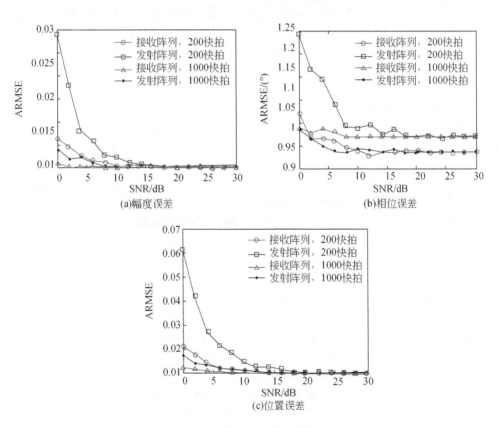

图 3-25　非均匀线阵误差估计结果

3.5　本 章 小 结

本章探讨了集中式 MIMO 雷达的阵列设计和阵列校正问题,讨论了已知等效虚拟阵列分布下的布阵算法,根据等效虚拟阵列位置和收发阵列位置之间的关系建立了多项式模型,进而给出了一种基于 NSK 多项式分解的布阵算法;研究了优化系统参数估计性能的布阵算法,以参数估计均方误差最小为目标函数,给出了一种基于 D-optimality 准则的布阵算法;针对实际布阵存在的各类误差,建立了误差模型,理论分析了误差对 MUSIC 算法的影响,给出了一种基于旋转阵列的位置误差和幅相误差联合校正算法。

参 考 文 献

[1] Gogineni S, Nehorai A. Polarimetric MIMO radar with distributed antennas for target detection[J]. IEEE Transactions on Signal Processing,2010,58(3):1689-1697.

[2] Moffet A. Minimum-redundancy linear arrays[J]. IEEE Transactions on Antennas & Propagation,1968,16(2):172-175.

[3] Chen C Y, Vaidyanathan P P. Minimum redundancy MIMO radar[C]//IEEE International Symposium on Circuits and Systems,Seattle,2008:45-48.

[4] Khan Z I, Kamal M M, Hamzah N, et al. Analysis of performance for multiple signal classification(MUSIC)in estimating direction of arrival[C]//IEEE International RF and Microwave Conference,Kuala Lumpur,2008:524-529.

[5] Su Y,Zhu Y T,Yu W X,et al. Multi-channel radar array design method and algorithm[J]. Science in China,2010,53(7):1470-1480.

[6] Mitra S K,Kalyan M,Tchobanou M K,et al. General polynomial factorization-based design of sparse periodic linear arrays[J]. IEEE Transactions on ultrasonics ferroelectrics & frequency control,2010,57(9):1952-1966.

[7] Sammartino P F,Tarchi D,Baker C J. MIMO radar topology:A systematic approach to the placement of the antennas[C]//International Conference on Electromagnetics in Advanced Applications,Sydney,2011:114-117.

[8] Wang W Q,Shao H Z,Cai J Y. MIMO antenna array design with polynomial factorization[J]. International Journal of Antennas and Propagation,2013,12(8):761-764.

[9] David Y Y. On square-free decomposition algorithms[C]//The Third ACM Symposium on Symbolic and Algebraic Computation,Yorktown Heights,1976:26-35.

[10] Lindfield G R,George J E T. Numerical Methods[M]. Amsterdam:Elsevier,2012.

[11] Sengijptas K. Fundamentals of statistical signal processing:Estimation theory[J]. Technometrics,1995,37(4):465-466.

[12] Pázman A. Foundations of Optimum Experimental Design[M]. Holland: D. Reidel Publishing Company, 1986.

[13] Huang X. Design oflinear array geometry for high resolution array processing[D]. Hamilton: McMaster University, 1993.

第 4 章　MIMO 雷达波形设计技术

波形分集能力是 MIMO 雷达(尤其是集中式 MIMO 雷达)区别于其他雷达的一个最主要特点,也是 MIMO 雷达能够获得多方面性能提升的一项重要因素,而 MIMO 雷达波形分集能力主要依赖发射端合理的波形设计技术来实现。MIMO 雷达通过波形设计,可以形成虚拟阵元,扩展阵列孔径,从而获得更高的角度分辨率,同时还可提升系统自由度,增加最大可分辨目标数;可以使信号具有良好的自相关和互相关特性,有利于接收端进行信号分离,从而顺利地从回波中提取独立的目标信息;可以灵活控制雷达在空间各方向上的电磁能量分布情况,既可形成全向发射方向图,将能量均匀分布在整个空域范围内,也可形成指向一个或多个特定区域的发射方向图,使能量聚集于感兴趣区域内;可以改善接收端信号处理性能,如参数估计精度、检测概率等。

然而在实际中,与阵列设计类似,并不存在一种万能的发射波形能够适用于所有应用场景,因此需要针对应用需求进行相应的波形设计,本章探讨不同应用场景、不同优化准则下的波形设计技术。

4.1　常用雷达波形设计准则

波形设计过程一般可以用数学优化模型来描述,优化模型的代价函数通常是调整和优化波形的准则与依据。

4.1.1　正交准则

正交准则的作用是使各阵元发射波形之间的互相关尽量小。一般而言,MIMO 雷达发射正交波形时具有以下优势:①可使用同一匹配滤波器组对接收信号进行分离,使波形分集增益最大化,同时能有效抑制各通道之间的干扰;②自相关函数具有冲击函数的形式,因此在接收端能获得很高的距离分辨力;③在空间上形成均匀分布的宽波束,可以更好地执行全空域搜索任务。下面介绍应用较为广泛的正交相位编码波形。

假设 MIMO 雷达有 M_t 个发射阵元,发射波形码长为 N_p。将第 m 个阵元发射信号记为

$$s_m(t) = c(t) \sum_{n=1}^{N_p} e^{j\phi_m(n)} p\left[\frac{t-(n-1)T_p}{T_p}\right], \quad n=1,2,\cdots,N_p \qquad (4\text{-}1)$$

式中，$c(t)$ 为载波信号；$p(\cdot)$ 为脉冲信号(如矩形脉冲等)；T_p 为发射信号的脉冲宽度。在正交相位编码信号设计过程中，关注的主要是相位项 $e^{j\phi_m(n)}$ 。为了满足正交特性，发射信号需满足

$$\sum_{n=1}^{N_p} \int_0^\tau e^{j\phi_{m_1}(n)} e^{-j\phi_{m_2}(n)} dt = \begin{cases} c_0, & m_1 = m_2 \\ 0, & m_1 \neq m_2 \end{cases} \tag{4-2}$$

式中，$\tau = T_p/N_p$ 为码元 $\phi_m(n)$ 的持续时间；c_0 为常数。若 $\phi_m(n)$ 满足

$$\phi_m(n) \in \{0, 2\pi/L_p, 4\pi/L_p, \cdots, (L_p-1)2\pi/L_p\}, \quad L_p \text{ 表示相位数} \tag{4-3}$$

则称发射波形为正交 L_p 相码；若 $\phi_m(n)$ 在区间 $[0, 2\pi]$ 任意取值，则称其为正交连续相位编码波形。

对于 MIMO 雷达，第 m_1 个阵元发射波形的非周期自相关函数[1]定义为

$$A(s_{m_1}, k) = \begin{cases} \dfrac{1}{N_p}\sum_{n=1}^{N_p-k} s_{m_1}(n)s_{m_1}^*(n+k), & 0 \leqslant k < N_p \\ \dfrac{1}{N_p}\sum_{n=-k+1}^{N_p} s_{m_1}(n)s_{m_1}^*(n+k), & -N_p \leqslant k < 0 \end{cases} \tag{4-4}$$

相应地，第 m_1 个阵元与第 m_2 个阵元发射波形之间的非周期互相关表达式为

$$C(s_{m_1}, s_{m_2}, k) = \begin{cases} \dfrac{1}{N_p}\sum_{n=1}^{N_p-k} s_{m_1}(n)s_{m_2}^*(n+k), & 0 \leqslant k < N_p \\ \dfrac{1}{N_p}\sum_{n=-k+1}^{N_p} s_{m_1}(n)s_{m_2}^*(n+k), & -N_p \leqslant k < 0 \end{cases} \tag{4-5}$$

式中，k 为时间指数。较低的互相关电平可以减小各通道信号之间的干扰，而较低的自相关旁瓣电平则可以改善距离分辨力。因此，MIMO 雷达在设计正交波形时通常同时考虑发射波形自相关与互相关特性，常用的代价函数有最小化峰值旁瓣电平以及最小化积分旁瓣能量[2]。

(1)最小化峰值旁瓣电平准则。该准则的作用是使发射波形自相关旁瓣峰值与互相关峰值的最大值最小化，可表示为

$$E_1 = \min \max_{\substack{k \neq 0 \\ m=1,2,\cdots,M_t}} \left\{ \max |A(s_m, k)|, \lambda \max_{\substack{m_1 \neq m_2 \\ m_1, m_2=1,2,\cdots,M_t}} |C(s_{m_1}, s_{m_2}, k)| \right\} \tag{4-6}$$

式中，$\max\limits_{k \neq 0}|A(s_m, k)|$ 为波形的自相关旁瓣峰值；$\max\limits_{m_1 \neq m_2}|C(s_{m_1}, s_{m_2}, k)|$ 为互相关峰值。一般情况下，波形自相关性能的提升会降低互相关性能，反之亦然。权值系数 λ 用来权衡发射波形自相关与互相关的比重。

(2)最小化积分旁瓣能量准则。该准则的作用是最小化发射波形自相关旁瓣积分能量与互相关积分能量之和，可表示为

$$E_2 = \min \left\{ \sum_{m=1}^{M_t} \sum_{k=1}^{N_p-1} |A(s_m,k)|^2 + \lambda_0 \sum_{m_1=1}^{M_t-1} \sum_{m_2=m_1+1}^{M_t} \sum_{k=-N_p+1}^{N_p-1} |C(s_{m_1},s_{m_2},k)|^2 \right\}$$

$$(4\text{-}7)$$

式中,λ_0 为加权系数;$\sum_{m=1}^{M_t} \sum_{k=1}^{N_p-1} |A(s_m,k)|^2$ 为第 m 个发射波形的自相关积分旁瓣能量;$\sum_{m_1=1}^{M_t-1} \sum_{m_2=m_1+1}^{M_t} \sum_{k=-N_p+1}^{N_p-1} |C(s_{m_1},s_{m_2},k)|^2$ 为第 m_1 个与第 m_2 个发射波形之间的互相关积分旁瓣能量。

4.1.2　方向图匹配准则

MIMO 雷达除了发射正交波形,还可以发射部分相关的信号。通过设计部分相关波形可使 MIMO 雷达的辐射能量聚集,对准某个感兴趣的范围。令 MIMO 雷达的发射矩阵 S 记为

$$S = \begin{bmatrix} s_1(1) & s_1(2) & \cdots & s_1(N_p) \\ s_2(1) & s_2(2) & \cdots & s_2(N_p) \\ \vdots & \vdots & & \vdots \\ s_{M_t}(1) & s_{M_t}(2) & \cdots & s_{M_t}(N_p) \end{bmatrix} \tag{4-8}$$

式中,$s_m = [s_m(1), s_m(2), \cdots, s_m(N_p)]^T$ 为第 m 个$(m=1,2,\cdots,M_t)$阵元的基带发射向量。

忽略电磁波在传播过程中的衰减,则到达远场 θ 方位处的信号可以表示为

$$X(\theta) = a^H(\theta)S \tag{4-9}$$

式中,$a^H(\theta)$ 为发射导向矢量。此时,远场信号 $X(\theta)$ 的平均功率可以写为[3]

$$P(\theta) = \frac{1}{N_p} X(\theta) X^H(\theta) = a^H(\theta) R a(\theta) \tag{4-10}$$

式中,$R = (1/L_p)SS^H$ 为发射信号的协方差矩阵;$P(\theta)$ 定义为 MIMO 雷达的发射方向图,用来表征 MIMO 雷达在空间的电磁能量分布情况。MIMO 雷达发射方向图合成是指通过设计发射矩阵 S,使 $P(\theta)$ 满足所期望的发射能量分布的过程。从式(4-10)中可以看出,发射方向图 $P(\theta)$ 与 R 密切相关。下面对几种典型的方向图分布特性进行介绍,假设 R 可以表示成与参数 ρ 相关的矩阵[4],即

$$R = \begin{bmatrix} 1 & \rho & \cdots & \rho^{M_t-1} \\ \rho & 1 & \cdots & \rho^{M_t-2} \\ \vdots & \vdots & & \vdots \\ \rho^{M_t-1} & \rho^{M_t-2} & \cdots & 1 \end{bmatrix} \tag{4-11}$$

根据参数 ρ 的取值不同,有以下三种典型情况:

(1)当 $\rho=0$ 时,协方差矩阵 R 为单位阵 I。此时,各阵元之间的发射信号相互正交,发射信号满足前面所述的正交准则,信号的电磁能量在空间全向均匀分布。

(2)当 $\rho=1$ 时,协方差矩阵 R 的秩为 1。MIMO 雷达各个阵元发射信号完全相关,此时,MIMO 雷达等价于传统相控阵雷达。电磁辐射能量的波束宽度较窄,具有高增益,但对空间的覆盖能力较差。

(3)当 $0<\rho<1$ 时,MIMO 雷达的发射信号介于正交波形和完全相关波形之间。此时,通过设置不同的参数 ρ,可调节发射方向图的覆盖范围及增益,从而灵活地控制发射能量分配情况。

4.1.3　信噪比准则

雷达系统输出信噪比是一个重要指标,它与接收端检测性能密切相关。在研究发射波形设计问题时,如何有效提升输出信噪比是一个重要的研究内容。假设发射信号为 $s(t)$,其傅里叶变换为 $S(f)$,令 $r(t)$ 表示接收滤波器,$h(t)$ 表示目标的冲击响应,$n(t)$ 表示加性噪声项,则系统输出 $y(t)$ 可以表示为

$$y(t)=r(t)*[s(t)*h(t)+n(t)] \tag{4-12}$$

式中,"$*$"表示卷积运算。令 $y_s(t)$、$y_n(t)$ 分别表示系统输出的信号成分和噪声成分,则有

$$z_s(t)=r(t)*s(t)*h(t) \tag{4-13}$$

$$z_n(t)=r(t)*n(t) \tag{4-14}$$

在 t_0 时刻,系统的输出信噪比可以表示为[5]

$$\mathrm{SNR}_{t_0}=\frac{\left|\displaystyle\int_{-\infty}^{\infty}R(f)H(f)S(f)\mathrm{e}^{\mathrm{j}2\pi ft_0}\mathrm{d}f\right|^2}{\displaystyle\int_{-\infty}^{\infty}|R(f)|^2N(f)\mathrm{d}f} \tag{4-15}$$

式中,$R(f)$、$H(f)$ 分别为滤波器 $r(t)$ 以及目标冲击响应 $h(t)$ 的傅里叶变换;$N(f)$ 为噪声的功率谱密度。进一步地,式(4-15)可以等价表示为

$$\mathrm{SNR}_{t_0}=\frac{\left|\displaystyle\int_{-\infty}^{\infty}R(f)\sqrt{N(f)}\,\frac{H(f)S(f)}{\sqrt{N(f)}}\mathrm{e}^{\mathrm{j}2\pi ft_0}\mathrm{d}f\right|^2}{\displaystyle\int_{-\infty}^{\infty}|R(f)|^2N(f)\mathrm{d}f} \tag{4-16}$$

根据施瓦茨不等式[6],可得

$$\mathrm{SNR}_{t_0}\leqslant\frac{\left|\displaystyle\int_{-\infty}^{\infty}|R(f)|^2N(f)\mathrm{d}f\int_{-\infty}^{\infty}\frac{|H(f)S(f)|^2}{N(f)}\mathrm{d}f\right|^2}{\displaystyle\int_{-\infty}^{\infty}|R(f)|^2N(f)\mathrm{d}f} \tag{4-17}$$

当且仅当匹配滤波器满足

$$R(f) = \frac{\left[aH(f)S(f)e^{j2\pi f t_0}\right]^*}{N(f)}, \quad a \text{ 为任意常数} \tag{4-18}$$

时,系统输出信噪比 SNR 可取得最大值[5]:

$$\mathrm{SNR}_{t_0} = \int_{-\infty}^{\infty} \frac{|H(f)S(f)|^2}{N(f)} \mathrm{d}f \tag{4-19}$$

4.1.4 信息论准则

1949 年,香农提出了熵与互信息的概念[7],奠定了信息论的基础,使通信技术的研究出现了划时代的进步。在雷达波形设计过程中,可以将雷达的工作环境信息作为先验知识辅助设计下一时刻的发射波形,从而将外部环境和回波之间的互信息最大化。互信息表征了观测数据中目标信息量的多少,其值越大,表示越有利于获得更优的雷达探测性能。

假设雷达发射信号为 $s(t)$,其傅里叶变换为 $S(f)$;$h(t)$ 表示目标响应,$n(t)$ 为零均值的高斯噪声项,则回波信号 $y(t)$ 可以表示为

$$y(t) = s(t) * h(t) + n(t) \tag{4-20}$$

由此,在给定发射信号 $s(t)$ 的情况下,回波信号 $y(t)$ 与目标响应 $h(t)$ 之间的互信息可表示为[8]

$$I(y(t); h(t) \mid s(t)) = T_0 \int_{W_B} \ln\left(1 + \frac{|S(f)|^2 \sigma_h^2(f)}{\sigma_n^2(f)T}\right) \mathrm{d}f \tag{4-21}$$

式中,T_0 为信号持续时间;W_B 为发射信号 $s(t)$ 的带宽;$\sigma_h^2(f)$ 为 $h(t)$ 在频率 f 点上的谱方差;$\sigma_n^2(f)$ 为 $n(t)$ 在频率 f 点上的谱方差。利用拉格朗日乘子法求解互信息最大化的无约束优化模型,可得信号能量谱应满足[9]

$$|S(f)|^2 = \max\left[0, A - \frac{\sigma_n^2(f)T_0}{\sigma_h^2(f)}\right] \tag{4-22}$$

式中,A 为常数,控制着发射信号的能量。该算法即为经典的注水法。

综上所述,表 4-1 归纳总结了常用雷达波形设计准则及说明。

表 4-1 常用雷达波形设计准则及说明

设计准则	优势
正交准则	发射功率全向分布,有利于目标搜索
方向图匹配准则	能够控制发射功率的分布情况,有利于提高目标参数估计精度
信噪比准则	能够抑制环境中的杂波干扰,有利于提高检测性能
信息论准则	可以降低目标响应的不确定因素,有利于改善检测性能

4.2　基于循环迭代的稀疏频谱正交波形设计

为避让在频谱拥塞频段的电磁信号,尽可能减小干扰,本节研究基于循环迭代的 MIMO 雷达稀疏频谱正交波形设计算法。

4.2.1　信号模型

假设 MIMO 雷达由 M_t 个发射阵元构成,各发射阵元采用相位编码信号。将 MIMO 雷达总的发射信号矩阵记为 $S=[s_1,s_2,\cdots,s_{M_t}]$,其中第 m 个阵元的基带发射信号向量可以表示为

$$s_m=[s_m(1),s_m(2),\cdots,s_m(N_p)]^T=[e^{j\phi_1},e^{j\phi_2},\cdots,e^{j\phi_{N_p}}]^T \tag{4-23}$$

式中,N_p 为发射波形的编码长度。通过对第 m 个阵元的发射信号 s_m 进行 $\hat{N}$ 点 $(\hat{N}\geqslant N_p)$ 傅里叶变换,可得到信号 s_m 的频谱向量:

$$f_m=[f_m(1),f_m(2),\cdots,f_m(\hat{N}_p)]^T \tag{4-24}$$

式中,$f_m(k)=\sum_{n=1}^{N_p}s_m(n)e^{-j\omega_k n}$,$\omega_k=\dfrac{2\pi k}{\hat{N}}(k=1,2,\cdots,\hat{N})$。为了将信号的傅里叶变换表示为矩阵相乘的形式,在对信号 s_m 进行补零操作后,可得到 $\hat{N}\times 1$ 的信号向量:

$$\tilde{s}_m=[s_m(1),s_m(2),\cdots,s_m(N_p),\underbrace{0,\cdots,0}_{\hat{N}-N_p}]^T \tag{4-25}$$

假设 F 表示 $\hat{N}\times\hat{N}$ 点快速傅里叶变换矩阵,其第 i 行第 j 列的元素为

$$F(i,j)=\dfrac{1}{\sqrt{\hat{N}}}e^{j2\pi\frac{ij}{\hat{N}}}, \quad i,j=1,2,\cdots,\hat{N} \tag{4-26}$$

则第 m 个阵元发射信号 s_m 的 $\hat{N}$ 点傅里叶变换可以表示为

$$f_m=F^H\tilde{s}_m \tag{4-27}$$

4.2.2　算法原理

稀疏频谱波形设计的目的是在空间其他信号(视为干扰信号)所在频率处形成阻带。图 4-1 给出了 MIMO 雷达稀疏频谱发射波形原理示意图。对于被干扰信号占用的频段,稀疏频谱发射波形可以使 MIMO 雷达在该处的频谱幅度尽量小,以提高频谱的利用率,使雷达系统与其他无线电设备互不影响地正常工作。

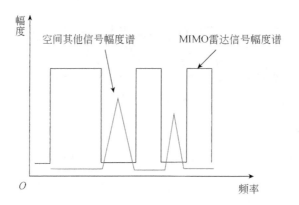

图 4-1　MIMO 雷达稀疏频谱发射波形原理示意图

1. 目标函数的建立

假设 MIMO 雷达工作频段$[f_L,f_H]$内空间干扰的频率范围为$\Omega=\bigcup\limits_{s=1}^{N_s}(f_{s_1},f_{s_2})$,其中,$N_s$为干扰信号的个数,根据干扰所在位置,第 m 个阵元发射波形 s_m 的期望频谱向量为

$$p_m=[p_m(1),p_m(2),\cdots,p_m(\hat{N})]^T\in\mathbb{R}_+^{\hat{N}\times1} \tag{4-28}$$

式中,$\mathbb{R}_+$为非负实数集合。为使雷达波形满足稀疏频谱,对于第 m 个发射阵元,以最小均方误差为准则建立代价函数 $J=\|f_m-p_m\|^2=\|F^H\tilde{s}_m-p_m\|^2$,$\|\cdot\|$ 表示向量的 l_2 范数。

以此类推,令 MIMO 雷达发射波形的 M_t 个阵元的期望频谱矩阵为

$$P=[p_1,p_2,\cdots,p_m]\in\mathbb{R}_+^{\hat{N}\times M_t} \tag{4-29}$$

可得 M_t 个发射阵元的代价函数为 $J_{sp}=\sum\limits_{m=1}^{M_t}\|F^H\tilde{s}_m-p_m\|^2$,据此可以建立 MIMO 雷达稀疏频谱波形优化模型为

$$\min J_{sp}=\sum_{m=1}^{M_t}\|F^H\tilde{s}_m-p_m\|^2$$
$$=\|F^H\tilde{S}-P\|_F^2 \tag{4-30}$$

式中,$\tilde{S}=\begin{bmatrix}S\\0\end{bmatrix}$为 MIMO 雷达发射信号矩阵 S 进行补零后的信号矩阵;$\|\cdot\|_F$ 为矩阵 Frobenius 范数。

传统频谱逼近算法得到波形的功率谱分布(power spectrum distribution,

PSD)存在"振荡"现象[10]，即在期望 PSD 附近存在较大波动。因此，在设计稀疏频谱时，不将期望频谱矩阵 P 作为固定变量，而是将期望频谱矩阵作为待优化的辅助变量，通过设置期望频谱幅度的上界 $f_{up}(\omega)$ 和下界 $f_{low}(\omega)$，在求解时使波形频谱满足该约束条件。假设期望频谱幅度的上、下界向量分别为 $f_{up}=[f_1^{up},f_2^{up},\cdots,f_{\hat{N}}^{up}]^{T}$ 和 $f_{low}=[f_1^{low},f_2^{low},\cdots,f_{\hat{N}}^{low}]^{T}$，以最小均方误差准则使 MIMO 雷达在恒模条件下逼近期望频谱矩阵 P，可用如下优化问题来表示：

$$\min_{S,P}\quad J_{sp}=\parallel F^{H}\widetilde{S}-P\parallel_{F}^{2}$$

$$\text{s.t.}\quad |s_m(n)|=1,\quad m=1,2,\cdots,M_t;n=1,2,\cdots,N_p$$

$$p_k(m)\leqslant f_k^{up},\quad m=1,2,\cdots,M_t;k=1,2,\cdots,\hat{N} \tag{4-31}$$

$$p_k(m)\geqslant f_k^{low},\quad m=1,2,\cdots,M_t;k=1,2,\cdots,\hat{N}$$

为了在接收端获得较低的距离旁瓣，MIMO 雷达通常需要发射正交波形，即要求波形具有低自相关和互相关旁瓣。发射信号 s_{m_1} 和 s_{m_2} 之间的相关函数可以表示为

$$r_{m_1m_2}(n)=\sum_{l=n+1}^{N_p}s_{m_1}(l)s_{m_2}^{*}(l-n),\quad n=0,1,2,\cdots,N_p-1 \tag{4-32}$$

当 $m_1=m_2$ 时，$r_{m_1m_2}(n)$ 为波形 s_m 的自相关函数(auto-correlation function, ACF)。当 $m_1\neq m_2$ 时，$r_{m_1m_2}(n)$ 为波形 s_{m_1} 和 s_{m_2} 的互相关函数(cross-correlation function, CCF)。

在理想条件下，正交波形应该满足自相关函数为冲击函数的形式，互相关函数接近为零。因此，使用如下模型来最小化波形的自相关和互相关旁瓣：

$$\min_{S}\quad J_{CF}=\sum_{m=1}^{M_t}\sum_{n=-N_p+1,n\neq0}^{N_p-1}|r_{mn}(n)|^2+\sum_{m=1}^{M_t}\sum_{q=1,m\neq q}^{M_t}\sum_{n=-N_p+1}^{N_p-1}|r_{mq}(n)|^2$$

$$\text{s.t.}\quad |s_m(n)|=1,\quad m=1,2,\cdots,M_t;n=1,2,\cdots,N_p \tag{4-33}$$

信号 S 的协方差矩阵 R_n 可表示为

$$R_n=\begin{bmatrix} r_{11}(n) & r_{12}(n) & \cdots & r_{1M_t}(n) \\ r_{21}(n) & r_{22}(n) & \cdots & r_{2M_t}(n) \\ \vdots & \vdots & & \vdots \\ r_{M_t1}(n) & r_{M_t2}(n) & \cdots & r_{M_tM_t}(n) \end{bmatrix} \tag{4-34}$$

式中，$n=-N_p+1,\cdots,0,\cdots,N_p-1$。因此，式(4-33)的目标函数可以进一步转化为

$$J_{CF} = \| R_0 - N_p I_{M_t} \|^2 + 2\sum_{n=1}^{N_p-1} \| R_n \|^2 = \sum_{n=-N_p+1}^{N_p-1} \| R_n - N_p I_{M_t}\delta_n \|^2$$

$$(4\text{-}35)$$

式中，I_{M_t} 为 M_t 维单位矩阵；$\delta_n = \begin{cases} 1, & n=0 \\ 0, & n\neq 0 \end{cases}$。

根据 Parseval 定理[11]，可得

$$J_{CF} = \sum_{n=-N_p+1}^{N_p-1} \| R_n - N_p I_{M_t}\delta_n \|^2 = \frac{1}{2N_p}\sum_{p=1}^{2N_p} \| \psi(\omega_p) - N_p I_{M_t} \|^2$$

$$(4\text{-}36)$$

式中，$\psi(\omega_p) = \sum_{n=-N_p+1}^{N_p-1} R_n e^{j\omega_p n}$ 为 R_n 的功率谱密度；$\omega_p = \frac{2\pi}{2N_p}p$。通过引入辅助变量 $v_p \in \mathbb{R}^{M_t \times 1}$，可将目标函数 J_{CF} 等效为[12]

$$\min_{S,V} J_{CF} = \left\| F_{2N_p}^H \begin{bmatrix} S \\ 0 \end{bmatrix} - V \right\|_F^2$$

$$\text{s. t.} \quad |s_m(n)| = 1, \quad m=1,2,\cdots,M_t; n=1,2,\cdots,N_p$$

$$\| v_p \| = \frac{1}{\sqrt{2}}, \quad p=1,2,\cdots,2N_p \qquad (4\text{-}37)$$

式中，$V = [v_1, v_2, \cdots, v_{2N_p}]^T$ 为 $2N_p \times M_t$ 维的辅助变量；$F_{2N_p}^H$ 为 $2N_p \times 2N_p$ 的快速傅里叶变换矩阵。行向量采用相位信号的形式：

$$v_p = \frac{1}{\sqrt{2}}\left[e^{j\varphi_{p1}}, e^{j\varphi_{p2}}, \cdots, e^{j\varphi_{pM_t}} \right] \qquad (4\text{-}38)$$

为了使 MIMO 雷达发射波形同时具备稀疏频谱特征和正交性能，综合考虑式(4-31)、式(4-37)的代价函数，建立联合优化模型：

$$\min J_T = \min \lambda_1 J_{sp} + (1-\lambda_1) J_{CF}$$

$$= \min_{S,P,V} \lambda_1 \left\| F^H \begin{bmatrix} S \\ 0_{(\hat{N}-N_p)\times M_t} \end{bmatrix} - P \right\|_F^2 + (1-\lambda_1) \left\| F_{2N_p}^H \begin{bmatrix} S \\ 0_{N_p \times M_t} \end{bmatrix} - V \right\|_F^2$$

$$\text{s. t.} \quad |s_m(n)| = 1, \quad m=1,2,\cdots,M_t; n=1,2,\cdots,N_p \qquad (4\text{-}39)$$

$$p_k(m) \leqslant f_k^{up}, \quad m=1,2,\cdots,M_t; k=1,2,\cdots,\hat{N}$$

$$p_k(m) \geqslant f_k^{low}, \quad m=1,2,\cdots,M_t; k=1,2,\cdots,\hat{N}$$

$$\| v_p \| = \frac{1}{\sqrt{2}}, \quad p=1,2,\cdots,2N_p$$

式中，$\lambda_1(0<\lambda_1<1)$ 为权重因子，用来调节频谱逼近性能与波形相关特性之间的权重。当 λ_1 接近 1 时，表示频谱的逼近性能权重较大；当 λ_1 接近 0 时，对应波形的自

相关及互相关性能所占比重较大。

2. 循环迭代求解

本节采用相位编码信号作为 MIMO 雷达发射波形,且辅助变量 v_p 满足恒模约束,因此上述优化模型属于二次凸优化问题,考虑采用交替迭代的思路对其进行求解。迭代过程是通过保持其中两个变量不变,来求解第三个变量。具体步骤如下:

(1)固定变量 S 和 V 来求解期望频谱矩阵 P,则式(4-39)的优化问题转化为

$$\min_P J = \min \lambda_1 \| F^H \widetilde{S} - P \|_F^2$$

$$\text{s. t. } p_k(m) \leqslant f_k^{\mathrm{up}}, \quad m=1,2,\cdots,M_t; k=1,2,\cdots,\hat{N} \tag{4-40}$$

$$p_k(m) \geqslant f_k^{\mathrm{low}}, \quad m=1,2,\cdots,M_t; k=1,2,\cdots,\hat{N}$$

由于式(4-40)为关于 P 的凸二次函数,对目标函数 J 求一阶偏导,并令其结果等于零,可得

$$\frac{\partial J}{\partial p_k} = -2 F^H \widetilde{s}_k + 2 p_k = 0 \tag{4-41}$$

式中,$\widetilde{s}_k$ 和 p_k 分别为 $\widetilde{S}$ 和 P 的第 k 行向量($k=1,2,\cdots,\hat{N}$)。令 $u_k^{\mathrm{T}} = F^H \widetilde{s}_k$,则式(4-40)的解为

$$p_k(m) = \begin{cases} \dfrac{u_k(m) f_k^{\mathrm{up}}}{|u_k(m)|}, & u_k(m) > f_k^{\mathrm{up}} \\[2mm] \dfrac{u_k(m) f_k^{\mathrm{low}}}{|u_k(m)|}, & u_k(m) < f_k^{\mathrm{low}} \\[2mm] u_k(m), & f_k^{\mathrm{low}} < u_k(m) < f_k^{\mathrm{up}} \end{cases} \tag{4-42}$$

式中,$m=1,2,\cdots,M_t$;$p_k(m)$ 为 P 的第 l 行第 m 列元素值。

(2)在固定变量 S 和 P 的条件下,对变量 V 求解,则优化问题(4-39)可转化为

$$\min_V J = \min(1-\lambda_1) \left\| F_{2N_p}^H \begin{bmatrix} S \\ 0 \end{bmatrix} - V \right\|_F^2$$

$$\text{s. t. } |s_m(n)| = 1, \quad m=1,2,\cdots,M_t; n=1,2,\cdots,N_p \tag{4-43}$$

$$\| v_p \| = \frac{1}{\sqrt{2}}, \quad p=1,2,\cdots,2N_p$$

式中,$V = [v_1, v_2, \cdots, v_{2N_p}]^{\mathrm{T}}$。令 α_p^{T} 表示 $F_{2N_p}^H \begin{bmatrix} S \\ 0 \end{bmatrix}$ 的第 p 行向量,该问题的解满足[13]

$$v_p = \frac{\alpha_p^{\mathrm{T}}}{\sqrt{2} \| \alpha_p^{\mathrm{T}} \|}, \quad p=1,2,\cdots,2N_p \tag{4-44}$$

（3）在固定变量 P 和 V 的条件下，求解波形矩阵 S，则优化问题（4-39）转化为

$$\min_S J = \min \lambda_1 \| F^H \widetilde{S} - P \|_F^2 + (1-\lambda_1) \left\| F_{2N_p}^H \begin{bmatrix} S \\ 0 \end{bmatrix} - V \right\|_F^2$$

$$\text{s. t. } |s_m(n)| = 1, \quad m=1,2,\cdots,M_t; n=1,2,\cdots,N_p \tag{4-45}$$

进一步推导可以得到

$$J = \lambda_1 \mathrm{tr}\left[(F^H\widetilde{S}-P)^H(F^H\widetilde{S}-P)\right] + (1-\lambda_1)\mathrm{tr}\left[\left(F_{2N_p}^H\begin{bmatrix}S\\0\end{bmatrix}-V\right)^H\left(F_{2N_p}^H\begin{bmatrix}S\\0\end{bmatrix}-V\right)\right]$$

$$= \text{const.} - 2\mathrm{Re}\{S^H[\lambda_1 FP + (1-\lambda_1)F_{2N_p}V]\} \tag{4-46}$$

式中，const. 为与变量 S 无关的常量。令 c_{nm} 表示 FP 第 n 行第 m 列的元素值，d_{nm} 表示 $F_{2N_p}V$ 第 n 行第 m 列的元素值，$\arg\{\cdot\}$ 表示取角运算，$\mathrm{Re}\{\cdot\}$ 表示求实部，则可得 S 各元素的值为

$$s_m(n) = \mathrm{e}^{\mathrm{j}\arg\{\lambda_1 c_{nm} + (1-\lambda_1)d_{nm}\}} \tag{4-47}$$

综上所述，基于循环迭代的正交稀疏频谱波形设计算法流程如算法 4-1 所示。

算法 4-1　基于循环迭代的正交稀疏频谱波形设计算法流程

步骤 1　设定期望频谱幅度的上界 f_{up} 和下界 f_{low}；初始化迭代次数 $t=0$，设置最大迭代次数为 T_s，权重因子为 λ_1，采用长度为 N_p 的 QPSK 信号作为初始信号，记为 $S^{(0)}$，以随机生成的方式初始化辅助变量 $V^{(0)}$。

步骤 2　根据波形矩阵 $S^{(t)}$ 和辅助变量 $V^{(t)}$，利用式（4-42）计算得到 $P^{(t+1)}$。

步骤 3　根据波形矩阵 $S^{(t)}$ 和期望频谱矩阵 $P^{(t+1)}$，利用式（4-44）计算得到 $V^{(t+1)}$。

步骤 4　依据期望频谱矩阵 $P^{(t+1)}$ 和辅助变量 $V^{(t+1)}$，利用式（4-47）求解得到 $S^{(t+1)}$。

步骤 5　判断临时变量 $u_k^{(t)}(m)(m=1,2,\cdots,M_t;k=1,2,\cdots,\hat{N})$ 是否满足终止条件 $f_k^{low} < u_k^{(t)}(m) < f_k^{up}$ 或迭代次数溢出 $t>T_s$。若条件成立，则终止迭代；否则，执行 $t=t+1$，并跳转至步骤 2。

需要指出的是，当期望频谱的上、下界 $f_{up}(\omega)$ 和 $f_{low}(\omega)$ 设置条件较为苛刻时（如 $f_{low}(\omega) \geqslant f_{up}(\omega)$），目标函数可能无法收敛到零值附近，即满足条件波形的解不存在。为了使优化模型存在可行解，可在频谱不需要约束限制的频段 Ω 设置 $f_{up}(\Omega)=\infty$ 和 $f_{low}(\Omega)=0$。在循环迭代过程中，为了避免可行解在期望频谱上、下界附近出现振荡，进一步考虑对期望频谱的上、下界增加一个小的偏置量 δ，令 $\widetilde{f}_{up}=f_{up}-\delta\cdot 1_{\hat{N}}$、$\widetilde{f}_{low}=f_{low}+\delta\cdot 1_{\hat{N}}$。通过增设偏置量 δ，可以使波形功率谱的波动幅度得到控制，且不会出现"越界"的现象。算法的主要运算量在循环迭代过程中，在每次迭代计算时，求解式（4-42）的复杂度约为 $O(M_t\hat{N}\log_2\hat{N})$，计算式（4-44）的运算复杂度约为 $O[2M_tN_p\log_2(2N_p)]$，而式（4-47）需要的运算复杂度约为 $O[M_t\hat{N}\log_2\hat{N}+2M_tN_p\log_2(2N_p)]$。由此可知，本节算法总的运算复杂度约为

$O[2M_t\hat{N}\log_2\hat{N}+4M_tN_p\log_2(2N_p)]$。在迭代过程中采用了快速傅里叶变换和快速傅里叶逆变换操作,因此算法的运算复杂度较低,可较好地满足系统的实时性要求。

4.2.3　仿真实验

考虑发射阵元数为 $M_t=3$ 的宽带合成孔径 MIMO 雷达系统,选择文献[10](记为最速下降法)与文献[14](记为谱逼近算法)作为对比算法。为了衡量算法的稀疏频谱特性和正交性能,采用阻带峰值功率 I_{SP}、自相关峰值旁瓣电平 I_{AP} 以及互相关峰值旁瓣电平 I_{CP} 作为评价指标。

1. 算法的有效性验证

考虑 MIMO 雷达工作频率位于 $150\sim550\text{MHz}$,假设无干扰的可用频段[15]分别为$[194,206]\cup[238,274]\cup[294,314]\cup[370,470]\cup[490,530]$(单位:MHz),稀疏频谱波形需要在其余频段内形成阻带。假设波形时宽为 $\tau=10\mu s$,以 $f_s=100\text{MHz}$ 为采样频率,因此发射信号的码长 $N_p=\tau f_s=1000$。实验中快速傅里叶变换点数取 $\hat{N}=2N_p$,权重因子设置为 $\lambda_1=0.9$。期望频谱下界 f_{low} 设置为充分小,取值为 -60dB。在无干扰频带内期望频谱上界 f_{up} 设置为充分大,取经验值 60dB,干扰频带 f_{up} 设置为 -22dB,偏置量 δ 取为 0.5dB。图 4-2、图 4-3 和图 4-4 分别给出了最速下降法、谱逼近算法以及本节算法得到的各个阵元功率谱密度曲线。

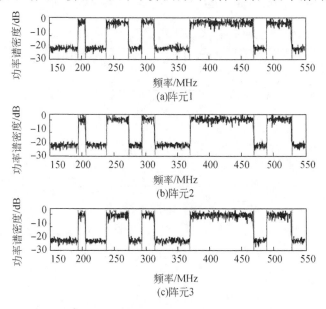

图 4-2　最速下降法优化波形的 PSD 曲线

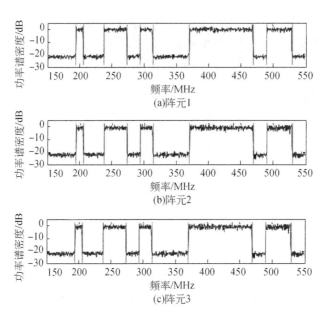

图 4-3　谱逼近算法优化波形的 PSD 曲线

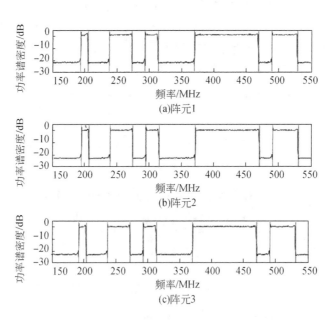

图 4-4　本节算法优化波形的 PSD 曲线

以 MIMO 雷达阵元 1 为参考阵元,图 4-5、图 4-6 和图 4-7 中分别给出了三种算法得到波形在持续时间为 $30\mu s$ 的功率分布情况。

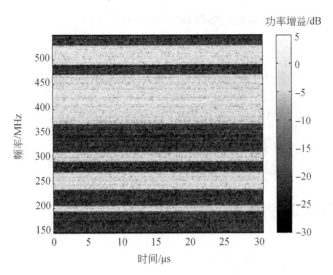

图 4-5　最速下降法优化波形在 $30\mu s$ 内的功率分布情况

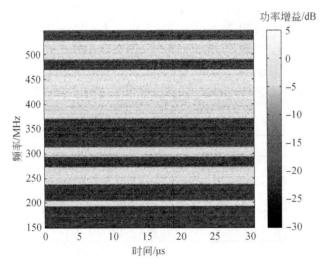

图 4-6　谱逼近算法优化波形在 $30\mu s$ 内的功率分布情况

从实验结果可以看出,最速下降法设计波形的 PSD 平均陷波深度约为 -20dB,且在通带和陷波内存在较大的波动,谱逼近算法设计波形的 PSD 在通带和陷波内的波动幅度较小,性能优于最速下降法。本节算法的 PSD 被严格控制在 -22dB 之下,且功率谱密度较为平坦,波形陷波性能优于最速下降法以及谱逼近算

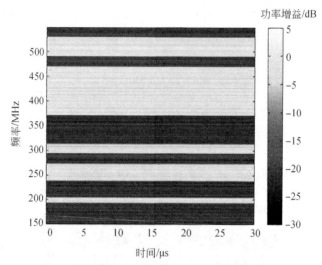

图 4-7　本节算法优化波形在 30μs 内的功率分布情况

法,具有更好的电磁冲突抑制能力。

　　在表 4-2 中给出各阵元的自相关峰值旁瓣 I_{AP} 和互相关峰值旁瓣 I_{CP} 实验结果。可以看出,最速下降法所得阵元 1~3 的平均 I_{AP} 为 -17.11dB,平均 I_{CP} 为 -17.97dB;谱逼近算法所得阵元 1~3 的平均 I_{AP} 为 -17.76dB,平均 I_{CP} 为 -18.64dB;本节算法所得阵元 1~3 的平均 I_{AP} 为 -20.19dB,平均 I_{CP} 为 -21.23dB。仿真结果表明,本节算法优化波形的自相关峰值旁瓣电平较低,同时具有更低的互相关峰值旁瓣,有利于在雷达接收端获得更优的脉冲压缩性能。

表 4-2　自相关/互相关峰值旁瓣对比结果

算法	I_{AP}/dB			I_{CP}/dB		
	阵元 1	阵元 2	阵元 3	阵元 1	阵元 2	阵元 3
最速下降法	-16.92	-17.26	-17.14	-17.73	-18.12	-18.05
谱逼近算法	-17.62	-17.87	-17.79	-18.56	-18.89	-18.47
本节算法	-19.83	-20.41	-20.33	-21.42	-21.30	-20.96

2.设计自由度分析

　　为了分析陷波数目对算法的影响,不考虑实际场景,假设 150~550MHz 工作带宽内的干扰频段为 [370,450]MHz,即稀疏频谱波形只需在该频段形成单一阻带。图 4-8 给出了本节算法优化波形的功率谱密度曲线,可以看出本节算法具有更深的陷波,平均陷波深度约为 -25dB。图 4-9、图 4-10 中分别给出了本节算法在单阻带条件的 ACF 和 CCF 曲线,此时 MIMO 雷达 3 个阵元的 I_{AP} 分别为 $-23.85\mathrm{dB}$、$-24.34\mathrm{dB}$、$-24.26\mathrm{dB}$,I_{CP} 分别为 $-23.90\mathrm{dB}$、$-24.26\mathrm{dB}$、$-24.17\mathrm{dB}$,波形的 PSD 和 ACF 性能均优于实验 1(算法的有效性验证)。仿真结果表明,较少的阻带个数为 MIMO 雷达波形设计提供了更多自由度,能够改善设计波形的干扰抑制能力和正交特性。

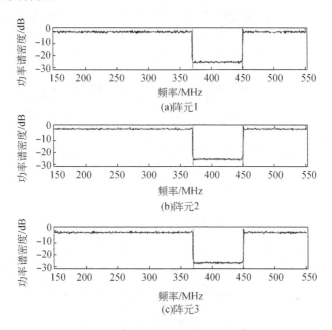

图 4-8　单阻带优化波形的 PSD 曲线

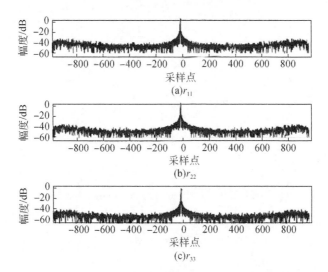

图 4-9　单阻带优化波形的 ACF 曲线

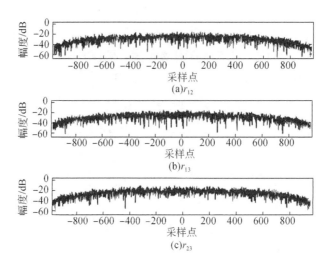

图 4-10　单阻带优化波形的 CCF 曲线

3. 验证权重因子 λ_1 对算法的影响

图 4-11 中给出了权重因子取不同值时,阻带峰值功率 I_{SP} 以及自相关峰值旁瓣电平 I_{AP} 的曲线。可以看出,随着权重因子的逐渐增加 $(\lambda_1 \to 1)$,阻带峰值功率 I_{SP} 逐渐下降,表明优化波形的陷波性能越来越好;同时 I_{AP} 逐渐上升,表明正交性

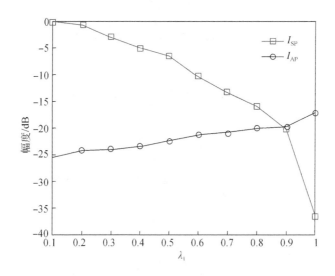

图 4-11　权重因子 λ_1 对算法的影响

能随着 λ_1 的增加逐渐下降。此外，I_{SP} 随 λ_1 变化的幅度较 I_{AP} 更为明显；两者在 λ_1 ＝0.9 附近有交叉点，因此可将其作为稀疏频谱波形设计的经验值。在实际应用中，可根据 MIMO 雷达的使用场景，合理设置 λ_1 的值调节波形的陷波和正交性能，使两者获得较好的折中。

4.3　基于旁瓣抑制策略的发射方向图合成

本节将发射阵元功率相等与方向图匹配作为约束条件，给出三种方向图旁瓣抑制策略，有效降低 MIMO 雷达发射方向图的旁瓣。

4.3.1　信号模型

假设 MIMO 雷达发射阵元数目为 M_t，接收阵元数目为 M_r，阵元间距分别为 d_t 和 d_r，发射阵列与接收阵列的距离较近。假设目标位于远场，目标与阵列之间的距离远大于阵列孔径，此时可视收发阵列对目标的观测角一致。采用正交波形的 MIMO 雷达电磁辐射能量均匀分布在空域内，然而所关注的目标通常集中在较小的空域范围。为了将雷达电磁辐射能量汇集在感兴趣空域 Θ 内，降低在其他空域 $\bar{\Theta}$ 内的信号能量，首先引入波束加权矩阵 W，使发射信号为正交波束基：

$$\varphi(t)=[\varphi_1(t),\varphi_2(t),\cdots,\varphi_K(t)]^{\mathrm{T}} \tag{4-48}$$

的线性组合（$K\leqslant M_t$），即 MIMO 雷达发射信号可以表示为

$$s(t)=[s_1(t),s_2(t),\cdots,s_{M_t}(t)]^{\mathrm{T}}=W^*\varphi(t) \tag{4-49}$$

式中，$W=[w_1,w_2,\cdots,w_K]$ 为 $M_t\times K$ 的波束加权矩阵；$w_k(k=1,2,\cdots,K)$ 为第 k 个正交波束所占的权向量；正交波束基满足 $\int_0^{T_p}\varphi_i(t)\varphi_j^*(t)=\delta(i-j)$ （$i,j=1,2,\cdots,K$），T_p 为脉冲周期；符号（·）^{T} 和（·）* 分别表示转置运算和共轭运算。

在空间 θ 方向接收到的信号可记为

$$x(t,\theta)=\sum_{k=1}^K a^{\mathrm{T}}(\theta)\,w_k^*\,\varphi_k(t)=[W^{\mathrm{H}}a(\theta)]^{\mathrm{T}}\varphi(t) \tag{4-50}$$

式中，符号（·）^{H} 表示共轭转置；$a(\theta)$ 为 $M_t\times1$ 的发射导向矢量。假设空间中存在 Q 个目标，则雷达信号经过目标反射后，t 时刻到达接收阵列的第 τ 个回波脉冲可表示为

$$r(t,\tau)=\sum_{p=1}^Q \beta_p(\tau)[W^{\mathrm{H}}a(\theta_p)]^{\mathrm{T}}\varphi(t)b(\theta_p)+n(t,\tau) \tag{4-51}$$

式中，$\beta_p(\tau)$ 为目标的散射振幅，其方差为 σ_β^2；$b(\theta_p)$ 为第 p 个目标的接收导向矢量；$n(t,\tau)$ 为 $M_r\times1$ 的加性噪声项。

在接收端使用正交波束基进行波形分离，接收信号 $r(t,\tau)$ 与 K 个正交波形

$\varphi(t)$匹配滤波,并对 MIMO 雷达输出信号进行矩阵拉直处理,可得

$$y(\tau)=\sum_{p=1}^{Q}\beta_p(\tau)\big[W^H a(\theta_p)\big]\otimes b(\theta_p)+\tilde{n}(\tau) \tag{4-52}$$

式中,$\tilde{n}(\tau)=[n_1^T(\tau),n_2^T(\tau),\cdots,n_K^T(\tau)]^T$ 为 $KM_r\times 1$ 的噪声向量,其服从方差为 σ_n^2 的复高斯过程 $\tilde{n}(\tau)\sim N(0,\sigma_n^2 I_{KM_r})$,$I_{KM_r}$ 为 $K\times M_r$ 的单位矩阵。

根据式(4-50),MIMO 雷达在空间 θ 方向的发射方向图可以表示为[16]

$$\begin{aligned} P(\theta)&=a^H(\theta)E[x(t)\,x^H(t)]a(\theta)\\ &=\|W^H a(\theta)\|^2\\ &=\sum_{k=1}^{K} w_k^H a(\theta)a^H(\theta)\,w_k \end{aligned} \tag{4-53}$$

与传统正交波形的全向发射不同,波束加权的发射波形可以通过设计合适的矩阵 W,将电磁辐射能量汇集于所关注的空间范围,降低在非感兴趣区域的能量,从而改善雷达能量的利用效率。MIMO 雷达发射方向图的合成旨在逼近期望发射波束,逼近程度可以刻画为

$$\left\{\sum_{l=1}^{L_p}\Big|\sum_{k=1}^{K} w_k^H a(\theta_l)a^H(\theta_l)\,w_k-\alpha_t P_d(\theta_l)\Big|^p\right\} \tag{4-54}$$

式中,$P_d(\theta_l)$ 为离散化角度 θ_l 处的期望方向图;优化因子 α_t 用于尺度变换;p 取 1 和 2 分别表示匹配误差及均方误差。

为了使 MIMO 雷达发射机能够工作在饱和状态,发挥其最大效能,通常还要求雷达发射波形满足功率相等的约束条件,即满足

$$\sum_{k=1}^{K}|w_k(j)|^2=\frac{P_t}{M_t},\quad j=1,2,\cdots,M_t \tag{4-55}$$

式中,P_t 为雷达的发射总功率。

4.3.2　算法原理

1. 旁瓣抑制策略

本节将空域范围划分为主瓣区域 Θ 和旁瓣区域 $\overline{\Theta}$,$\theta_l\in\Theta(l=1,2,\cdots,L_p)$ 表示主瓣区域内的角度采样值,$\theta_s\in\overline{\Theta}(s=1,2,\cdots,S)$ 表示旁瓣区域内的角度采样值。根据设计准则的物理意义不同,这里给出三种发射方向图旁瓣抑制策略。

策略 1:在方向图旁瓣低于阈值 η_0 的条件下,保持 M_t 个发射阵元的功率相等,令发射方向图的主瓣尽可能逼近期望方向图,使两者的均方误差 J_1 最小化。该策略的设计思路是通过直接限制旁瓣阈值来抑制旁瓣,其优化模型可表示为

$$\min_{a,W} J_1=\sum_{l=1}^{L_p}\Big|\sum_{k=1}^{K} w_k^H a(\theta_l)a^H(\theta_l)\,w_k-\alpha_t P_d(\theta_l)\Big|^2$$

$$\text{s. t.} \left| \sum_{k=1}^{K} w_k^{\mathrm{H}} a(\theta_s) a^{\mathrm{H}}(\theta_s) w_k \right| \leqslant \eta_0, \quad \theta_s \in \overline{\Theta}, \ s=1,2,\cdots,S$$

$$\sum_{k=1}^{K} |w_k(j)|^2 = \frac{P_t}{M_t}, \quad j=1,2,\cdots,M_t \tag{4-56}$$

该优化问题属于二次约束二次规划（quadratically constrained quadratic programming，QCQP）问题，是非凸优化问题，因此不易获得全局最优解。需要将其进行转化，通过引入辅助变量 $X_k = w_k w_k^{\mathrm{H}}(k=1,2,\cdots,K)$，再根据矩阵迹的性质，有

$$w_k^{\mathrm{H}} a(\theta_l) a^{\mathrm{H}}(\theta_l) w_k = \mathrm{tr}[a(\theta_l) a^{\mathrm{H}}(\theta_l) w_k w_k^{\mathrm{H}}] \tag{4-57}$$

式中，$\mathrm{tr}[\cdot]$ 表示矩阵的迹，则式（4-56）可以改写为

$$\min_{\alpha, X_k} \sum_{l=1}^{L_p} \left| \sum_{k=1}^{K} \mathrm{tr}[a(\theta_l) a^{\mathrm{H}}(\theta_l) X_k] - \alpha_t P_d(\theta_l) \right|^2$$

$$\text{s. t.} \left| \sum_{k=1}^{K} \mathrm{tr}[a(\theta_s) a^{\mathrm{H}}(\theta_s) X_k] \right| \leqslant \eta_0, \quad \theta_s \in \overline{\Theta}, \ s=1,2,\cdots,S \tag{4-58}$$

$$\sum_{k=1}^{K} \mathrm{diag}[X_k] = \frac{P_t}{M_t} l_{M_t \times 1}$$

$$\mathrm{rank}(X_k) = 1, \quad k=1,2,\cdots,K$$

式中，$\mathrm{diag}[\cdot]$ 表示矩阵对角线元素构成的向量。由于秩 1 约束 $\mathrm{rank}(X_k)=1$ 条件仍是非凸约束，考虑首先松弛该约束，然后进行重建。通过令 X_k 满足半正定条件 $X_k \geqslant 0$，可将问题（4-58）转化为如下凸优化问题：

$$\min_{\alpha, X_k} \sum_{l=1}^{L_p} \left| \sum_{k=1}^{K} \mathrm{tr}[a(\theta_l) a^{\mathrm{H}}(\theta_l) X_k] - \alpha_t P_d(\theta_l) \right|^2$$

$$\text{s. t.} \left| \sum_{k=1}^{K} \mathrm{tr}[a(\theta_s) a^{\mathrm{H}}(\theta_s) X_k] \right| \leqslant \eta_0, \quad \theta_s \in \overline{\Theta}, \ s=1,2,\cdots,S \tag{4-59}$$

$$\sum_{k=1}^{K} \mathrm{diag}[X_k] = \frac{P_t}{M_t} l_{M_t \times 1}$$

$$X_k \geqslant 0, \quad k=1,2,\cdots,K$$

在将其转化为凸优化问题后，再引入一组新的辅助变量 $\{\delta_l\}_{l=1}^{L_p}(\delta_l > 0, \ l=1,2,\cdots,L_p)$，则式（4-59）可以进一步改写为

$$\min_{\alpha, X_k} \sum_{l=1}^{L_p} \delta_l$$

$$\text{s. t.} \left| \sum_{k=1}^{K} \mathrm{tr}[a(\theta_l) a^{\mathrm{H}}(\theta_l) X_k] - \alpha_t P_d(\theta_l) \right|^2 \leqslant \delta_l, \quad \theta_l \in \Theta, \ l=1,2,\cdots,L_p$$

$$\left|\sum_{k=1}^{K}\mathrm{tr}[a(\theta_s)a^{\mathrm{H}}(\theta_s)\,X_k]\right|\leqslant\eta_0,\quad\theta_s\in\overline{\Theta},\;s=1,2,\cdots,S$$

$$\sum_{k=1}^{K}\mathrm{diag}[X_k]=\frac{P_{\mathrm{t}}}{M_{\mathrm{t}}}l_{M_{\mathrm{t}}\times1}$$

$$X_k\geqslant0,\quad k=1,2,\cdots,K \tag{4-60}$$

注意到式(4-60)中的二次不等式约束可改写为

$$\left|\sum_{k=1}^{K}\mathrm{tr}[a(\theta_l)a^{\mathrm{H}}(\theta_l)\,X_k]-\alpha_{\mathrm{t}}P_{\mathrm{d}}(\theta_l)\right|^2\leqslant\delta_l$$

$$\Leftrightarrow\left|\sum_{k=1}^{K}2\mathrm{tr}[a(\theta_l)a^{\mathrm{H}}(\theta_l)\,X_k]-2\alpha_{\mathrm{t}}P_{\mathrm{d}}(\theta_l)\right|^2+\delta_l^2-2\delta_l+1\leqslant\delta_l^2+2\delta_l+1$$

$$\tag{4-61}$$

把该二次不等式约束写成矩阵 Frobenius 范数的形式,则有

$$\left\|\begin{matrix}\displaystyle\sum_{k=1}^{K}2\mathrm{tr}[a(\theta_l)a^{\mathrm{H}}(\theta_l)\,X_k]-2\alpha_{\mathrm{t}}P_{\mathrm{d}}(\theta_l)\\[2mm]\delta_l-1\end{matrix}\right\|^2\leqslant(\delta_l+1)^2$$

$$\tag{4-62}$$

$$\Leftrightarrow\left\|\begin{matrix}\displaystyle\sum_{k=1}^{K}2\mathrm{tr}[a(\theta_l)a^{\mathrm{H}}(\theta_l)\,X_k]-2\alpha_{\mathrm{t}}P_{\mathrm{d}}(\theta_l)\\[2mm]\delta_l-1\end{matrix}\right\|\leqslant\delta_l+1$$

综上,式(4-56)的优化问题最终可以表示为

$$\min_{a,X_k}\sum_{l=1}^{L_{\mathrm{p}}}\delta_l$$

$$\mathrm{s.\,t.}\quad\left\|\begin{matrix}\displaystyle\sum_{k=1}^{K}2\mathrm{tr}[a(\theta_l)a^{\mathrm{H}}(\theta_l)\,X_k]-2\alpha_{\mathrm{t}}P_{\mathrm{d}}(\theta_l)\\[2mm]\delta_l-1\end{matrix}\right\|\leqslant(\delta_l+1),\quad\theta_l\in\Theta,\;l=1,2,\cdots,L_{\mathrm{p}}$$

$$\left|\sum_{k=1}^{K}\mathrm{tr}[a(\theta_s)a^{\mathrm{H}}(\theta_s)X_k]\right|\leqslant\eta_0,\quad\theta_s\in\overline{\Theta},\;s=1,2,\cdots,S$$

$$\sum_{k=1}^{K}\mathrm{diag}[X_k]=\frac{P_{\mathrm{t}}}{M_{\mathrm{t}}}l_{M_{\mathrm{t}}\times1}$$

$$X_k\geqslant0,\quad k=1,2,\cdots,K \tag{4-63}$$

易知,式(4-63)属于二阶锥规划(second-order cone programming,SOCP)模型。在将其转化为 SOCP 问题后,就可以利用仿真软件[17]对其进行有效求解。

策略 2:在发射方向图主瓣与期望主瓣之间的误差 J_2 小于阈值 ξ 的条件下,保持 M_{t} 个发射阵元的功率相等,并使方向图旁瓣峰值(旁瓣最大值)最小化。该策略

的优化模型可以表示为

$$\min_{\alpha,W} \ \max_{\theta_s} J_2 = \left| \sum_{k=1}^{K} w_k^H a(\theta_s) a^H(\theta_s) w_k \right|$$

$$\text{s. t.} \ \sum_{l=1}^{L_p} \left| \sum_{k=1}^{K} w_k^H a(\theta_l) a^H(\theta_l) w_k - \alpha_t P_d(\theta_l) \right| \leqslant \xi, \quad \theta_l \in \Theta, \ l=1,2,\cdots,L_p$$

$$\sum_{k=1}^{K} \left| w_k(j) \right|^2 = \frac{P_t}{M_t}, \quad j=1,2,\cdots,M_t$$

$$(4\text{-}64)$$

式中,ξ 为发射方向图主瓣与期望主瓣之间的误差上限。不难看出,策略 2 与策略 1 的旁瓣抑制思路相反,策略 2 的设计思路是在约束主瓣之差的条件下,最小化方向图旁瓣值。由于约束项 $\sum_{k=1}^{K} \left| w_k(j) \right|^2 = P_t/M_t$ 的存在,问题(4-64)为非凸优化问题。同理,通过将辅助变量代入式(4-64),然后对秩 1 约束条件进行半正定松弛,可将问题(4-64)转化为凸优化问题:

$$\min_{\alpha,X} \ \max_{\theta_s} \left| \sum_{k=1}^{K} \text{tr}[a(\theta_s) a^H(\theta_s) X_k] \right|$$

$$\text{s. t.} \ \sum_{l=1}^{L_p} \left| \sum_{k=1}^{K} \text{tr}[a(\theta_l) a^H(\theta_l) X_k - \alpha_t P_d(\theta_l)] \right| \leqslant \xi, \quad \theta_l \in \Theta, \ l=1,2,\cdots,L_p$$

$$\sum_{k=1}^{K} \text{diag}[X_k] = \frac{P_t}{M_t} l_{M_t \times 1}$$

$$X_k \geqslant 0, \quad k=1,2,\cdots,K$$

$$(4\text{-}65)$$

进一步地,再引入新的辅助变量 $\delta(\delta>0)$,则式(4-65)可等价为

$$\min_{\alpha,X} \delta$$

$$\text{s. t.} \ \left| \sum_{k=1}^{K} \text{tr}[a(\theta_s) a^H(\theta_s) X_k] \right| \leqslant \delta, \quad \theta_s \in \overline{\Theta}, \ s=1,2,\cdots,S$$

$$\sum_{l=1}^{L_p} \left| \sum_{k=1}^{K} \text{tr}[a(\theta_l) a^H(\theta_l) X - \alpha_t P_d(\theta_l)] \right| \leqslant \xi, \quad \theta_l \in \Theta, \ l=1,2,\cdots,L_p$$

$$\sum_{k=1}^{K} \text{diag}[X_k] = \frac{P_t}{M_t} l_{M_t \times 1}$$

$$X_k \geqslant 0, \quad k=1,2,\cdots,K$$

$$(4\text{-}66)$$

综上,式(4-64)的优化模型最终转化为半正定凸优化模型(4-66)。与策略 1 同理,本节利用某仿真软件对式(4-66)进行求解。

策略 3:在给定方向图主瓣 3dB 波束宽度[18]的条件下,最大化方向图主瓣与旁

瓣之差 J_3。具体地,该策略的优化模型可以表示为

$$\min_{X} \max_{\theta_s} J_3 = -\left| \sum_{k=1}^{K} w_k^H a(\theta_0) a^H(\theta_0) w_k - \sum_{k=1}^{K} w_k^H a(\theta_s) a^H(\theta_s) w_k \right|$$

$$\text{s. t.} \quad \sum_{k=1}^{K} w_k^H a(\theta_1) a^H(\theta_1) w_k = 0.5 \sum_{k=1}^{K} w_k^H a(\theta_0) a^H(\theta_0) w_k$$

$$\sum_{k=1}^{K} w_k^H a(\theta_2) a^H(\theta_2) w_k = 0.5 \sum_{k=1}^{K} w_k^H a(\theta_0) a^H(\theta_0) w_k \tag{4-67}$$

$$\sum_{k=1}^{K} \left| w_k(j) \right|^2 = \frac{P_t}{M_t}, \quad j=1,2,\cdots,M_t$$

式中,θ_0 为发射方向图主瓣指向;$\theta_s \in \Theta_S (s=1,2,\cdots,S)$ 为旁瓣区域范围;$\theta_2 - \theta_1$ $(\theta_0 > \theta_1, \theta_2 > \theta_0)$ 为发射方向图的 3dB 波束宽度。通过引入新的辅助变量 $\sigma_a (\sigma_a > 0)$,式(4-67)可以转化为

$$\min_{X} - \sigma_a$$

$$\text{s. t.} \quad \sum_{k=1}^{K} w_k^H a(\theta_0) a^H(\theta_0) w_k - \sum_{i=1}^{K} w_k^H a(\theta_s) a^H(\theta_s) w_k \geqslant \sigma_a, \quad \theta_s \in \overline{\Theta}, s=1,2,\cdots,S$$

$$\sum_{k=1}^{K} w_k^H a(\theta_1) a^H(\theta_1) w_k = 0.5 \sum_{k=1}^{K} w_k^H a(\theta_0) a^H(\theta_0) w_k \tag{4-68}$$

$$\sum_{k=1}^{K} w_k^H a(\theta_2) a^H(\theta_2) w_k = 0.5 \sum_{k=1}^{K} w_k^H a(\theta_0) a^H(\theta_0) w_k$$

$$\sum_{k=1}^{K} \left| w_k(j) \right|^2 = \frac{P_t}{M_t}, \quad j=1,2,\cdots,M_t$$

将 $X_k = w_k w_k^H$ 代入式(4-68),并对秩 1 约束进行半正定松弛,则式(4-68)可等价为

$$\min_{X} - \sigma_a$$

$$\text{s. t.} \quad \sum_{k=1}^{K} \text{tr}[a(\theta_0) a^H(\theta_0) X_k] - \sum_{k=1}^{K} \text{tr}[a(\theta_s) a^H(\theta_s) X_k] \geqslant \sigma_a, \quad \theta_s \in \overline{\Theta}, s=1,2,\cdots,S$$

$$\sum_{k=1}^{K} \text{tr}[a(\theta_1) a^H(\theta_1) X_k] = 0.5 \sum_{k=1}^{K} \text{tr}[a(\theta_0) a^H(\theta_0) X_k] \tag{4-69}$$

$$\sum_{k=1}^{K} \text{tr}[a(\theta_2) a^H(\theta_2) X_k] = 0.5 \sum_{k=1}^{K} \text{tr}[a(\theta_0) a^H(\theta_0) X_k]$$

$$\sum_{k=1}^{K} \text{diag}[X_k] = \frac{P_t}{M_t} l_{M_t \times 1}$$

$$X_k \geqslant 0, \quad k=1,2,\cdots,K$$

可以看出,式(4-67)的优化模型最终转化为半正定凸优化模型(4-69)。接着就可以利用仿真软件对其进行有效求解。

2. 波束加权矩阵的求解

抑制发射方向图旁瓣可以提高 MIMO 雷达对目标 DOA 的估计性能,因此在求解波束加权矩阵 W 时,应对 DOA 估计算法进行考虑。基于旋转不变技术的信号估计(estimating signal parameter via rotational invariance techniques, ESPRIT)算法[19]在进行 DOA 估计时能够避免谱峰搜索,但需要接收信号具备旋转不变性(rotational invariance performance, RIP)。通常在接收阵列为均匀线阵时,RIP 可以通过划分子阵实现。假设正交波束基的个数 K 为偶数,为了使得接收信号满足旋转不变性,同时使接收阵列不受均匀线阵的约束,波束加权矩阵 W 应满足如下条件:

$$| a(\theta)^{\mathrm{H}} w_k | = | a(\theta)^{\mathrm{H}} w_{K/2+k} |, \quad \theta \in \left[-\frac{\pi}{2}, \frac{\pi}{2} \right], k=1,2,\cdots,\frac{K}{2} \quad (4\text{-}70)$$

为了便于求解 W,这里令波束加权矩阵的列向量满足对偶特性,即有

$$W = [w_1,\cdots,w_{K/2},\widetilde{w}_1^*,\cdots,\widetilde{w}_{K/2}^*] \quad (4\text{-}71)$$

式中,$\widetilde{w}_k(i)=w_k(M_t-i+1)(i=1,2,\cdots,M_t)$。下面以 $K=2$ 为例,说明 W 在符合对偶式(4-71)时,可满足式(4-70)中的旋转不变性。当 $K=2$ 时,波束加权矩阵为 $W=[w,\widetilde{w}^*]$,可得

$$a(\theta)^{\mathrm{H}} w = \sum_{k=1}^{M_t} w_k \mathrm{e}^{-\mathrm{j}2\pi(k-1)\sin\theta} \quad (4\text{-}72)$$

$$a(\theta)^{\mathrm{H}} \widetilde{w}^* = \sum_{k=1}^{M_t} w_k^* \mathrm{e}^{-\mathrm{j}2\pi(M_t-k)\sin\theta} \quad (4\text{-}73)$$

通过对式(4-73)进行形式变换,可得

$$\begin{aligned} a(\theta)^{\mathrm{H}} \widetilde{w}^* &= \left[\sum_{k=1}^{M_t} w_k \mathrm{e}^{-\mathrm{j}2\pi(k-1)\sin\theta} \right]^* \mathrm{e}^{-\mathrm{j}2\pi(M_t-k)\sin\theta} \\ &= [a(\theta)^{\mathrm{H}} w]^* \mathrm{e}^{-\mathrm{j}2\pi(M_t-1)\sin\theta} \end{aligned} \quad (4\text{-}74)$$

从式(4-74)中可以看出 $a(\theta)^{\mathrm{H}} w$ 与 $a(\theta)^{\mathrm{H}} \widetilde{w}^*$ 的幅度相同,仅存在相位差项 $\mathrm{e}^{-\mathrm{j}2\pi(M_t-1)\sin\theta}$,因此 W 满足式(4-70)的旋转不变性条件。以此类推,当 K 为偶数时,同样可以满足式(4-70)的旋转不变性条件。因此,在求解波束加权矩阵 W 时,只需对 $w_1,w_2,\cdots,w_{K/2}$ 求解。

利用仿真软件获得三种旁瓣抑制模型的最优解后,考虑到该解将秩 1 约束松弛后获取的解,所以本节进一步考虑采用高斯随机化[16]技术重建秩 1 约束,对原优化问题的波束加权矩阵 W 求解,最终得到实际发射波形 $s(t)$。

综上所述,基于旁瓣抑制策略的 MIMO 雷达发射方向图合成算法如算法 4-2 所示。

算法 4-2　基于旁瓣抑制策略的 MIMO 雷达发射方向图合成算法

步骤 1　对于策略 1,计算优化问题(4-63)的最优解;对于策略 2,计算求得优化问题(4-66)的最优解;对于策略 3,计算优化问题(4-69)的最优解。

步骤 2　为方便描述,将最优解统一记为 $X_k^{\mathrm{opt}}(k=1,2,\cdots,K/2)$,并设定高斯随机化次数为 N_g。

步骤 3　若 X_{opt} 的秩等于 1,则 w_k 取值为 X_k^{opt} 的主特征向量;若 X_k^{opt} 的秩大于 1,则对 X_k^{opt} 进行特征值分解 $X_k^{\mathrm{opt}}=U_k \Sigma_k U_k^{\mathrm{H}}$。取复单位圆上的随机向量 $v_k^i(i=1,2,\cdots,N_g)$,使得 $w_k^i=U_k \cdot \Sigma^{1/2} v_k^i$。

步骤 4　若 w_k^i 不满足条件 $\sum\limits_{k=1}^{K}\mathrm{diag}[w_k^i (w_k^i)^{\mathrm{H}}] = P_t/M_t \cdot l_{M_t \times 1}$,则对向量 w_k^i 进行尺度变换 $w_{k,\mathrm{new}}^i=\alpha_k^i \cdot w_k^i$ 使其满足该条件,α_k^i 为相应的尺度调制因子。

步骤 5　对于策略 1,计算式(4-56)中目标函数 J_1;对于策略 2,计算式(4-64)中目标函数 J_2;对于策略 3,计算式(4-67)中目标函数 J_3。

步骤 6　根据不同策略,取使得目标函数最小的 $w_{k,\mathrm{new}}^i(i=1,2,\cdots,N_g)$ 作为波束加权矩阵的列向量。

步骤 7　取满足步骤 6 条件的列向量 $w_{k,\mathrm{new}}$ 组成波束加权矩阵 W,利用等式 $s(t)=W^* \varphi(t)$ 求得 MIMO 雷达的实际发射信号 $s(t)$。

3. DOA 估计的克拉默-拉奥界

依据 MIMO 雷达信号模型,在接收端利用 ESPRIT 进行 DOA 估计,则其克拉默-拉奥界可表示为[20]

$$\mathrm{CRB}(\theta)=\frac{\sigma_z^2 K}{2N_s P_t}\left[\mathrm{Re}(D^{\mathrm{H}}P_V^{\perp}D\odot G^{\mathrm{T}})\right]^{-1} \tag{4-75}$$

式中,N_s 为快拍数;"$\odot$"表示 Hadamard 积;$P_V^{\perp}=I_{KM_r} - V (V^{\mathrm{H}}V)^{-1}V^{\mathrm{H}}$,$I_{KM_r}$ 为 $K \times M_r$ 维的单位矩阵;$V=[[W^{\mathrm{H}}a(\theta_1)]\otimes b(\theta_1),\cdots,[W^{\mathrm{H}}a(\theta_P)]\otimes b(\theta_Q)]$ 为虚拟导向矢量;Q 为目标个数;$G=R_s V^{\mathrm{H}}R_x^{-1}V R_s$,$R_s$ 为目标反射系数的协方差矩阵,R_x 为接收信号的协方差矩阵;$D=[d(\theta_1)d(\theta_2)\cdots d(\theta_Q)]$ 的列向量为

$$d(\theta_l)=\frac{\partial v(\theta_l)}{\partial \theta_l}=\frac{\partial[W^{\mathrm{H}}a(\theta_l)]\otimes b(\theta_l)}{\partial \theta_l}$$
$$=W^{\mathrm{H}}a'(\theta_l)\otimes b(\theta_l)+W^{\mathrm{H}}a(\theta_l)\otimes b'(\theta_l) \tag{4-76}$$

式中,$l=1,2,\cdots,Q$;$(\cdot)'$ 表示求导运算;$a'(\theta_l)=\partial a(\theta_l)/\partial \theta_l$;$b'(\theta_l)=\partial b(\theta_l)/\partial \theta_l$。由此可见,目标到达角估计的 CRB 与波束加权矩阵 W 有关,由于三种旁瓣抑制策略获得的 W 不同,DOA 估计性能会存在差异。

4.3.3　仿真实验

考虑发射阵列为均匀线阵的窄带 MIMO 雷达系统,阵元数 $M_t=10$,阵元间距为 $\lambda/2$,λ 表示发射信号波长。接收阵元数 $M_r=10$,接收阵列为非均匀直线阵,阵元位置随机分布在 $[0,9\lambda/2]$。令发射功率 $P_t=M_t$,正交波束基的数目 $K=2$,正交

波束基采用的形式为 $\varphi_k(t)=\sqrt{1/T_p}\,\mathrm{e}^{\mathrm{j}2\pi mt/T_p}\,(m=1,\cdots,M_t;k=1,2)$，码长 T_p 取为 1024。策略 1 中旁瓣阈值 η 以及策略 2 中主瓣与期望波束的误差上界 ξ 分别取经验值 $\eta=10^{-2}$、$\xi=10^{-2}$。选择传统正交波形（正交波束基的个数 $K=M_t$，波束加权矩阵为单位矩阵 $W=I$）与文献[21]设计的发射波形设计（transmit beamspace design，TBD）算法作为对比算法，在接收端利用 ESPRIT 算法[19]进行 DOA 估计。

1. 单波束方向图

假设感兴趣的空域为 $\Theta=[-10°,10°]$，不感兴趣的空域为 $\overline{\Theta}=[-90°,-20°]$ $\cup[20°,90°]$。Θ 和 $\overline{\Theta}$ 内的角度采样点数分别为 $L_p=100$，$S=400$。图 4-12 给出了传统正交波形、TBD 以及本节三种低旁瓣发射方向图策略的实验结果。

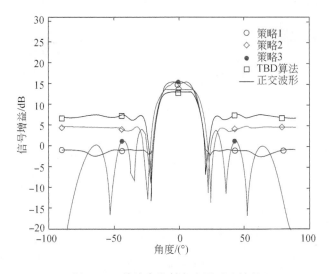

图 4-12　单波束发射方向图对比结果

从图 4-12 中可知，正交波形所形成的方向图在空间中均匀分布。TBD 算法形成的方向图能够将能量聚集在 $[-10°,10°]$ 区域内，但方向图旁瓣较高。相比于 TBD 算法，本节算法的旁瓣值抑制水平均得到改善。其中，策略 1 获得的旁瓣值最低；策略 2 获得的方向图在主瓣内最为平坦，但旁瓣值与策略 1 和策略 3 相比较高；策略 3 在主瓣内呈尖峰形态，在旁瓣区域滚动下降，旁瓣抑制水平差于策略 1，优于策略 2。由实验结果可知，策略 1 的旁瓣抑制性能最好，策略 2 的旁瓣抑制性能稍差，但仍优于 TBD 算法，策略 3 的旁瓣抑制性能介于策略 1 与策略 2 之间。

为了验证算法的 DOA 估计性能,假设感兴趣空域内存在两个目标,方位分别为 $\theta_1=-5°$ 和 $\theta_2=5°$。考虑加性噪声是均值为零、方差为 σ_n^2 的白噪声。目标散射系数服从均值为零、方差为 σ_β^2 的复高斯分布。接收信噪比 $SNR=\sigma_\beta^2/\sigma_n^2$ 的取值区间为 $[-30,30]$dB,快拍数为 50,分别进行 500 次蒙特卡罗仿真实验。图 4-13、图 4-14 分别给出了传统正交波形、TBD 算法以及本节算法 DOA 估计的 CRB 和均方根误差(root-mean-square error, RMSE)实验结果。均方根误差的表达式为

$$RMSE=\sqrt{\frac{1}{2Q_m}\sum_{p=1}^{Q_m}\left[(\theta_1-\hat{\theta}_{1,q})^2+(\theta_2-\hat{\theta}_{2,q})^2\right]}$$,其中,Q_m 为实验次数,$\hat{\theta}_{l,q}$ 表示到

达角 $\theta_l(l=1,2)$ 在第 q 次蒙特卡罗仿真实验中的估计值。

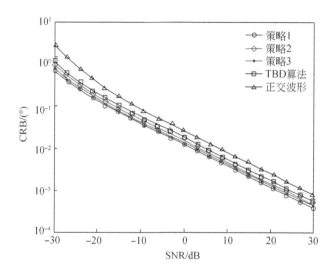

图 4-13　CRB 随 SNR 的变化曲线

可以看出,正交波形的角度估计性能最差,这是由于正交波形有能量浪费在感兴趣的区域之外,使接收信噪比降低。TBD 算法的 DOA 估计性能优于正交波形;相比于 TBD 算法与正交波形,本节算法的 DOA 估计性能均得到提升。其中,策略 1 的 DOA 估计 CRB 和 RMSE 最小,可见其 DOA 估计性能最好;策略 3 的 DOA 估计性能差于策略 1,优于策略 2;策略 2 的 CRB 和 RMSE 高于策略 1 和策略 3,DOA 估计性能稍差。

为验证算法区分角度相近目标的性能,假设目标方位分别位于 $\theta_1=7°$ 和 $\theta_2=8°$,进行 500 次蒙特卡罗仿真实验,用于计算分辨邻近目标的成功概率。当目标角度的估计值 $\hat{\theta}_l$ 与真实值 θ_l 满足条件 $|\hat{\theta}_l-\theta_l|\leqslant\Delta\theta/2(l=1,2;\Delta\theta=|\theta_2-\theta_1|)$ 时,视为分辨成功。图 4-15 给出了正交波形、TBD 算法以及本节算法的角度分辨成功概

率。从图中可以看出,正交波形的角度分辨成功概率最低。策略 1 的角度分辨成功概率最高;策略 2 的角度分辨成功概率低于策略 1,高于策略 3;策略 3 的角度分辨成功概率高于 TBD 算法。

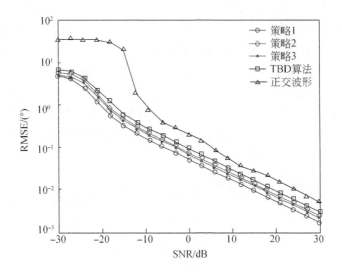

图 4-14　RMSE 随 SNR 的变化曲线

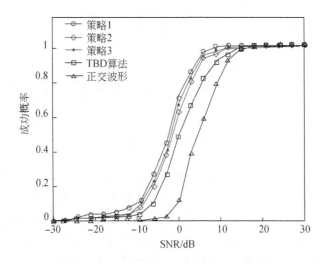

图 4-15　目标分辨成功概率随 SNR 的变化曲线

2.多波束方向图

考虑多波束情形下的波形设计,假设感兴趣的空域为 $\Theta=[-40°,-20°]\cup$ $[20°,40°]$,不感兴趣的空域为 $\overline{\Theta}=[-90°,50°]\cup[-10°,10°]\cup[50°,90°]$。空域 Θ 和 $\overline{\Theta}$ 内角度的采样点数分别取 $L_p=200$、$S=300$。图 4-16 给出了传统正交波形、TBD 算法以及所提三种策略的发射方向图对比结果。可以看出,多波束条件下得到了与单波束情形相似的结论。正交波形的方向图仍全向均匀分布,TBD 算法方向图的信号能量聚集在空域 $\Theta=[-40°,-20°]\cup[20°,40°]$,但旁瓣值较高,本节算法的旁瓣抑制水平均得到改善。策略 1 的旁瓣值最低;策略 2 在方向图主瓣内较为平坦,旁瓣值较策略 1 和策略 3 稍高;策略 3 的旁瓣抑制能力介于策略 1 和策略 2 之间,在主瓣内存在尖峰。

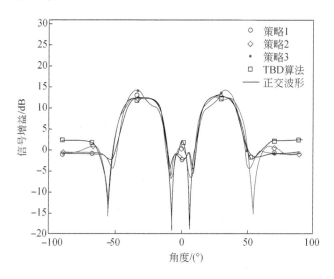

图 4-16　多波束发射方向图对比结果

为了验证多波束条件下的 DOA 估计性能,蒙特卡罗实验次数取 500,假设目标的方位分别为 $\theta_1=-30°$、$\theta_2=25°$。图 4-17、图 4-18 分别给出了传统正交波形、TBD 算法以及本节算法进行 DOA 估计的 CRB 和 RMSE 随 SNR 的变化曲线。可以看出,正交波形在多波束条件下的 DOA 估计性能最差,TBD 算法的 DOA 估计性能优于正交波形。策略 1 的 DOA 估计 CRB 和 RMSE 最小,说明策略 1 的 DOA 估计性能最好;策略 3 的 DOA 估计性能低于策略 1,优于策略 2,这与单波束情形下的结论一致。通过与前述单波束方向图实验对比可知,发射方向图的能量分布于两块感兴趣的区域,造成能量分散,多波束的 DOA 估计性能差于单波束。

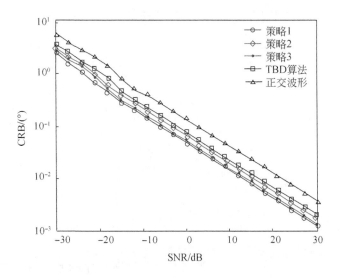

图 4-17　CRB 随 SNR 的变化曲线（多波束）

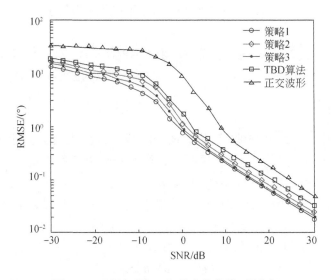

图 4-18　RMSE 随 SNR 的变化曲线（多波束）

　　为验证多波束条件下算法区分邻近目标的性能，假设两个目标分别位于 $\theta_1 = 21°$ 和 $\theta_2 = 22°$ 处，图 4-19 给出了目标分辨成功概率随 SNR 的变化曲线。从图中可以看出，策略 1 的角度分辨成功概率最高，邻近目标分辨性能最好。在波束宽度保持不变的情况下，多波束的角度分辨性能较单波束差。

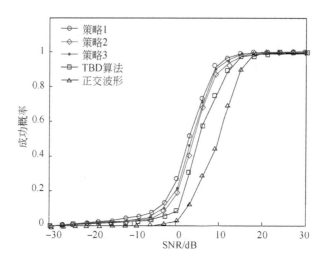

图 4-19　目标分辨成功概率随 SNR 的变化曲线(多波束)

4.4　基于信杂噪比准则的波形设计

为提高集中式 MIMO 雷达在杂波环境下的检测性能,本节利用目标与杂波的方位、散射幅度作为辅助知识,研究基于信杂噪比准则的波形设计算法。

4.4.1　信号模型

考虑发射阵元为 M_t、接收阵元为 M_r 的 MIMO 雷达,阵元间距分别为 d_t 和 d_r。假设目标位于远场,此时收发阵列对目标的观测角可视为相同。记第 n 时刻各阵元的基带发射信号为 $s(n)=[s_1(n),s_2(n),\cdots,s_{M_t}(n)]^T(n=1,2,\cdots,N_p)$,$N_p$ 为发射波形的编码长度,则 MIMO 雷达总的发射信号矩阵可以表示为

$$S=[s(1),s(2),\cdots,s(N_p)] \tag{4-77}$$

在空间 θ 方向接收到的信号为

$$x(\theta)=a^T(\theta)S \tag{4-78}$$

式中,$a(\theta)=[1,\mathrm{e}^{-\mathrm{j}2\pi d_t\sin\theta/\lambda},\cdots,\mathrm{e}^{-\mathrm{j}2\pi(M_t-1)d_t\sin\theta/\lambda}]^T$ 为 $M_t\times1$ 的发射导向矢量,λ 为信号波长。

假设感兴趣的空域中存在一个点目标以及 K_c 个杂波散射点,则 MIMO 雷达接收阵元收到的基带信号为所有散射点的回波之和,即有

$$y(n)=\alpha_0 b(\theta_0)a^T(\theta_0)s(n)+\sum_{k=1}^{K_c}\alpha_k b(\theta_k)a^T(\theta_k)s(n)+v(n) \tag{4-79}$$

式中,α_0、θ_0 分别为点目标的散射系数和到达角;α_k、θ_k 分别为第 k 个($k=1,2,\cdots,$ K_c)杂波散射点的散射系数和到达角;$b(\theta)=[1,\mathrm{e}^{-\mathrm{j}2\pi d_r\sin\theta/\lambda},\cdots,\mathrm{e}^{-\mathrm{j}2\pi(M_r-1)d_r\sin\theta/\lambda}]^{\mathrm{T}}$ 为接收导向矢量;$v(n)$ 为 $M_r\times1$ 均值为 0、协方差矩阵为 σ_n^2I 的复高斯白噪声。

将接收信号 $y(n)$ 写成矩阵的形式,可得

$$Y=\alpha_0 b(\theta_0)a^{\mathrm{T}}(\theta_0)S+\sum_{k=1}^{K_c}\alpha_k b(\theta_k)a^{\mathrm{T}}(\theta_k)S+V_n \tag{4-80}$$

式中,$Y=[y(1),y(2),\cdots,y(N_p)]_{M_r\times N_p}$;$V_n=[v(1),v(2),\cdots,v(N_p)]_{M_r\times N_p}$。

利用等式 $\mathrm{vec}(AXB)=(B^{\mathrm{T}}\otimes A)\mathrm{vec}(X)$ 的性质[22],可将雷达回波矩阵 Y 按列堆积成维数为 $M_rN\times1$ 的列向量,则有

$$y=\mathrm{vec}(Y)=\alpha_0 A(\theta_0)s+\sum_{k=1}^{K_c}\alpha_k A(\theta_k)s+v \tag{4-81}$$

式中,$\mathrm{vec}(\cdot)$ 表示将矩阵按列堆积成列向量的运算;$A(\theta)=I_{N_p}\otimes[b(\theta)a^{\mathrm{T}}(\theta)]$;$s=\mathrm{vec}(S)$;$v=\mathrm{vec}(V_n)$。

4.4.2　算法原理

1. 发射波形与接收滤波联合优化模型

在 MIMO 雷达目标检测中,输出信杂噪比(signal-to-clutter-plus-noise ratio, SCNR)对检测概率有直接影响,因此 SCNR 是衡量雷达检测性能的重要指标之一。本节采用输出 SCNR 作为 MIMO 雷达的波形设计准则,将接收机滤波器的权值记为 w,经过接收滤波的信号输出可以表示为

$$r=w^{\mathrm{H}}y=\alpha_0 w^{\mathrm{H}}A(\theta_0)s+w^{\mathrm{H}}\sum_{k=1}^{K_c}\alpha_k A(\theta_k)s+w^{\mathrm{H}}v \tag{4-82}$$

根据 SCNR 的定义[23],可得 MIMO 雷达系统的输出 SCNR 表达式为

$$\mathrm{SCNR}(s,w)=\frac{E[|\alpha_0 w^{\mathrm{H}}A(\theta_0)s|^2]}{E[|w^{\mathrm{H}}\sum_{k=1}^{K_c}\alpha_k A(\theta_k)s|^2]+\sigma_n^2 w^{\mathrm{H}}w} \tag{4-83}$$

令 $\sigma=E[|\alpha_0|^2]/\sigma_n^2$,$\Sigma(s)=\sum_{k=1}^{K_c}I_k A(\theta_k)ss^{\mathrm{H}}A^{\mathrm{H}}(\theta_k)$,$I_k=E[|\alpha_k|^2]/\sigma_n^2$,则最大化输出 SCNR 的目标函数可以记为

$$\max_{s,w}\ \mathrm{SCNR}(s,w)=\frac{\sigma|w^{\mathrm{H}}A(\theta_0)s|^2}{w^{\mathrm{H}}\Sigma(s)w+w^{\mathrm{H}}w} \tag{4-84}$$

通过式(4-84)可以看出,MIMO 雷达的输出 SCNR 依赖接收滤波权值 w 以及发射波形 s。为了使得 SCNR 最大,需要联合优化发射波形 s 以及接收滤波权值 w。

　　在系统实现时,还需要设置发射波形 s 的约束条件。为了使发射机工作在饱和状态,发挥最大效能,同时避免放大器的非线性特性导致发射波形失真,通常要求发射波形具有恒模特性。恒模波形的一般形式为 $s(n)=(1/\sqrt{M_t N})\cdot e^{j\varphi_n}$ $(n=1,2,\cdots,M_t N)$,φ_n 表示波形 $s(n)$ 的相位。

　　此外,MIMO 雷达发射波形通常还需要具备较好的脉冲压缩性能,从而有利于改善对目标的距离分辨力。为此,可以将已知具备较好脉冲压缩性能的雷达波形作为期望波形(或参考波形),使目标波形逼近期望波形的脉冲压缩特性。具体地,假定期望波形为 s_0,即要求发射波形 s 满足[24]

$$\| s-s_0 \|_\infty \leqslant \varepsilon \tag{4-85}$$

式中,$\| \cdot \|_\infty$ 表示向量的 l_∞ 范数;$\varepsilon(0\leqslant\varepsilon\leqslant 2)$ 为相似参数。ε 决定发射波形与期望波形间的相似程度,当 $\varepsilon=0$ 时,发射波形 s 与期望波形完全相同;当 $\varepsilon=2$ 时,可视为波形 s 与期望波形的相似约束条件不起作用。当要求波形满足式(4-85)中的相似约束条件时,发射波形 $s(n)$ 的相位 φ_n 不再是任意的,波形的相似约束可以等价为[25]

$$\varphi_n=\arg s(n)\in[\gamma_n,\gamma_n+\delta], \quad n=1,2,\cdots,M_t N \tag{4-86}$$

式中,$\gamma_n=\arg s_0(n)-\arccos(1-\varepsilon^2/2)$;$\delta=2\arccos(1-\varepsilon^2/2)$。可以看出,波形的相似约束使得相位 φ_n 必须在区间 $[\gamma_n,\gamma_n+\delta]$ 内取值。

　　在实际雷达系统中,当区间 $[\gamma_n,\gamma_n+\delta]$ 内相位取值为非有限集时,仍会使发射端信号的产生变得困难。因此,这里对发射波形的相位进行量化。假设 L 为量化位数,则量化后的恒模波形满足

$$s(n)\in\frac{1}{\sqrt{M_t N}}\{e^{j2\pi\mu_n/L},\cdots,e^{j2\pi(\mu_n+\delta_d-1)/L}\}, \quad n=1,2,\cdots,M_t N \tag{4-87}$$

式中

$$\mu_n=L\cdot\arg s_0(n)/(2\pi)-\lfloor L\cdot\arccos(1-\varepsilon^2/2)/(2\pi)\rfloor \tag{4-88}$$

$$\delta_d=\begin{cases}1+2\lfloor L\cdot\arccos(1-\varepsilon^2/2)/(2\pi)\rfloor, & \varepsilon\in[0,2) \\ M, & \varepsilon=2\end{cases} \tag{4-89}$$

式中,符号 $\lfloor\cdot\rfloor$ 表示向下取整运算。此时,对发射波形施加相似约束,则式(4-86)的约束条件可转化为

$$\varphi_n=\arg s(n)\in[\mu_n,\mu_n+1,\cdots,\mu_n+\delta_d-1] \tag{4-90}$$

　　综上所述,以系统输出 SCNR 为波形设计的代价函数,将包络恒定和与期望波形相似作为约束条件,同时考虑波形的相位从有限集中取值,可建立 MIMO 雷达发射波形 s 与接收滤波权值 w 的联合优化模型:

$$\max_{s,w} \ \text{SCNR}(s,w)=\frac{\sigma\,|\,w^{\mathrm H}A(\theta_0)s\,|^{\,2}}{w^{\mathrm H}\Sigma(s)w+w^{\mathrm H}w}$$

$$\text{s. t.}\ \arg\,s(n)\in[\mu_n,\mu_n+1,\cdots,\mu_n+\delta_{\mathrm d}-1] \tag{4-91}$$

$$|\,s(n)\,|=\frac{1}{\sqrt{M_{\mathrm t}N}},\quad n=1,2,\cdots,M_{\mathrm t}N$$

2. 优化模型求解

针对式(4-91)的优化问题,可以采用交替迭代的思想[26]进行求解。本节将迭代过程分解为两个子优化问题求解过程,即固定滤波权值 w 时优化波形 s,以及在固定波形 s 时优化权值 w,交替迭代优化的过程具体如下。

1)发射波形固定时优化接收滤波权值

当发射波形 s 固定时,与波形 s 相关的两个约束条件可以忽略。由于输入信噪比 $\sigma=E[\,|\alpha_0|^2\,]/\sigma_n^2$ 先验已知,式(4-91)的优化模型转化为无约束优化模型:

$$\max_{w}\ \frac{|\,w^{\mathrm H}A(\theta_0)s\,|^{\,2}}{w^{\mathrm H}\Sigma(s)w+w^{\mathrm H}w} \tag{4-92}$$

易知式(4-92)的优化问题与阵列信号处理中的最小方差无失真响应(minimum variance distortless response,MVDR)等价[27],即等价于

$$\min_{w}\ w^{\mathrm H}\Sigma(s)w+w^{\mathrm H}w$$

$$\text{s. t.}\ w^{\mathrm H}A(\theta_0)s=1 \tag{4-93}$$

可以采用拉格朗日乘子法求解该等价优化问题,令

$$F(\lambda)=w^{\mathrm H}\Sigma(s)w+w^{\mathrm H}w+\lambda[w^{\mathrm H}A(\theta_0)s-1] \tag{4-94}$$

式中,λ 为拉格朗日乘子。对 w 求偏导并且使求导结果为零,可得到式(4-94)的最优解为

$$w_{\mathrm{opt}}=\frac{[\Sigma(s)+I]^{-1}A(\theta_0)s}{s^{\mathrm H}\,A^{\mathrm H}(\theta_0)[\Sigma(s)+I]^{-1}A(\theta_0)s} \tag{4-95}$$

由于等价关系,该最优解也是式(4-92)的最优解。

2)权值固定时优化发射波形

当权值 w 固定时,式(4-91)的优化问题可转化为

$$\max_{s}\ \frac{|\,w^{\mathrm H}A(\theta_0)s\,|^{\,2}}{w^{\mathrm H}\Sigma(s)w+w^{\mathrm H}w}$$

$$\text{s. t.}\ \arg\,s(n)\in[\mu_n,\mu_n+1,\cdots,\mu_n+\delta_{\mathrm d}-1] \tag{4-96}$$

$$|\,s(n)\,|=\frac{1}{\sqrt{M_{\mathrm t}N}},\quad n=1,2,\cdots,M_{\mathrm t}N$$

由于恒模和有限相位约束条件的存在,优化问题(4-96)属于非凸优化问题。

为了对其求解，需要将其进一步转化。注意到 $|w^H A(\theta_0)s|^2 = |s^H A^H(\theta_0)w|^2$，$\left|w^H \sum\limits_{k=1}^{K} \alpha_k A(\theta_k)s\right|^2 = \left|s^H \sum\limits_{k=1}^{K} \alpha_k A^H(\theta_k)w\right|^2$，则有如下等式成立：

$$\frac{|w^H A(\theta_0)s|^2}{w^H \Sigma(s)w + w^H w} = \frac{s^H \Sigma_0(w)s}{s^H \Sigma_I(w)s + w^H w} \tag{4-97}$$

式中，$\Sigma_0(w) = A^H(\theta_0)w\,w^H A(\theta_0)$；$\Sigma_I(w) = \sum\limits_{k=1}^{K} I_k A^H(\theta_k)w\,w^H A(\theta_k)$。因此，式(4-96)的优化问题等价为

$$\max_s \frac{s^H \Sigma_0(w)s}{s^H \Sigma_I(w)s + w^H w}$$

$$\text{s. t. } \arg s(n) \in [\mu_n, \mu_n+1, \cdots, \mu_n+\delta_d-1] \tag{4-98}$$

$$|s(n)| = \frac{1}{\sqrt{M_t N}}, \quad n = 1, 2, \cdots, M_t N$$

根据矩阵迹的性质 $\mathrm{tr}(AB) = \mathrm{tr}(BA)$，可得

$$\mathrm{tr}[s^H \Sigma_I(w)s + w^H w] = \mathrm{tr}[\Sigma_I(w)ss^H + w^H w ss^H] \tag{4-99}$$

则式(4-98)可以转化为

$$\max_s \frac{\mathrm{tr}[\Sigma_0(w)ss^H]}{\mathrm{tr}[\Sigma_I(w)ss^H + w^H w ss^H]}$$

$$\text{s. t. } \arg s(n) \in [\mu_n, \mu_n+1, \cdots, \mu_n+\delta_d-1] \tag{4-100}$$

$$|s(n)| = \frac{1}{\sqrt{M_t N}}, \quad n = 1, 2, \cdots, M_t N$$

通过引入辅助变量 $X = ss^H$，式(4-100)可进一步转化为

$$\max_X \frac{\mathrm{tr}[\Sigma_0(w)X]}{\mathrm{tr}\{[\Sigma_I(w) + w^H w I]X\}}$$

$$\text{s. t. } \arg s(n) \in [\mu_n, \mu_n+1, \cdots, \mu_n+\delta_d-1] \tag{4-101}$$

$$\mathrm{diag}[X] = I, \quad \mathrm{rank}(X) = 1$$

$$X \geqslant 0$$

式中，符号 rank(·)表示矩阵的秩。半正定松弛并配合高斯随机化[28]是求解式(4-101)含秩 1 约束优化问题的有效手段之一，因此采用半正定松弛技术对式(4-101)进行求解。首先松弛掉式(4-101)中的有限相位约束条件，同时松弛矩阵 X 的秩等于 1 的约束条件(之后会在随机化过程中重建这些约束)，可得

$$\max_X \frac{\mathrm{tr}[\Sigma_0(w)X]}{\mathrm{tr}\{[\Sigma_I(w) + w^H w I]X\}}$$

$$\text{s. t. } \mathrm{diag}[X] = I \tag{4-102}$$

$$X \geqslant 0$$

由于式(4-102)的目标函数是关于变量 X 的非凸函数，为了解决该优化问题，

下面结合命题 1 给出其求解算法。

命题 1：若优化问题

$$\max_{Z,t} \operatorname{tr}[\Sigma_0(w)Z]$$

$$\text{s. t.}\quad \operatorname{tr}\{[\Sigma_I(w)+w^{\mathrm{H}}wI]Z\}=1$$

$$\operatorname{diag}[Z]=tI$$

$$Z\geqslant 0,\quad t\geqslant 0$$

(4-103)

的最优解为(Z^*,t^*)，则式(4-102)优化问题的最优解满足 $X^*=Z^*/t^*$。

证明：首先证明 Z^* 是式(4-103)的可行解，即证明Z^*满足式(4-102)中的约束条件。因为式(4-103)的最优解(Z^*,t^*)满足约束条件 $\operatorname{diag}[Z^*]=t^*I$（$Z^*\geqslant 0,t^*\geqslant 0$），所以有

$$\operatorname{diag}[X^*]=\operatorname{diag}[Z^*/t^*]=I,\quad X^*=Z^*/t^*\geqslant 0 \tag{4-104}$$

因此 X^* 是式(4-102)的可行解。

然后证明可行解 X^* 的最优性。对于式(4-102)的任意一个可行解 X，记

$$\operatorname{tr}\{[\Sigma_I(w)+w^{\mathrm{H}}wI]X\}=a \tag{4-105}$$

则有

$$\operatorname{tr}\{[\Sigma_I(w)+w^{\mathrm{H}}wI](X/a)\}=1,\quad \operatorname{diag}[X/a]=\frac{1}{a}I \tag{4-106}$$

因为矩阵$\Sigma_I(w)+w^{\mathrm{H}}wI$ 和 X 均为半正定矩阵，可得 $a\geqslant 0$，X/a 为半正定矩阵，所以$(X/a,1/a)$为式(4-103)的可行解。(Z^*,t^*)为式(4-103)的最优解，因此有

$$\operatorname{tr}[\Sigma_0(w)X/a]\leqslant\operatorname{tr}[\Sigma_0(w)Z^*] \tag{4-107}$$

根据 $\operatorname{tr}\{[\Sigma_I(w)+w^{\mathrm{H}}wI](X/a)\}=1$、$\operatorname{tr}\{[\Sigma_I(w)+w^{\mathrm{H}}wI]Z^*\}=1$，可得

$$\frac{\operatorname{tr}[\Sigma_0(w)X]}{\operatorname{tr}\{[\Sigma_I(w)+w^{\mathrm{H}}wI]X\}}\leqslant\frac{\operatorname{tr}[\Sigma_0(w)X^*]}{\operatorname{tr}\{[\Sigma_I(w)+w^{\mathrm{H}}wI]X^*\}} \tag{4-108}$$

因此，X^* 也是式(4-102)的最优解，命题得证。

由于式(4-103)为半正定规划问题，可采用仿真软件[17]求得其最优解。在得到式(4-103)的最优解后，结合命题 1，在高斯随机化算法中重建有限相位取值以及秩为 1 的约束条件，就可以获得式(4-96)子优化问题的解。采用的高斯随机化具体过程为：令 N_g 为总的随机化次数，在第 i 次（$1\leqslant i\leqslant N_g$）高斯随机化过程中，生成均值为 0、协方差矩阵为 C 的 $1\times M_tN$ 的高斯随机向量 ξ_i（$i=1,2,\cdots,N_g$），即 $\xi_i\sim N(0,C)$。其中

$$\begin{cases} C=X^*\odot pp^{\mathrm{H}} \\ p=(1/\sqrt{M_tN})[\mathrm{e}^{-\mathrm{j}\mu_1},\mathrm{e}^{-\mathrm{j}\mu_2},\cdots,\mathrm{e}^{-\mathrm{j}\mu_{M_tN}}]^{\mathrm{T}} \\ \mu_n=L\cdot\arg s_0(n)/(2\pi)-\lfloor L\cdot\arccos(1-\varepsilon^2/2)/(2\pi)\rfloor \end{cases} \tag{4-109}$$

式中,符号"⊙"表示矩阵的 Hadamard 积。第 i 次随机化得到的发射波形为

$$s_i(k) = p(k)\eta[\xi_i(k)] \tag{4-110}$$

式中,$p(k)$ 为向量 p 的第 k 个元素($k=1,2,\cdots,M_tN$)。$\eta[\xi_i(k)]$ 的取值为

$$\eta[\xi_i(k)] = \begin{cases} 1, & \arg \xi_i(k) \in \left[0, 2\pi\dfrac{1}{\delta_d}\right) \\ e^{j2\pi\frac{1}{L}}, & \arg \xi_i(k) \in \left[2\pi\dfrac{1}{\delta_d}, 2\pi\dfrac{2}{\delta_d}\right) \\ \vdots \\ e^{j2\pi\frac{\delta_d-1}{L}}, & \arg \xi_i(k) \in \left[2\pi\dfrac{\delta_d-1}{\delta_d}, 2\pi\right) \end{cases} \tag{4-111}$$

取 N_g 次随机化过程中使得 SCNR 最大的 s_i 作为高斯随机化的结果,则有

$$s_{\mathrm{opt}} = \arg \max_{s_i} \frac{s_i^{\mathrm{H}} \Sigma_0(w) s_i}{s_i^{\mathrm{H}} \Sigma_I(w) s_i + w^{\mathrm{H}} w} \tag{4-112}$$

综上所述,利用交替迭代过程,基于 SCNR 准则的发射波形与接收滤波联合优化算法如算法 4-3 所示。

算法 4-3　基于 SCNR 准则的发射波形与接收滤波联合优化算法

步骤 1	设定相似期望波形 s_0,初始化迭代次数 $m=1$,记初始化发射波形为 $s^{(1)}=s_0$;利用式(4-95)计算初始化接收滤波权值 $w^{(1)}$,根据式(4-83)计算输出 SCNR($s^{(1)},w^{(1)}$)。
步骤 2	令 $m=m+1$,固定接收滤波权值 $w^{(m-1)}$,利用仿真软件求解式(4-103)中的优化问题,得到其最优解 $X^*=Z^*/t^*$。
步骤 3	进行 N_g 次高斯随机化运算,首先利用式(4-110)计算 $s^{(m)}{}_i(n)$($i=1,2,\cdots,N_g;n=1,2,\cdots,M_tN$),然后根据式(4-112)得到 N_g 次高斯随机化的最优发射波形 $s^{(m)}=s_{\mathrm{opt}}$。
步骤 4	在固定 $s^{(m)}$ 的情况下,根据式(4-95)更新权值 $w^{(m)}$。
步骤 5	利用式(4-83)计算输出 SCNR$^{(m)}=$SCNR($s^{(m)},w^{(m)}$)。
步骤 6	判断条件 $\lvert \mathrm{SCNR}^{(m)}-\mathrm{SCNR}^{(m-1)} \rvert \leqslant \varepsilon_{\mathrm{stop}}$ 是否成立,$\varepsilon_{\mathrm{stop}}$ 表示迭代终止阈值,若条件成立,则终止迭代,否则,返回步骤 2。

4.4.3　仿真实验

考虑集中式 MIMO 雷达的发射阵元数为 $M_t=4$,接收阵元数为 $M_r=8$,发射阵元和接收阵元间距均为半波长,信号编码长度为 $N=20$。假设待测目标角度为 $\theta_0=10°$,目标散射幅度为 $\lvert \alpha_0 \rvert^2=20\mathrm{dB}$,且存在三个固定杂波,所在角度 $\theta_i(i=1,2,3)$ 分别为 $-40°$、$-10°$、$30°$,杂波散射幅度均为 $\lvert \alpha_i \rvert^2=30\mathrm{dB}(i=1,2,3)$,噪声功率为 $\sigma_n^2=0\mathrm{dB}$。由于 LFM 信号具有较好的脉冲压缩性能,实验中将 LFM 波形作为相似期望波形 s_0,其表达式为

$$s_0 = \text{vec}\left[(1/\sqrt{M_t N})\,e^{\frac{j2\pi m(n-1)+j\pi n(n-1)^2}{N}}\right], \quad m=1,2,\cdots,M_t; n=1,2,\cdots,N$$

$$(4\text{-}113)$$

值得注意的是，LFM 期望波形在杂波信号存在的情况下，系统的输出 SCNR 通常较低，即对杂波没有抑制能力。仿真中相位的量化位数取 $L=128$，高斯随机化次数为 $N_g=500$，设置 SCNR 的终止迭代阈值为 $\varepsilon_{\text{stop}}=10^{-3}$，并选择文献[25]中的两种序列优化算法（记为 SOA1 及 SOA2）作为对比算法。

1. 算法的有效性验证

为了验证本节算法的有效性，在图 4-20 中给出当相似参数 ε 分别取 2 和 0.5 时，文献[25]及本节算法输出 SCNR 随迭代次数的变化曲线。从图中可以看出，当相似参数 ε 分别取 2 和 0.5 时，随着迭代次数的增加，本节算法的输出 SCNR 逐渐增大，经过 4 次迭代后算法就可达到收敛，收敛速度较快。当 $\varepsilon=2$ 时（波形 s 的相似约束不起作用），本节算法收敛后的输出 SCNR 较该仿真条件下 SCNR 的上界 $|\alpha_0|^2/\sigma_n^2=20\text{dB}$ 仅相差 0.55dB，且输出 SCNR 较 SOA1 和 SOA2 分别高 0.2dB 和 0.25dB。当 $\varepsilon=0.5$（存在较强的波形相似约束）时，本节算法收敛后的 SCNR 较 $\varepsilon=2$ 相比降低至 15.9dB，这是由于波形脉冲压缩性能的提升会牺牲一定的输出 SCNR，带来 SNR 损失。此时，本节算法的输出 SCNR 仍较 SOA1 和 SOA2 分别高 0.4dB 和 0.84dB。

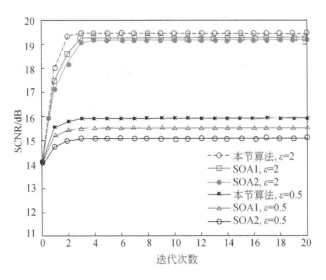

图 4-20　输出 SCNR 随迭代次数的变化曲线

　　图 4-21、图 4-22 分别给出了 SOA1、SOA2 以及本节算法在相似参数 ε 分别取 2 和 0.5 时对应的方向图增益曲线。方向图增益 $P(\theta)$ 的表达式为 $P(\theta)=|w_{\mathrm{opt}}^{\mathrm{H}}A(\theta)s_{\mathrm{opt}}|^{2}$，其中 $A(\theta)=I_{N}\otimes[b(\theta)a^{\mathrm{T}}(\theta)]$。可以看出，本节算法的方向图增益在目标方位 $\theta_{0}=10°$ 的方向图最强，在杂波$[-40°,-10°,30°]$处形成了深的零陷，且形成的零陷较 SOA1 和 SOA2 算法更深，因此本节算法可以更有效地抑制杂波信号。通过对比图 4-21、图 4-22 可以看出，$\varepsilon=2$ 形成的方向图增益零陷较 $\varepsilon=0.5$ 时低 10dB 左右，说明当波形相似约束较弱时，发射增益的零陷性能更好。

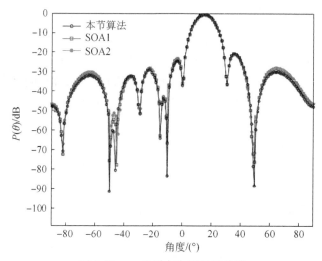

图 4-21　$\varepsilon=2$ 时方向图增益曲线

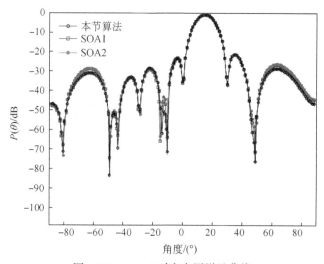

图 4-22　$\varepsilon=0.5$ 时方向图增益曲线

图 4-23 给出了 SOA1、SOA2 以及本节算法在相似参数 ε 取 0.5、杂波散射功率取 $|\alpha_i|^2=30\mathrm{dB}(i=1,2,3)$ 时，检测概率随 SNR（SNR $=|\alpha_0|^2/\sigma_n^2$）的变化曲线。检测概率与 SCNR 的理论表达式[29]为 $P_\mathrm{d}=Q(\sqrt{2\mathrm{SCNR}},\sqrt{-2\lg P_\mathrm{fa}})$，其中虚警概率 P_fa 设置为 10^{-4}，$Q(\cdot,\cdot)$ 为 Marcum 函数[30]。从图 4-23 中可以看出，在杂波散射功率不变的情况下，本节算法的检测概率随 SNR 的增加而逐渐提升，检测概率高于 SOA1、SOA2。仿真结果表明，本节算法具有更好的杂波抑制能力，可以有效改善集中式 MIMO 雷达在杂波环境下的检测性能。

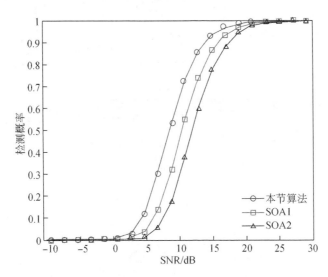

图 4-23　ε=0.5 时检测概率随 SNR 的变化曲线

2. 相似参数对算法的影响

为了验证相似约束条件对优化波形特性的影响，图 4-24 给出了当相似参数分别取 ε=0.5、ε=1.5 和 ε=2 时，优化波形以及 LFM 波形的相位对比结果。发射波形为恒模信号，因此没有画出波形的幅度。从图 4-24 中可以看出，当 ε=0.5 时，优化波形与 LFM 波形的相位吻合程度较高；当 ε=1.5、ε=2 时，相位的相似程度有所减弱。

图 4-25 给出了当相似参数分别取 ε=0.5、ε=1.5 和 ε=2 时，本节算法以及 LFM 波形的脉冲压缩对比结果。MIMO 雷达各个发射阵元的优化波形脉压性能基本一致，因此仅展示了第一个阵元发射波形经匹配滤波后的脉冲压缩结果。可以看出，当 ε=0.5 时，优化波形脉冲压缩旁瓣约为 −30dB，比 LFM 波形的脉冲压缩旁瓣高约 11dB。当 ε 分别取 1.5、2 时，脉冲压缩旁瓣分别约为 −16dB、−5dB。

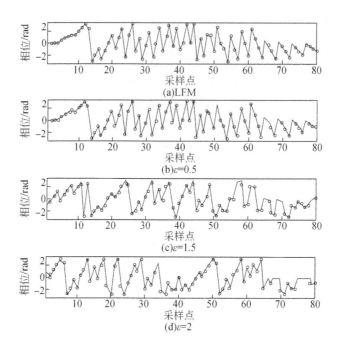

图 4-24　ε 取不同值时优化波形以及 LFM 波形的相位对比结果

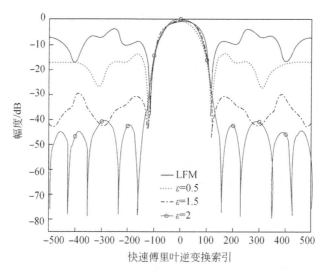

图 4-25　ε 取不同值时本节算法以及 LFM 波形的脉冲压缩对比结果

仿真结果表明,随着相似参数 ε 的增加,发射波形的脉冲压缩性能逐渐下降。相似参数 ε 增加能使输出 SCNR 得到改善,因此需要根据 MIMO 雷达的实际使用场景,合理设置相似参数 ε 来平衡雷达系统的杂波干扰抑制及脉冲压缩性能,使两者得到较好的折中。

进一步地,图 4-26 给出了在杂波散射功率为 $|\alpha_i|^2 = 30\text{dB}(i=1,2,3)$、目标散射功率为 $|\alpha_0|^2 = 20\text{dB}$ 时,SOA1、SOA2 以及本节算法的检测概率随相似参数 ε 的变化曲线。可以看出,随着相似参数 ε 的增加,算法的检测概率在不断增加,本节算法的检测概率较 SOA1、SOA2 更高。结果表明,本节算法在杂波环境下较 SOA1、SOA2 具有更好的检测性能。

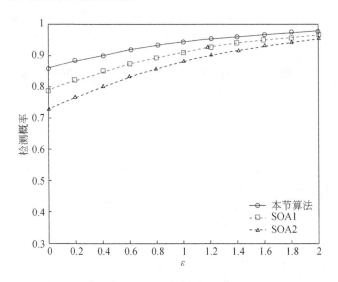

图 4-26　检测概率随相似参数 ε 的变化曲线

4.5　本章小结

本章深入研究了 MIMO 雷达发射方向图合成波形、抑制电磁冲突的稀疏频谱波形以及杂波环境下提高检测性能的波形设计技术。研究了窄带 MIMO 雷达发射方向图设计问题,给出了三种方向图旁瓣抑制策略。研究了 MIMO 雷达抑制电磁冲突的波形设计问题,为使 MIMO 雷达有效避开电磁干扰频段,给出了一种基于循环迭代的稀疏频谱正交波形设计算法。研究了集中式 MIMO 雷达在杂波环境下的最优检测波形设计问题,以目标和杂波的方位、散射幅度为辅助知识,给出了一种基于 SCNR 准则的波形设计算法。

参 考 文 献

[1] 胡亮兵,刘宏伟,吴顺君. 基于约束非线性规划的 MIMO 雷达正交波形设计[J]. 系统工程与电子技术,2011,33(1):64-68.

[2] Shariati N, Zachariah D, Bengtsson M. Minimum sidelobe beampattern design for MIMO radar systems:A robust approach[C]//IEEE International Conference on Acoustics,Speech and Signal Processing,Florence,2014:5312-5316.

[3] Li J,Xu L Z,Stoica P,et al. Range compression and waveform optimization for MIMO radar: A Cramer-Rao bound based study[J]. IEEE Transactions on Signal Processing,2008,56(1): 218-232.

[4] Fuhrmann D R,Antonio G S. Transmit beamforming for MIMO radar systems using signal cross-correlation[J]. IEEE Transactions on Aerospace and Electronic Systems,2008,44(1): 171-186.

[5] Haykin S,Xue Y B,Davidson T N. Optimal waveform design for cognitive radar[C]// Proceedings of Asilomar Conference on Signals, Systems and Computers, Pacific Grove, 2008:3-7.

[6] Callebaut D K. Generalization of the Cauchy-Schwarz inequality[J]. Journal of Mathematical Analysis and Applications,1965,12(3):491-494.

[7] Shannon C E, Weaver W. The Mathemtiatical Theory of Comntnunication[M]. Urbana: University of Illinois Press,1949.

[8] 纠博,刘宏伟,李丽亚,等. 一种基于互信息的波形优化设计方法[J]. 西安电子科技大学学报(自然科学版),2008,35(4):678-684.

[9] Bell M R. Information theory and radar waveform design [J]. IEEE Transactions on Information Theory,1993,39(5):1578-1597.

[10] Wang G, Lu Y. Designing single/multiple spares frequency waveforms with sidelobe constraint[J]. IET Radar,Sonar & Navigation,2011,5(1):32-38.

[11] He H, Stoica P, Li J. Waveform design with stopband and correlation constraints for cognitive radar[C]//IEEE International Conference on Digital Ecosystems and Technologies, Elba,2010:344-349.

[12] He H,Stoica P,Li J. Designing unimodular sequence sets with good correlations-including an application to MIMO radar[J]. IEEE Transactions on Signal Processing,2009,57(11): 4391-4405.

[13] Stoica P, He H, Li J. New algorithms for designing unimodular sequences with good correlation properties[J]. IEEE Transactions on Signal Processing,2009,57(4):1415-1425.

[14] 周宇,张林让,赵珊珊. 组网雷达低自相关旁瓣和互相关干扰的稀疏频谱波形设计方法[J]. 电子与信息学报,2014,36(6):1394-1399.

[15] Lindenfeld M J. Sparse frequency transmit and receive waveformdesign [J]. IEEE Transactions on Aerospace and Electronic Systems,2004,40(3):851-861.

[16] Hassanien A, Vorobyov S A. Transmit energy focusing for DOA estimation in MIMO radar with colocated antennas [J]. IEEE Transactions on Signal Processing, 2011, 59 (6): 2669-2682.

[17] Grant M, Boyd S. CVX: Matlab software for disciplined convex programming: CVX version 2. 1[EB/OL]. http://cvxr. com/cvx/[2016-12-01].

[18] Stoica P, Li J, Xie Y. On probing signal design for MIMO radar[J]. IEEE Transactions on Signal Processing, 2007, 55(8):4151-4161.

[19] Roy R, Kailath T. ESPRIT- estimation of signal parameters via rotational invariance techniques[J]. IEEE Transactions on Acoustics, Speech, and Signal Processing, 1989, 37(7):984-995.

[20] Stoica P, Larsson E G, Gershman A B. The stochastic CRB for arrayprocessing: A textbook derivation[J]. IEEE Signal Processing Letters, 2001, 8(5):148-150.

[21] Khabbazibasmenj A, Hassanien A, Vorobyov S A, et al. Efficient transmit beamspace design for search- free based DOA estimation in MIMO radar[J]. IEEE Transactions on Signal Processing, 2014, 62(6):1490-1500.

[22] 程云鹏, 张凯院, 徐仲. 矩阵论[M]. 西安:西北工业大学出版社, 2006.

[23] 唐波, 张玉, 李科, 等. 杂波中 MIMO 雷达恒模波形及接收机联合优化算法研究[J]. 电子学报, 2014, 42(9):1705-1711.

[24] Maio A D, Nicola S D, Huang Y W, et al. Design of phase codes for radar performance optimization with a similarity constraint[J]. IEEE Transactions on Signal Processing, 2009, 57(2):610-621.

[25] Cui G L, Li H B, Rangaswamy M. MIMO radar waveform design with constant modulus and similarity constraints[J]. IEEE Transactions on Signal Processing, 2014, 62(2):343-353.

[26] Tropp J A, Dhillon I S, Heath R W, et al. Design structured tight frames via an alternating projection method[J]. IEEE Transactions on Information Theory, 2005, 51(1):188-209.

[27] Capon J. High resolution frequency- wavenumber spectrum analysis[J]. Proceedings of the IEEE, 1969, 57(8):1408-1418.

[28] Luo Z, Ma W, So A M C, et al. Semidefinite relaxation of quadratic optimization problems [J]. IEEE Signal Processing Magazine, 2010, 27(3):20-34.

[29] Maio A D, Huang Y, Piezzo M, et al. Design of optimized radar codes with a peak to average power ratio constraint[J]. IEEE Transactions on Signal Processing, 2011, 59(6):2683-2697.

[30] Kay S M. Fundamentals of Statistical Signal Processing- Volume Ⅱ: Detection Theory[M]. Englewood Cliffs: Prentice- Hall, 1998.

第5章　MIMO 雷达干扰抑制技术

对于发射正交波形的 MIMO 雷达,理想情况下,各个波形间互相关性为零,接收端使用匹配滤波器可完美分离出各个回波信号。然而,实际波形的互相关性往往不为零,此时针对某一波形的匹配滤波器输出中不仅含有信号的自相关分量,还叠加了该波形与其他信号间的互相关分量,即 MIMO 雷达对目标的多个观测通道产生了相互干扰,由此带来匹配滤波器输出旁瓣电平增大以及峰值的估计误差,并最终导致目标检测以及参数估计性能下降[1]。针对这一问题,解决思路主要有 3 种:①通过引入特定优化条件和全局优化算法来设计具有较低自相关旁瓣以及互相关性的发射波形[2-5],但是实际中这类算法可以搜索到的波形组数量有限,且在波形长度受限情况下,优化结果依然会有较高的互相关电平。②利用波形解相关算法,消除波形互相关矩阵中的互相关分量[6],但是这类算法只能应用于后端参数估计,不能消除多通道间干扰带来的对距离估计以及目标检测的影响。③设计脉冲压缩滤波器,提高波形分离性能[7,8],但这类算法需要较高的运算复杂度,且输出结果不稳定。

本章从干扰抑制的角度解决上述问题。实际上,MIMO 雷达面临的干扰除了来自系统内部,还有可能来自系统外部,如有源干扰。本章针对不同 MIMO 雷达架构特点给出相应的内部干扰抑制算法,并对欺骗式有源干扰抑制算法进行探讨。

5.1　集中式 MIMO 雷达内部干扰抑制技术

集中式 MIMO 雷达的内部干扰主要来源于通道之间的不完全一致性,以及发射信号的非理想性。本节主要针对发射信号的非理想性,即信号不完全正交,展开讨论。

5.1.1　信号模型

假设 MIMO 雷达具有 M 个发射阵元以及 N 个接收阵元,所有阵元工作在同一窄带频段内,系统发射一组长度为 K_p 的正交相位编码波形,其中第 m 个($m=1$, $2,\cdots,M$)发射阵元发射的归一化信号记为 $s_m(k)$($k=1,2,\cdots,K_p$)。多个发射波形经目标反射叠加在一起,被接收阵元接收,如图 5-1 所示。

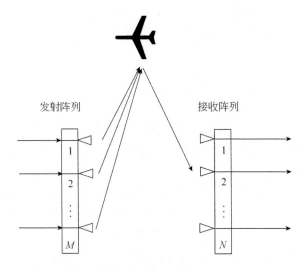

图 5-1　集中式 MIMO 雷达信号收发

在 MIMO 雷达接收端,每个接收阵元后接 M 个匹配滤波器,完成对波形的分离,并由此形成针对目标的 $M \times N$ 个观测通道,如图 5-2 所示。

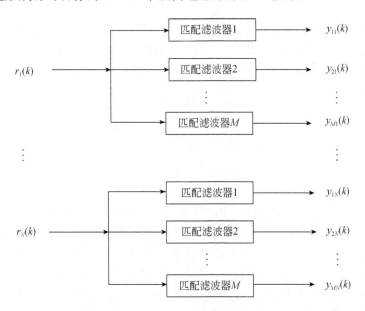

图 5-2　MIMO 雷达接收端信号分离

假设空间中存在一远场目标,对该目标的发射导向矢量为 $a(\theta)$,接收导向矢量为 $b(\varphi)$。M 个发射信号可以表示为如下矩阵形式:

$$S(k) = [s_1(k), s_2(k), \cdots, s_M(k)]^T \tag{5-1}$$

理想情况下，各个信号相互正交，即满足条件：

$$\frac{1}{K_p} \sum_{k=1}^{L_p} S(k) S^H(k) = I_M \tag{5-2}$$

则第 n 个阵元所接收到的信号可以记为

$$r_n(k) = \sum_{m=1}^{M} \alpha_{mn} a(\theta, m) b(\varphi, n) s_m(k) + w_n(k) \tag{5-3}$$

式中，α_{mn} 为目标散射系数以及从第 m 个发射阵元到第 n 个接收阵元的发射路径、接收路径衰减的和；$w_n(k)$ 为独立的高斯噪声信号矢量，长度为 $1 \times K_p$，强度为 δ_w^2。可以将 α_{mn} 以及导向矢量带来的影响共同记为从第 m 个发射阵元到第 n 个接收阵元的通道增益 $\tilde{\alpha}_{mn}$，其中包括第 $m\text{-}n$ 通道对目标探测的所有信息，即

$$\tilde{\alpha}_{mn} = \alpha_{mn} a(\theta, m) b(\varphi, n) \tag{5-4}$$

则有

$$r_n(k) = \sum_{m=1}^{M} \tilde{\alpha}_{mn} s_m(k) + w_n(k) \tag{5-5}$$

将其写成矩阵形式为

$$r_n = \sum_{m=1}^{M} \tilde{\alpha}_{mn} s_m + w_n \tag{5-6}$$

根据图 5-2，每个接收阵元所接收的信号分别送入 M 个匹配滤波器中进行匹配滤波。假设对应第 m 个发射波形的匹配滤波器的权值为 $h_m(k)$，传统匹配滤波器权值为目标信号的共轭，将其记为矩阵形式，即 $h_m = s^*$，则匹配之后的信号输出为

$$y_{mn}(l) = r_n(l) * [h_m(l)]^H \tag{5-7}$$

$$y_{mn} = rh = \left(\sum_{i=1}^{M} \tilde{\alpha}_{in} s_i + w_n \right) s_m^H \tag{5-8}$$

$$y_{mn} = \tilde{\alpha}_{mn} s_m s_m^H + \sum_{i=1, i \neq m}^{M} \tilde{\alpha}_{in} s_i s_m^H + w_n s_m^H \tag{5-9}$$

式(5-9)中，第 1 项为目标信号自相关分量；第 2 项为信号互相关分量的叠加；第 3 项为噪声通过匹配滤波器的输出。理想情况下，信号互相关分量为零，式(5-9)中第 2 项可忽略，即可直接取匹配滤波器输出结果为对 $\tilde{\alpha}_{mn}$ 的估计，并继续进行目标检测以及参数估计等工作。在实际情况下，发射信号互相关分量不为零，并且多个互相关分量相叠加，可能引起匹配滤波器输出旁瓣电平增高，使匹配滤波器对发射波形的分离效果恶化。

5.1.2　算法原理

本节给出一种并行干扰抑制算法，以降低 MIMO 雷达发射波形互相关性对匹

配滤波器输出带来的影响。

1. 算法思想

MIMO 雷达并行干扰抑制算法借鉴码分多址（code division multiple access, CDMA）蜂窝网通信中的多用户检测技术。CDMA 通信系统是一种典型的扩频通信系统，其所有通信终端工作在同一频段内，在发射端，每个用户将待发送的信息码使用各自唯一的伪随机序列进行扩频后发送出去。在接收端，系统通过本地提供的伪随机序列与接收到的扩频信号进行相关，进而解调出各个用户的信息。由于所有用户共享同一通信频带，当多个同时通信的用户使用的扩频序列不完全正交时，若采用常规的匹配滤波器进行相关接收，则多个用户所发射信号就会产生干扰，对某个用户而言，其他用户的 CDMA 信号被视为干扰信号，这种干扰称为多址干扰（multiple access interference, MAI）[9]，如图 5-3 所示。

图 5-3　多个用户同时进行上行通信带来基站侧多址干扰

在 CDMA 制式的蜂窝网移动通信系统中，基站需要与小区内所有用户进行通信。尤其是当小区内同时通信的用户较多时，蜂窝网通信系统基站侧的多址干扰就会十分严重。常规的 CDMA 接收机采用匹配滤波器的结构实现，并没有考虑多址干扰带来的影响，这极大地限制了系统通信容量的提升。为了消除多址干扰，大幅提升系统通信容量，人们研发了一系列多用户检测（multi-user detection, MUD）技术[10]。并行干扰抑制（parallel interference cancellation, PIC）技术[11]就是其中一种能够较为有效地抑制多个用户间传输信号干扰的手段。下面将以图 5-4 所示用户数为 2 的通信系统为例，说明 PIC 技术在通信系统中的作用。

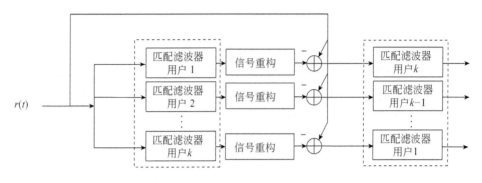

图 5-4　CDMA 并行干扰抑制

图 5-4 中，$r(t)$ 为 CDMA 小区基站的接收信号，是用户 1 的上行通信信号和用户 2 的上行通信信号的混叠。首先对 $r(t)$ 进行匹配滤波，然后以各个匹配滤波器的输出作为每个用户的首次估值信号，在此基础上重构出该用户的发射信号。对某个用户 k，从总的接收信号中减去其他所有重构出的干扰信号，即可利用后一级匹配滤波器得到该用户新的估值。

在这一过程中，其他用户的干扰信号被减去，因此在一般情况下，后一级的估值输出的可靠性更高。PIC 技术可以多次迭代使用，以提高最终码元判决输出的可靠性，进而提高系统的总体性能[12]。

2. 算法设计

借鉴 CDMA 通信系统中的 PIC 技术来抑制 MIMO 雷达中发射波形互相关带来的干扰，根据 5.1.1 节中的 MIMO 雷达信号模型，第 m 个发射波形在第 n 个接收阵元的匹配滤波器输出为

$$y_{mn} = r_n h = \left(\sum_{i=1}^{M} \tilde{\alpha}_{in} s_i + w_n \right) s_m^{\mathrm{H}} \tag{5-10}$$

$$y_{mn} = \tilde{\alpha}_{mn} s_m s_m^{\mathrm{H}} + \sum_{i=1, i \neq m}^{M} \tilde{\alpha}_{in} s_i s_m^{\mathrm{H}} + w_n s_m^{\mathrm{H}} \tag{5-11}$$

式中，$\tilde{\alpha}_{mn} s_m s_m^{\mathrm{H}}$ 为理想条件下期望得到的匹配滤波器输出；$\sum\limits_{i=1, i \neq m}^{M} \tilde{\alpha}_{in} s_i s_m^{\mathrm{H}}$ 为由信号互相关引入的干扰；$w_n s_m^{\mathrm{H}}$ 为噪声分量。

基于并行干扰消除的思想，可以通过第一级匹配滤波器对 $\tilde{\alpha}_{mn}$ 做出初次估计，利用发射波形的先验知识，重构出干扰分量并将其从匹配滤波器输出中直接减去，以此达到抑制 MIMO 雷达发射信号间互相干扰的目的，即

$$\mathrm{PIC}\{y_{mn}\} = \widetilde{\alpha}_{mn}\, s_m\, s_m^{\mathrm{H}} + \sum_{i=1,i\neq m}^{M} \widetilde{\alpha}_{in}\, s_i\, s_m^{\mathrm{H}} + w_n\, s_m^{\mathrm{H}} - \sum_{i=1,i\neq m}^{M} E\{\widetilde{\alpha}_{in}\}\, s_i\, s_m^{\mathrm{H}} \quad (5\text{-}12)$$

$$\mathrm{PIC}\{y_{mn}\} = \widetilde{\alpha}_{mn}\, s_m\, s_m^{\mathrm{H}} + \sum_{i=1,i\neq m}^{M} (\widetilde{\alpha}_{in}\, s_i - E\{\widetilde{\alpha}_{in}\}\, s_i)\, s_m^{\mathrm{H}} + w_n\, s_m^{\mathrm{H}} \quad (5\text{-}13)$$

$$\mathrm{PIC}\{y_{mn}\} = \left(r_n - \sum_{i=1,i\neq m}^{M} E\{\widetilde{\alpha}_{in}\}\, s_i \right) s_m^{\mathrm{H}} \quad (5\text{-}14)$$

式中，$E\{\widetilde{\alpha}_{in}\}$ 为对目标第 i-n 观测通道的通道增益的估计值。这一估计值可以通过对初级匹配滤波器输出的峰值搜索得到，即

$$E\{\widetilde{\alpha}_{in}\} = \max\{r_n\, s_i^{\mathrm{H}}\} \quad (5\text{-}15)$$

式(5-14)表明，可以利用从初始接收信号中直接抵消掉其他所有干扰分量的算法，来抑制波形互相干分量的输出。

3. 算法流程

MIMO 雷达并行干扰抑制处理流程如图 5-5 所示。

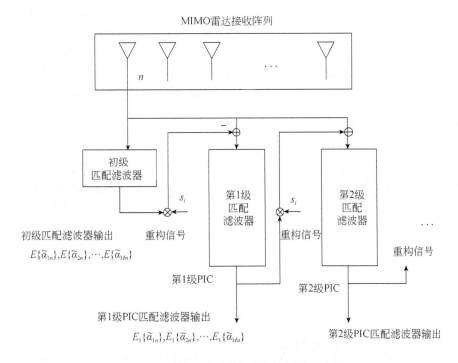

图 5-5　MIMO 雷达并行干扰抑制处理流程

如图 5-5 所示，算法可以总结为以下步骤：
步骤 1　针对某一接收阵元 n 接收的信号，首先利用匹配滤波器组进行初次

匹配滤波,得到对 $\tilde{\alpha}_{in}(i=1,2,\cdots,M)$ 的初始估计值 $E\{\tilde{\alpha}_{in}\}$。

　　步骤 2　利用 $E\{\tilde{\alpha}_{in}\}$ 重构接收信号中各个分量 $E\{\tilde{\alpha}_{in}\}$。

　　步骤 3　针对目标信号 s_m,构造抑制干扰分量的接收信号 $r_n - \sum\limits_{i=1,i\neq m}^{M} E\{\tilde{\alpha}_{in}\} s_i$。

　　步骤 4　再次使用步骤 3 中构造的信号作为输入,进行匹配滤波,获得波形互相关干扰被抑制的匹配滤波器输出。

　　以上步骤 2 至步骤 4 即为一次对 MIMO 雷达信号的并行干扰抑制,可以多次迭代运行,以得到更好的输出结果。

　　从上面的分析可以看出,MIMO 雷达中的并行干扰抑制算法与自适应脉冲压缩技术相似,本质上是一种在接收端以增加运算量为代价换取性能的算法。并行干扰抑制算法的运算复杂度为 $O(K_p^2)$,其中 K_p 为信号长度。与自适应脉冲压缩技术相比,本节算法不涉及矩阵求逆运算,因而输出结果具有更高的鲁棒性。

5.1.3　仿真实验

　　为了验证本节算法的有效性,构造一个含有 8 个发射阵元以及 8 个接收阵元的 MIMO 雷达系统进行仿真验证。发射信号采用一组长度为 128 的正交相位编码序列。图 5-6 为第一个发射波形与其他波形的互相关电平。图中横坐标为距离单元,纵坐标为以对数表示的自相关或互相关归一化输出电平。可以看到,该组波形互相关电平峰值及自相关旁瓣电平约为 -18dB,是一组合理的正交波形。

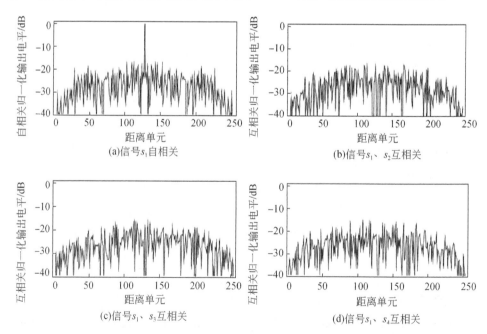

(a)信号 s_1 自相关　　　　　　　　　　(b)信号 s_1、s_2 互相关

(c)信号 s_1、s_3 互相关　　　　　　　　(d)信号 s_1、s_4 互相关

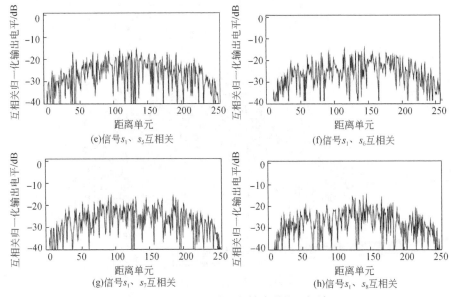

(e)信号s_1、s_5互相关　　　　　　(f)信号s_1、s_6互相关

(g)信号s_1、s_7互相关　　　　　　(h)信号s_1、s_8互相关

图 5-6　MIMO 雷达发射波形的互相关

1. 仿真实验一

假设在第 127 个距离单元上有一个静止点目标,反射回波 SNR 为 5dB。在这一场景中,同时对比基于最佳相关接收原理的常规匹配滤波算法[13]的输出与经并行干扰抑制的滤波器输出以及最理想输出结果,如图 5-7~图 5-10 所示。由图可知,常规匹配滤波算法受噪声以及发射波形间互相关分量的影响,输出结果的旁瓣峰值达到−5dB;同时经过并行干扰抑制处理的旁瓣电平峰值为−15dB 左右,总是优于常规匹配滤波算法,并且与理想输出结果接近。

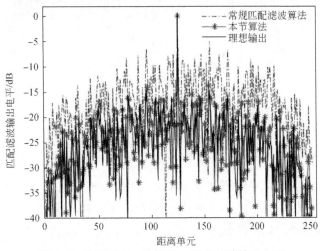

图 5-7　仿真实验一中信号 s_1 匹配滤波输出电平

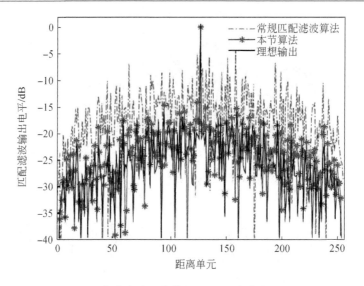

图 5-8　仿真实验一中信号 s_2 匹配滤波输出电平

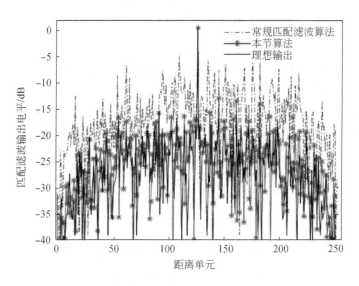

图 5-9　仿真实验一中信号 s_3 匹配滤波输出电平

2.仿真实验二

　　MIMO 雷达发射波束为低增益宽波束,因此与传统相控阵雷达比较,其信噪比通常较低,研究 MIMO 雷达在低信噪比下的性能具有一定意义。保持前面其他仿真条件不变,将 SNR 降低至－1dB,可得 s_1、s_2、s_3、s_4 信号波形的分离结果如

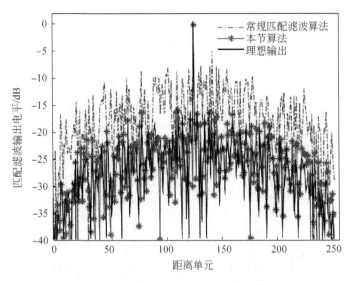

图 5-10　仿真实验一中信号 s_4 匹配滤波输出电平

图 5-11～图 5-14 所示。图中 s_1 波形的常规匹配滤波算法输出旁瓣电平已经达到 $-2dB$,这将在很大程度上干扰目标检测,以及后续参数估计工作,而经 PIC 技术处理的输出旁瓣电平峰值为 $-8dB$,依然处于可以正常工作的水平。

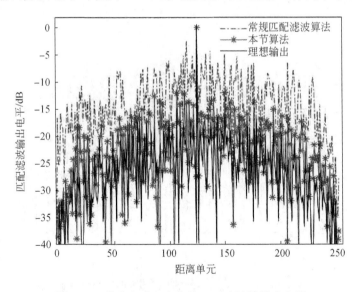

图 5-11　仿真实验二中信号 s_1 匹配滤波输出电平

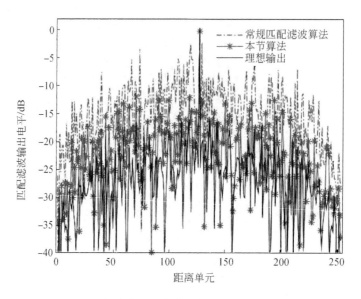

图 5-12　仿真实验二中信号 s_2 匹配滤波输出电平

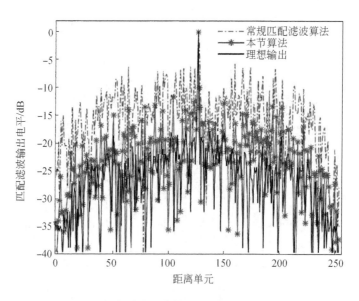

图 5-13　仿真实验二中信号 s_3 匹配滤波输出电平

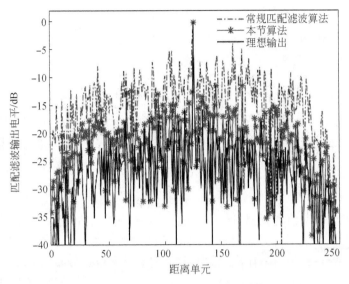

图 5-14　仿真实验二中信号 s_4 匹配滤波输出电平

5.2　分布式 MIMO 雷达内部干扰抑制技术

分布式 MIMO 雷达由多个发射阵元发射正交波形探测目标,形成针对目标的多个独立观测通道。当雷达接收机在同一时刻接收到多个回波信号时,发射波形的非理想性同样会带来多个观测通道间的互相干扰。

5.2.1　信号模型

分布式 MIMO 雷达的多个阵元相互之间距离较远,其多个发射阵元可以从不同角度照射目标,同时多个接收阵元接收的回波信号也是来自目标的多个角度,由此在空间中形成多条观测目标的独立通道[14]。

一般情况下,目标到各个阵元的距离不同,导致信号传播衰减不同,同时目标的 RCS 随雷达对目标视角不同而有较大起伏[15]。这也导致了 MIMO 雷达对目标观测通道的传输增益发生变化。因此,分布式 MIMO 雷达接收机接收的来自不同观测通道的回波信号强度也会有较大起伏[16]。若多个强度差别较大的回波信号同时被分布式 MIMO 雷达接收阵元接收,则强度较大的回波信号就有可能对其他强度较弱的回波信号形成干扰,影响雷达总体探测性能。

假设分布式 MIMO 雷达具有 M 个发射阵元和 N 个接收阵元,各个阵元在空间中分置。所有阵元工作在同一窄带频段内,系统发射一组长度为 K_p 的正交相位编码波形,其中第 m 个发射阵元发射的归一化信号记为 $s_m(k)(k=1,2,\cdots,K_\mathrm{p})$。

为便于分析,将目标视为一个对各个方向上的入射信号具有不同散射系数的静止点目标。若有 M_p 个发射阵元的信号被第 q 个接收阵元接收,则第 q 个接收阵元接收的信号可以表示为多个回波信号的叠加:

$$x_q(k) = \sum_{p=1}^{M_p} g_{iq} s_p(k - \tau_{iq}) + n_q(k) \tag{5-16}$$

式中,$n_q(k)$ 为第 q 个接收阵元输入的加性高斯白噪声;τ_{iq} 为发射信号从第 i 个发射阵元发射到第 q 个接收阵元这一过程的传输时延。假设 g_{iq} 为这一通道的总体传输增益,则根据雷达方程可得

$$g_{iq} = \frac{G_i}{4\pi d_i^2} \frac{G_q}{4\pi d_q^2} \alpha_{iq} \tag{5-17}$$

式中,d_i 为第 i 个发射阵元到目标之间的距离;d_q 为第 q 个发射阵元到目标之间的距离;G_i 为第 i 个发射阵元对目标方向的天线增益;G_q 为第 q 个发射阵元对目标方向的天线增益;α_{iq} 为目标在该观测方向上的散射系数。分布式 MIMO 雷达为了获取空间分集优势分散部署各阵元位置,各阵元与目标之间的距离不同,导致信号传输衰减 $\dfrac{G_i}{4\pi d_i^2} \dfrac{G_q}{4\pi d_q^2}$。发射阵元的天线增益 G_i 以及目标的散射系数 α_{iq} 会随目标相对发射阵元角度的不同而变化。

式(5-16)中接收信号需要经过匹配滤波分离为 $M_p \times Q$ 个输出,其中第 p 个输出为

$$y_{pq}(k) = \sum_{l=1}^{L_p} h_p(l) x_q(k - l) \tag{5-18}$$

$$y_{pq}(k) = \sum_{l=1}^{L_p} g_{pq} h_i(l) s_p(k - \tau_{pq} - l) + \sum_{i=1, i \neq p}^{M_p} \sum_{l=1}^{L_p} g_{iq} h_i(l) s_i(k - \tau_{iq} - l)$$
$$+ \sum_{l=1}^{L_p} h_p(l) n_q(k - l) \tag{5-19}$$

式中,第 1 项为理想条件下期望得到的匹配滤波器输出;第 2 项为由发射波形互相关引入的干扰分量,该分量中通道总体传输增益 g_{iq} 较大的项会对期望输出产生更多的干扰;第 3 项为噪声分量。

5.2.2　算法原理

当 MIMO 雷达同时接收到多个不满足正交性的发射波形时,各个波形间会相互干扰。在分布式 MIMO 雷达中目标回波信号强度差别较大,其内部干扰主要来自功率较强的回波。基于此,本书引入一种串行干扰抑制技术,优先对强度较高的回波信号进行分离,并在后一级中利用其估计参数迭代消除其对较弱回波信号的干扰。

1.算法设计

根据式(5-19),首先利用一组匹配滤波器对接收信号进行匹配滤波,以峰值电

平作为 $|g_{pq}|$ 的估计。通过比较各峰值电平搜索具有最大功率的信号 $s_v(k)$。

$$v=\arg \max_p\left[\max \sum_{l=1}^{L_p} h_p(l)x_q(k-l)\right] \tag{5-20}$$

信号 $s_v(k)$ 能量最强,受干扰影响较小,因此可以首先完成对其信道增益 $\hat{g}_{pq}$ 及时延 $\hat{\tau}_{vq}$ 的估计,然后使用这两个估计值即可重构出 $s_v(k)$ 在接收信号中的分量为 $\hat{g}_{vq}s_v(k-\tau_{vq})$,则有

$$\tilde{x}_{q,v}(k)=x_q(k)-\hat{g}_{vq}s_v(k-\tau_{vq}) \tag{5-21}$$

利用抵消后的信号输入后一级匹配滤波器完成对其余信号的分离,得到

$$y_{pq}(k)=\sum_{l=1}^{L_p} h_p(l)\tilde{x}_{q,v}(k-l) \tag{5-22}$$

分布式 MIMO 雷达某一时刻同时接收到的回波功率分布不定,因此可以将上述干扰抑制算法串行迭代使用,直至分离出所有信号。

2. 算法流程

MIMO 雷达串行干扰抑制算法流程如图 5-15 所示,可描述如下:

步骤 1　当分布式 MIMO 雷达接收机接收到目标回波信号时,根据接收信号的功率进行排序,找到功率最强的回波信号分量。

步骤 2　针对步骤 1 选择信号,使用对应的匹配滤波器获得匹配滤波输出,并根据输出结果重构该信号分量。

步骤 3　将步骤 2 中重构信号从原始接收信号中直接减去。

步骤 4　重复步骤 1~步骤 3,直到完成对所有 M 个信号的匹配滤波。

最强的回波分量被最先分离出来,并从原始接收信号中对消,因此每经一级干扰抑制处理,都会除去原始接收信号中较强的干扰分量,直至其中仅剩下最弱的回波信号。需要注意的是,在算法第一级首先对信号最强的回波分量进行分离,该级中匹配滤波器输入即为原始接收信号,由于没有进行任何干扰抑制处理,该级输出结果与常规匹配滤波器结果相同。又因为此回波分量能量较强,所以使用常规匹配滤波器即可得到可靠参数估计值,并减小在后续迭代过程中引入误差的可能性。

5.2.3　仿真实验

为了验证算法的有效性,构造一个含有 8 个发射阵元以及 8 个接收阵元的分布式 MIMO 雷达系统进行仿真验证,发射信号使用一组长度为 128 的正交相位编码序列。假设某一接收阵元同时接收到回波信号 s_1、s_2、s_3、s_4、s_5、s_6,各信号 SNR 如表 5-1 所示。

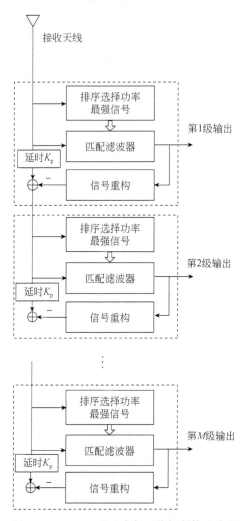

图 5-15　MIMO 雷达串行干扰抑制算法流程

表 5-1　仿真信号参数

信号	s_1	s_2	s_3	s_4	s_5	s_6
信噪比	3dB	2dB	6dB	2dB	3dB	2dB

　　仿真对比常规匹配滤波器输出、经本节算法处理的输出电平以及理想输出，图 5-16～图 5-21 给出了仿真结果。

　　如图 5-16 所示，回波信号 s_3 分量强度最高，在串行干扰抑制算法的第一级输出，根据 5.2.2 节分析，第一级与常规匹配滤波算法[13] 完全等价，s_3 信号的匹配滤波输出与本节算法输出相同。该信号分量输出旁瓣电平为 −10dB，受噪声及其他信号干扰较小。

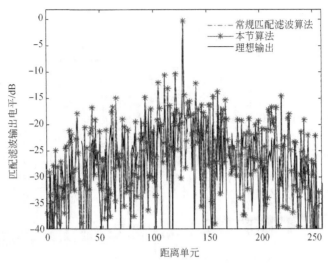

图 5-16　信号 s_3 匹配滤波输出电平

如图 5-17～图 5-21 所示,信号 s_1、s_2、s_4、s_5、s_6 强度较小,因此常规匹配滤波器会受到噪声干扰以及与信号 s_3 波形互相关带来的干扰,最高旁瓣电平为－3～0dB,严重影响后续信号处理中对目标的检测和参数提取。然而,经串行干扰抑制,信号 s_3 干扰分量最高旁瓣电平不超过－5dB,其中信号 s_6 的输出旁瓣从 0dB 降至－13dB,说明串行干扰抑制算法有效提高了匹配滤波器输出信号质量。

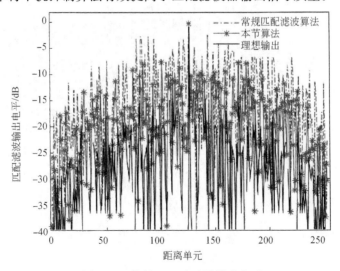

图 5-17　信号 s_1 匹配滤波输出电平

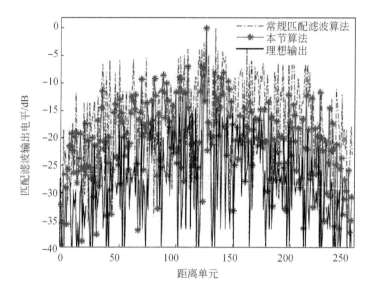

图 5-18　信号 s_2 匹配滤波输出电平

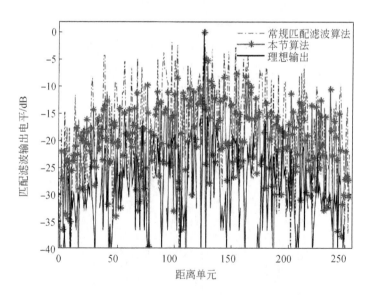

图 5-19　信号 s_4 匹配滤波输出电平

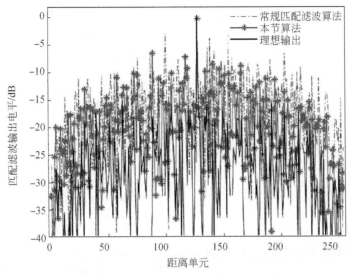

图 5-20　信号 s_5 匹配滤波输出电平

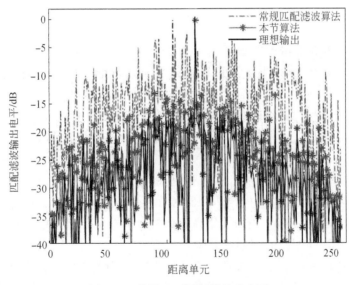

图 5-21　信号 s_6 匹配滤波输出电平

5.3　MIMO 雷达有源欺骗干扰抑制技术

　　MIMO 雷达与常规雷达同样面临来自敌对雷达干扰机的有源干扰。随着数字射频存储器（digital radio-frequency memory，DRFM）技术的产生和发展，

DRFM 干扰机可以将截获到的目标雷达信号全部无失真地保存下来并重发,以产生与真实目标回波高度相似的虚假信号,对以脉冲压缩为主要信号处理原理的MIMO 雷达来说,虚假信号可以获得和真实雷达回波相同的波形处理增益,因此具有很大威胁[17,18]。另外,MIMO 雷达具有多通道探测、高自由度等特点,可以发挥自身优势对抗来自有源干扰的威胁。文献[19]提出了一种利用双基地 MIMO雷达对目标探测信息较传统雷达更为丰富的特点,识别有源欺骗干扰的算法;文献[20]提出了一种基于数据融合的算法实现单基地 MIMO 雷达抗欺骗干扰。利用MIMO 雷达的多通道收发特性对抗有源欺骗干扰依然有很大的研究潜力。

5.3.1　雷达有源欺骗干扰

雷达对目标的探测手段依赖目标反射电磁波信号。有源欺骗干扰通过干扰机发射特征参数等于或相似于目标反射回波的干扰信号,用以产生虚假目标[21]。DRFM 干扰机是对现代雷达最有效的干扰源,它可以高保真地储存和复制输入信号,由此对包括 MIMO 雷达在内的相参体制雷达产生有效干扰。

1. DRFM 干扰机介绍

DRFM 干扰机是随着近年来数字信号处理技术以及微电子技术的进步而发展起来的。它可以截获雷达发射信号,产生与真实目标几乎相同的回波信号,给雷达造成了巨大威胁。DRFM 干扰机本质是基于奈奎斯特基带采样定理来实现的,即对某一模拟信号以 2 倍于该信号最大频率的采样频率进行采样,可以完全保留该信号的全部信息,将采样得到的离散信号通过一个理想低通滤波器,即可得到原始信号[22]。

DRFM 干扰机的三大重要组成器件是高速数模转换器、高速模数转换器以及高速数字存储器。首先使用模数转换器对目标信号进行采样,然后将采样信号送入高速数字存储器中存储,最后使用高速数模转换器将数字信号转换为模拟信号回放出去[23]。DRFM 干扰机组成如图 5-22 所示。

射频信号频率通常较高,很难直接采集,因此一般要先将原始射频信号下变频再进行数字采样,而恢复的信号同样需要再进行上变频处理。此种结构下 DRFM的工作流程是:首先对信号进行接收,并将该信号送入下变频器,将其变频为频率较低的信号,然后使用高速模数转换器对其进行采样,将采样得到的数字信号送入高速数字存储器中进行存储。同时,在数字存储器中还可以根据干扰算法对采样信号进行一定的处理,以增强其干扰效果。接着将数字信号送入高速数模转换器中重建为模拟中频信号,最终将其上变频到与原始信号相同的频带,通过射频前端放大完成发射。

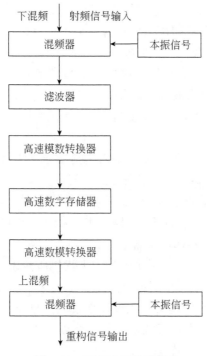

图 5-22　DRFM干扰机组成

　　DRFM干扰机作为一种收发双工的射频系统,普遍面临收发隔离的问题,即要求干扰机发射的干扰信号不能影响自身信号接收功能。如果信号接收和发射隔离度不够,那么容易造成接收机灵敏度下降,无法遂行干扰任务,甚至造成系统自激、烧毁接收机等问题。由于提高天线系统隔离度受各种现实条件限制,普遍采用分时收发的工作模式:在进行信号接收工作时,停止干扰信号的发射;在进行干扰信号发射时,停止信号接收。一般来说,要求

$$\frac{t_{\mathrm{w}}}{T_{\mathrm{w}}} < 1\% \tag{5-23}$$

式中,t_{w} 为信号接收窗口大小;T_{w} 为干扰机总工作时间[21]。

　　接收功能与发射功能切换通常需要根据实际情况进行控制。当通过信号能量检测判断接收到目标信号时,即开始信号采样存储;当判断信号接收完毕时,需要关闭接收机,并迅速切换至发射状态。

　　2. 基于 DRFM 的有源欺骗干扰分类

　　雷达对目标的主要检测参数包括距离、方位、速度及回波强度等。DRFM可以产生与目标回波信号几乎一致的干扰信号,以对雷达进行欺骗,使其对虚假目标

进行检测。虚假目标信号与真实回波信号十分相似,仅在某些参数上有所不同,依据其参数差别,可以将基于 DRFM 的有源欺骗干扰分类如下:

(1)距离欺骗干扰,指假目标距离与真实目标不同,能量往往强于真实目标回波信号,通常利用 DRFM 将截获雷达探测信号存储后,延时发射来实现。这是 DRFM 的一种最基本、应用最广泛的干扰方式。

(2)速度欺骗干扰,指假目标速度与真实目标不同,可以通过将截获的雷达信号移频后重发来实现。

(3)角度欺骗干扰,指假目标相对于雷达角度与真实目标不同,可以通过拖曳式 DRFM 干扰机转发雷达信号或者分布式干扰机实现。

(4)多参数干扰,结合以上多种方式产生具有两种以上与真实目标不同参数的虚假信号的干扰方式,通过多种手段配合使用,进一步增强欺骗效果[24]。

综上,DRFM 对现代雷达的干扰基于对目标雷达信号的检测,同时还可能对采集信号进行复合调制,以增强干扰效果。干扰机所使用雷达信号可以通过干扰机实时接收,也可以通过电子情报侦察系统来提前采集[25]。因此,基于 MIMO 雷达的多通道特点以及波形分集给系统设计带来的高自由度,理论上可以通过提高雷达信号复杂度、增大 DRFM 系统重现信号难度的方式,抑制其产生的欺骗性虚假目标信号对雷达工作的干扰。

5.3.2　有源距离欺骗干扰抑制算法

使用 DRFM 进行转发式距离欺骗干扰是一种最常见的欺骗式干扰[26],其工作原理是:当接收机利用能量检测感知到雷达的探测信号时,即自动开始工作,利用 DRFM 存储雷达信号,并直接延时转发。干扰信号通常会在当前雷达信号脉冲重复间隔(pulse recurrence interval,PRI)内多次发射,以产生多个距离不同的虚假目标,或者在多个 PRI 内改变延时参数,利用虚假目标信号将雷达的距离门拖离真实目标[23]。

1.算法设计

典型的集中式 MIMO 雷达信号发射模式如图 5-23 所示。在 PRI 开始时,每个发射天线独立发射相互正交的相位调制信号。在空间中,多个信号相互叠加为一个合成脉冲信号,完成对目标的照射。

DRFM 干扰机的工作原理如图 5-24 所示。当 DRFM 干扰机检测到雷达发射的脉冲信号时,首先对信号进行采样存储,然后将该信号延时重发,以达到制造假目标、干扰雷达工作的目的。

DRFM 干扰机产生的信号与原始发射信号完全一致,并且可以对信号脉冲进

发射天线

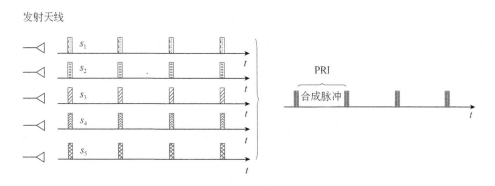

图 5-23　MIMO 雷达信号发射模式

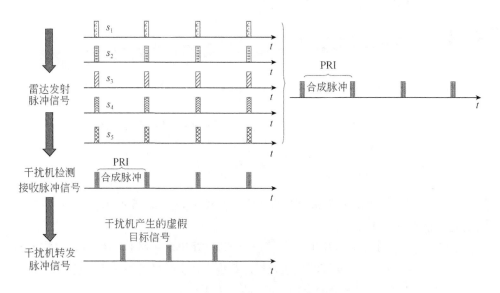

图 5-24　DRFM 干扰机的工作原理

行多次转发，产生多个距离不同的虚假目标，因此可以对雷达产生有效的欺骗式干扰。文献[27]提出了一种使用多脉冲雷达信号抵抗 DRFM 干扰的算法。MIMO 雷达天然具有多个收发通道，因此可以通过控制多个通道的信号发射时刻来模拟多脉冲雷达信号。

如图 5-25 所示，对于 MIMO 雷达系统，调整特定阵元的脉冲信号 s_3 发射时刻，使其提前于其他所有信号 Δt 进行发射，而 Δt 恰好与干扰机的信号接收窗口相等，当 DRFM 检测到信号 s_3 时，就会开始进行信号采样，直到接收时间超时，锁定接收机，切换为干扰发射状态，并对信号 s_3 进行转发干扰。当 DRFM 进入发射状态时，基于干扰机收发不能同时进行的原理，DRFM 不能完成对其他阵元发射信号的检测,因此也无法干扰 MIMO 雷达的其他各路信号。由于干扰机信号接收时间窗长度未知,需要在多个 PRI 内改变 Δt 进行多次尝试。

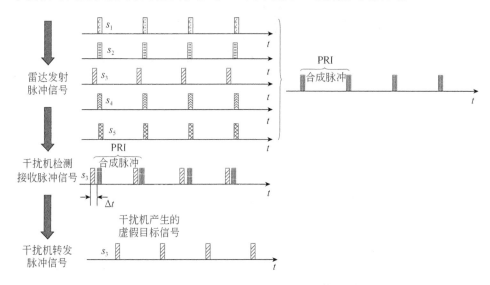

图 5-25　MIMO 雷达模拟多脉冲雷达抗距离欺骗干扰示意图

2. 算法流程

MIMO 雷达有源距离欺骗干扰抑制算法流程图如图 5-26 所示。

上述流程可描述如下:

步骤 1　基于 3.1.3 节中的阵列冗余原理,选择出对参数估计性能影响较小的阵元,记为 TX_m,对应第 m 探测通道,此步骤可以提前通过穷举法搜索完成。

步骤 2　在 PRI 开始时刻使用 TX_m 阵元发射信号。

步骤 3　延时 Δt。

步骤 4　其余阵元同步发射信号。

步骤 5　接收回波信号,利用匹配滤波器分离信号,并进行目标检测。

步骤 6　判断第 m 通道检测到目标数是否不大于其余通道的目标数,若是,则增加延时 Δt,转步骤 3;否则,可以判断干扰机接收窗口长度等于 Δt,以此间隔控制信号发射即可保护其余信号不被 DRFM 干扰机干扰。

5.3.3　仿真实验

假设 MIMO 雷达发射信号长度为 127 的正交多相波形,码元宽度为 50ns,脉冲重复周期为 $160\mu s$,接收信号 SNR 为 5dB。在 10km 处设置一个真实目标,该目

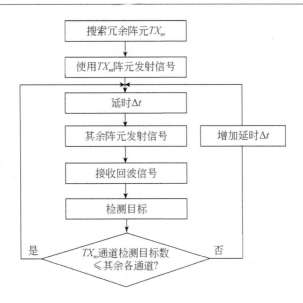

图 5-26　MIMO 雷达有源距离欺骗干扰抑制算法流程图

标使用 DRFM 进行欺骗式电子干扰,DRFM 接收时间窗大小为 $4\mu s$,将接收到的信号分别延时 $20\mu s$、$30\mu s$、$40\mu s$,产生多个虚假目标。当逐渐增加 Δt 至 $4.3\mu s$ 时,信号 s_3 匹配滤波输出如图 5-27 所示。此时,该信号被 DRFM 所截获,因此匹配滤波器输出中出现虚假目标干扰信号,以该信号并不能正确分离出真实目标与虚假目标。

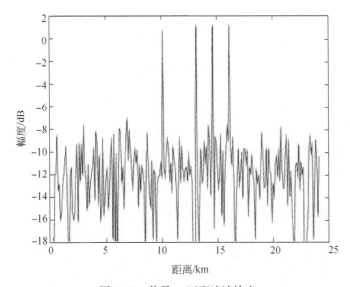

图 5-27　信号 s_3 匹配滤波输出

其他 4 路信号 s_1、s_2、s_4、s_5 未被干扰机截获,因此没有受到欺骗干扰,可以正常检测到真实目标,如图 5-28 所示。可见,采用本节算法可以在一定程度上达到抗有源距离欺骗干扰的目的。

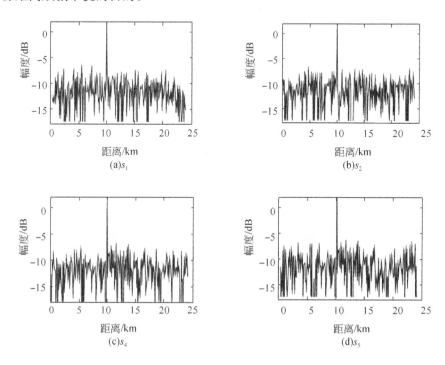

图 5-28　信号 s_1、s_2、s_4、s_5 匹配滤波输出

5.4　本章小结

本章围绕 MIMO 雷达干扰抑制技术展开探讨,首先给出了一种适用于解决集中式 MIMO 雷达接收机内部干扰问题的并行干扰抑制算法和一种适用于分布式MIMO 雷达接收机的串行干扰抑制算法,之后对 MIMO 雷达对抗有源干扰问题进行了探讨,给出了一种有源距离欺骗干扰抑制算法。

参 考 文 献

[1] Li J, Liao G, Ma K, et al. Waveform decorrelation for multitarget localization in bistatic MIMO radar systems[C]//IEEE Radar Conference, Arlington, 2010: 21-24.
[2] Liu B, He Z S, Zeng J K, et al. Polyphase orthogonal code design for MIMO radar systems [C]//CIE International Conference on Radar, Shanghai, 2006: 1-4.

[3] 刘波. MIMO 雷达正交波形设计及信号处理研究[D]. 成都：电子科技大学，2008.

[4] 胡亮兵. MIMO 雷达波形设计[D]. 西安：西安电子科技大学，2010.

[5] Liu B, He Z, He Q. Optimization of orthogonal discrete frequency-coding waveform based on modified genetic algorithm for MIMO radar [C]//International Conference on Communications, Circuits and Systems, Kokura, 2007：966-970.

[6] 党博，廖桂生，李军. 双基地 MIMO 雷达波形解相关算法[J]. 西安电子科技大学学报：自然科学版，2014，41(2):32-36.

[7] Blinchikoff H J. Range sidelobe reduction for the quadriphase codes[J]. IEEE Transactions on Aerospace & Electronic Systems，1996，32(2):668-675.

[8] Blunt S D, Gerlach K. Multistatic adaptive pulse compression[J]. IEEE Transactions on Aerospace & Electronic Systems，2006，42(3):891-903.

[9] 肖磊，梁庆林. DS/CDMA 系统中的抗多址干扰技术[J]. 电子与信息学报，2000，22(2):316-324.

[10] 彭木根，王文博. 基于多用户检测技术的时分双工-码分多址系统上行链路容量研究[J]. 北京邮电大学学报，2003，26(3):27-31.

[11] 栾英姿，李建东，杨家玮. MC-CDMA 系统采用解相关-并行干扰抵消检测器的性能分析[J]. 电子与信息学报，2004，26(4):517-524.

[12] 潘程红. CDMA 系统中并行干扰抵消多用户检测算法的性能分析[D]. 哈尔滨：哈尔滨工业大学，2007.

[13] 张贤达. 现代信号处理[M]. 北京：清华大学出版社，1995.

[14] Haimovich A M, Blum R S, Cimini L J. MIMO radar with widely separated antennas[J]. IEEE Signal Processing Magazine，2008，25(1):116-129.

[15] 马国忠，韦高，许家栋. 雷达目标的角闪烁及 RCS 的计算[J]. 系统工程与电子技术，1995,(2):14-20.

[16] 赵宜楠，亓玉佩，赵占锋，等. 分布式 MIMO 雷达的低截获特性分析[J]. 哈尔滨工业大学学报，2014，46(1):59-63.

[17] 张玉芳. 基于 DRFM 的雷达干扰技术研究[D]. 西安：西安电子科技大学，2005.

[18] 刘忠. 基于 DRFM 的线性调频脉冲压缩雷达干扰新技术[D]. 长沙：国防科学技术大学，2006.

[19] 段翔，刘红明，李军，等. 双基地多输入多输出雷达距离欺骗干扰识别技术[J]. 电波科学学报，2015，30(3):517-523.

[20] 李伟，张辉，张群. 基于数据融合的 MIMO 雷达抗欺骗干扰算法[J]. 信号处理，2011，27(2):314-319.

[21] 赵国庆. 雷达对抗原理[M]. 西安：西安电子科技大学出版社，2012.

[22] 曾禹村. 信号与系统[M]. 北京：北京理工大学出版社，2002.

[23] 董创业. 基于 DRFM 的雷达干扰技术研究[D]. 西安：西安电子科技大学，2007.

[24] 沈华，王鑫，戎建刚. 基于 DRFM 的灵巧噪声干扰波形研究[J]. 航天电子对抗，2007，23(1):62-64.

[25] Richard G W. 电子情报(ELINT)——雷达信号截获与分析[M]. 吕跃广, 等译. 北京: 电子工业出版社, 2008.

[26] 杨会军, 王根弟. 基于 DRFM 的弹载自卫式单脉冲雷达干扰技术[J]. 航天电子对抗, 2011, 27(1): 6-9.

[27] 顾鹏, 汤建龙. 雷达抗 DRFM 干扰技术研究[D]. 西安: 西安电子科技大学, 2014.

第6章 MIMO 雷达检测前跟踪技术

对于 RCS 极小的隐身目标,传统雷达很难对其进行检测和跟踪。分布式 MIMO 雷达的发射阵元和接收阵元相对目标形成的夹角不同,避免了传统雷达单发单收造成的入射方向和反射方向单一的问题,能够有效克服目标 RCS 闪烁,在对抗隐身目标上具有一定的优势。传统的目标检测与跟踪是两个互相独立的过程,首先对每一帧的原始数据进行恒虚警检测,提取点迹,然后利用多帧点迹互联,实现目标跟踪。该算法虽然存在丢失部分潜在信息的可能,但是不需要多帧数据的互联,运算量和存储量低。对于隐身目标和低空掠地目标,回波信号包含大量噪声和杂波,若降低检测阈值,则会导致大量虚警;若提高检测阈值,则又会造成大量漏警,进而影响后续的跟踪过程。与先检测后跟踪算法相反的是检测前跟踪算法[1],该类型算法对多帧数据进行联合处理,并进行能量积累,在给出目标航迹的同时判断目标是否存在,能够有效检测和跟踪弱目标,是目前雷达目标检测跟踪领域的重点研究技术。

本章针对高斯、非高斯以及统计特性未知噪声环境下的目标检测跟踪问题,围绕分布式 MIMO 雷达检测前跟踪技术进行探讨,重点研究检测前跟踪技术中的动态规划、带势概率假设密度以及粒子滤波等算法。

6.1 检测前跟踪基础

检测前跟踪技术涉及数据预处理、目标航迹预测与跟踪滤波等过程,本节介绍信号模型和目标运动模型、动态规划算法以及粒子滤波算法。

6.1.1 基础模型

1.信号模型

假设分布式 MIMO 雷达具有 M 个发射阵元和 N 个接收阵元,坐标分别为 $(x_{tm}, y_{tm})(m=1,2,\cdots,M)$ 和 $(x_{rn}, y_{rn})(n=1,2,\cdots,N)$,$L$ 个目标随机分布在二维检测空域中,坐标为 $(x^l, y^l)(l=1,2,\cdots,L)$。假设目标由均匀散布在 $[x-dx/2, x+dx/2] \times [y-dy/2, y+dy/2]$ 区域中的散射系数独立同分布的散射体组成,位于 $(x+\alpha, y+\beta)$ 散射体的散射密度表示为 $\zeta(\alpha,\beta)$,$(\alpha,\beta) \in [-dx, dx]$

$\times [-dy,dy]$，且满足 $E[|\zeta(\alpha,\beta)|^2]=1/(dxdy)$。收发阵元间距满足条件 $d>\lambda R/D^{[2]}$，d 为阵元间距，λ 为信号波长，R 为目标到阵元的距离，D 为目标的有效长度。

第 n 个接收阵元的接收信号 $r_n^l(t)$ 包括 M 个经目标散射的发射信号和观测噪声，形式如下：

$$r_n^l(t)=\sqrt{\frac{E}{M}}\sum_{m=1}^{M}\gamma_{mn}s_m\left[t-\tau(x_{tm},y_{tm},x^l,y^l)-\tau(x_{rn},y_{rn},x^l,y^l)\right]+w_n(t)$$

$$(6\text{-}1)$$

式中，γ_{mn} 为目标反射信号的复幅度；E 为总的接收能量；$w_n(t)$ 为观测噪声；$\tau(\cdot)$ 为两点之间的时间延迟。

$$\tau(x_{tm},y_{tm},x^l,y^l)=\frac{\sqrt{(x_{tm}-x^l)^2+(y_{tm}-y^l)^2}}{c} \qquad (6\text{-}2)$$

式中，c 为电磁波的传播速度。

定义 N 个接收信号的向量为 $R(t)=[r_1(t),r_2(t),\cdots,r_N(t)]^T$，$M$ 个发射信号的向量为 $S(t)=[s_1(t),s_2(t),\cdots,s_M(t)]^T$，$N$ 个接收阵元的观测噪声的向量为 $W(t)=[w_1(t),w_2(t),\cdots,w_N(t)]^T$，整个接收信号表示为

$$R^l(t)=\sqrt{\frac{E}{M}}HS(t-\tau_{mn}^l)+W(t) \qquad (6\text{-}3)$$

式中，τ_{mn}^l 为信号由第 m 个发射阵元经目标 l 至第 n 个接收阵元的时间延迟。根据基本的电磁波传播公式可得

$$\tau_{mn}^l=\frac{1}{c}\left[\sqrt{(x_{tm}-x^l)^2+(y_{tm}-y^l)^2}+\sqrt{(x_{rn}-x^l)^2+(y_{rn}-y^l)^2}\right]\overset{\text{def}}{=\!=}g(x^l,y^l)$$

$$(6\text{-}4)$$

H 是 $N\times M$ 的矩阵，它描述了各个通道的信道特性，定义如下：

$$H=\begin{bmatrix}\gamma_{11}^l & \gamma_{12}^l & \cdots & \gamma_{1M}^l \\ \gamma_{21}^l & \gamma_{22}^l & \cdots & \gamma_{2M}^l \\ \vdots & \vdots & & \vdots \\ \gamma_{N1}^l & \gamma_{N2}^l & \cdots & \gamma_{NM}^l\end{bmatrix} \qquad (6\text{-}5)$$

MIMO 雷达的空间分集特性要求发射阵元与接收阵元间的各衰落系数是相互独立的，即 $E\{\gamma_{jn},\gamma_{in}\}=0(j\neq i)$，能够抵抗深度信道衰落，$H$ 中的每个元素是相互独立的，且都服从零均值、同一方差的复高斯分布，因此通道矩阵 H 是满秩的。

2. 目标运动模型

假设目标在 x-y 的二维平面内运动，其运动模型为

$$x_{k+1}^l=Fx_k^l+v_k \qquad (6\text{-}6)$$

式中，$\tilde{x}_k^l = (\tilde{x}_k^l, \dot{x}_k^l, \tilde{y}_k^l, \dot{y}_k^l)$ 为第 l 个目标在第 k 时刻的状态矢量；$(\tilde{x}_k^l, \tilde{y}_k^l)$ 为目标的位置；$(\dot{x}_k^l, \dot{y}_k^l)$ 为目标的速度；F 为目标的状态转移矩阵，其表达式为

$$F = \begin{bmatrix} 1 & T_f & 0 & 0 \\ 0 & 1 & 0 & 0 \\ 0 & 0 & 1 & T_f \\ 0 & 0 & 0 & 1 \end{bmatrix} \tag{6-7}$$

式中，T_f 为每帧的时间间隔。式(6-6)中，v_k 为转移过程噪声，且为高斯白噪声，其均值为 $[0,0,0,0]^T$，其协方差矩阵为

$$Q_v = \begin{bmatrix} \dfrac{\sigma_v}{3} T_f^3 & \dfrac{\sigma_v}{2} T_f^2 & 0 & 0 \\[2ex] \dfrac{\sigma_v}{2} T_f^2 & \sigma_v T_f & 0 & 0 \\[2ex] 0 & 0 & \dfrac{\sigma_v}{3} T_f^3 & \dfrac{\sigma_v}{2} T_f^2 \\[2ex] 0 & 0 & \dfrac{\sigma_v}{2} T_f^2 & \sigma_v T_f \end{bmatrix} \tag{6-8}$$

式中，σ_v 为目标机动性的大小。

6.1.2　动态规划算法

　　动态规划算法是一种经典的优化算法，它首先将一个 N 阶段问题转化为 N 个单阶段问题，然后对每一阶段的问题逐一解决，达到解决多阶段问题的目的。动态规划广泛应用于最优化理论、物理工程、资源分配等领域。其经典问题是最短路径问题，如图 6-1 所示，求取 A 点到 G 点的最短路径，其中，B、C、D、E、F 是途中所经之地，每地有若干节点，可任选其一经过，数字表示两节点之间的距离。

　　该问题最直观的解决思路是遍历法，即列举出所有路线并计算其距离，最后选出距离最小路径。该算法运算量巨大，且随着节点的增加，运算量急剧增加。动态规划不是搜索所有路径，而是转而求 B 地到 G 地的距离最小路径。因为无论 A 如何到 B，A 到 G 除 AB 段剩余部分必然是 B_1G 或 B_2G 中最小部分，以此类推，求下一节点到 G 的距离最小路径。经过仿真计算，遍历法需要进行 540 次加法运算，而动态规划算法只需要 32 次加法运算和 28 次比较运算，运算量明显减少，而且动态规划算法还给出了每个节点到 G 的距离最短路径。

　　1. 动态规划算法的两个准则

　　最优化准则：多阶段决策最优要求其子阶段仍旧是最优的，即无论初始阶段如何选择，都要求剩余阶段的决策仍旧是最优的，如最短路径问题，无论初始阶段选

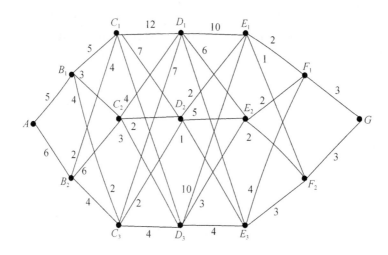

图 6-1　最短路径图

择 AB_1 还是 AB_2，都要求剩余阶段的决策 B_1G 或 B_2G 必须是最优的。

　　状态转移限制准则：状态转移是指上一阶段目标的状态到下一阶段目标状态的变化，这在整个动态规划中具有十分重大的意义，决定了运算量的大小。状态转移限制是指相邻两阶段状态差异受到约束，即转移范围受限。如图 6-2(a)所示，上一阶段目标的位置为方格中心，若目标状态转移限制为 0～1 个方格，则下一阶段目标可能出现的区域如图 6-2(b)所示，若目标状态转移限制为 0～2 个方格，则下一阶段目标可能出现的区域如图 6-2(c)所示，然而当目标转移范围继续扩大时，其可供选择的余地越多，运算量和存储量也会越大。

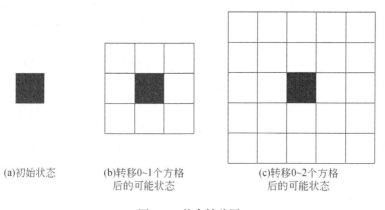

(a)初始状态　　　(b)转移0～1个方格　　　(c)转移0～2个方格
　　　　　　　　　后的可能状态　　　　　后的可能状态

图 6-2　状态转移图

2.动态规划的基本流程

假设整个决策动态规划过程分为 K_{stage} 个阶段，k_{stage} 阶段的状态表示为 $x_i(k)$，$i=1,2,\cdots,I$ 表示为每个阶段的状态数，定义总的状态集合为

$$\{x_1(k),x_2(k),\cdots,x_I(k)\}\in X(k)$$

假设 $u_i(X_i(k))$ 表示 k 阶段状态 $x_i(k)$ 对应的决策，则 k 阶段的决策集合为

$$\{u_1(k),u_2(k),\cdots,u_I(k)\}\in U(k)$$

假设 k 阶段对应状态 x_i 和决策 u_i 的指标为 w_i，设计值函数为

$$
\begin{aligned}
f_k(x(k)) &= \max_{u\in U}\left\{\sum_{j=1}^{k}w_j[x(j),u(j)]\right\} \\
&= \max_{u\in U}\left\{w_k[x(k),u(k)]+\sum_{j=1}^{k-1}w_j[x(j),u(j)]\right\} \\
&= \max_{u\in U}\{w_k[x(k),u(k)]+f_{k-1}[x(k-1)]\}
\end{aligned}
\tag{6-9}
$$

假设值函数的初始条件为

$$f_1[x(1)]=w_1[x(1),u(1)]\tag{6-10}$$

则由上述过程可见，整个动态规划是一个迭代过程。

当将动态规划应用于检测前跟踪时，只需要将最终决策的结果与阈值进行比较，若结果大于阈值，则表明该决策符合设计要求，通过每一阶段状态的选取，回溯整个决策过程，若结果小于阈值，则表明该决策不符合设计要求。

3.值函数设计

值函数设计是动态规划中的核心问题，值函数设计的好坏关系到最终决策的优劣。目前，值函数的设计算法主要分为基于幅度的目标值函数设计算法和基于包络似然函数的目标值函数设计算法。

1)基于幅度的目标值函数设计算法

基于幅度的目标值函数设计算法将信号幅度作为动态规划的阶段指标，其原理在于接收信号包含反射信号以及噪声，其中反射信号在相邻两帧之间具有统计相关性，而噪声没有。该算法正是利用这一原理沿目标航迹进行积累的，可以有效提高信号的积累值。然而，当信噪比较低，尤其是信号淹没在噪声中时，即使按照此法积累，效果仍然很差，难以提高信噪比。

2)基于包络似然函数的目标值函数设计算法

基于包络似然函数的目标值函数设计算法要求信号和噪声的统计特性已知，根据其统计特性，设计以后验概率密度为基础的值函数，以其衡量当前状态对应点为航迹点的可能性。该算法对信号幅度变化要求低，但对其统计特性要求高，因此

在统计特性未知的情况下,估计性能会有所降低。

6.1.3　粒子滤波算法

1. 贝叶斯滤波

假设目标 k 时刻的状态为 $x_k \in \mathbb{R}^{n_x}$,n_x 是状态向量的维数,则状态转移函数为

$$x_{k+1} = f(x_k, v_k) \tag{6-11}$$

式中,v_k 为状态转移的过程噪声。假设其分布形式已知,即其概率密度函数 $p(v_k)$ 已知,$f(\cdot)$ 可以是线性的,也可以是非线性的。贝叶斯滤波[3]通过 k 时刻的量测数据 $z_k \in \mathbb{R}^{n_z}$ 递推该时刻的状态 x_k,n_z 是量测数据向量的维数,量测方程为

$$z_k = h(x_k, w_k) \tag{6-12}$$

式中,w_k 为量测噪声,假设其概率密度函数 $p(w_k)$ 已知。设目标的初始状态为 x_0,其概率密度函数为 $p(x_0)$。贝叶斯估计就是利用 k 时刻的量测数据集合 $Z_k = \{z_1, z_2, \cdots, z_k\}$ 估计 k 时刻的状态 x_k,即求其后验概率密度 $p(x_k | Z_k)$,其求解过程分为预测和更新两个过程。

1) 预测过程

设 $k-1$ 时刻目标的后验概率密度为 $p(x_{k-1} | Z_{k-1})$,根据马尔可夫链转移过程,目标预测状态的后验概率密度函数为

$$p(x_k | Z_{k-1}) = \int p(x_k | x_{k-1}) p(x_{k-1} | Z_{k-1}) \, \mathrm{d}x \tag{6-13}$$

2) 更新过程

该过程利用新获取的 k 时刻观测数据 z_k 对预测的后验概率密度函数进行更新,求得更新后的结果为

$$p(x_k | Z_k) = \frac{p(z_k | x_k) p(x_k | Z_{k-1})}{p(z_k | Z_{k-1})} \tag{6-14}$$

式中

$$p(z_k | Z_{k-1}) = \int p(z_k | x_k) p(x_k | Z_{k-1}) \, \mathrm{d}x \tag{6-15}$$

经过上述预测过程和更新过程,可以推得非线性非高斯条件下的最优滤波,但由于上述过程中存在高维积分,其解析解很难得到,工程上难以实现。

2. 序贯重要性采样

序贯重要性采样[4](sequential importance sampling, SIS)是一种蒙特卡罗采样算法,它利用一组带有权重的粒子,通过预测和更新两个阶段来递推实现贝叶斯滤波。其主要思想是:在状态空间中进行大量采样,利用样本及其对应的权值近似

表示目标的后验概率密度函数 $p(x_k|Z_k)$，进而完成对目标的状态估计。当粒子数量足够多时，SIS 滤波等价于贝叶斯滤波。

设从开始到 k 时刻的目标状态序列为 $X_k=\{x_1,x_2,\cdots,x_k\}$，对于一组容量为 N_{num} 的粒子群 $\{X_k^n,n=1,2,\cdots,N_{num}\}$，各粒子对应权值为 $\{w_k^n,n=1,2,\cdots,N_{num}\}$，则 k 时刻目标状态的后验概率密度为

$$p(X_k|Z_k)\approx\sum_{n=1}^{N_{num}}w_k^n\delta(X_k-X_k^n) \tag{6-16}$$

在实际工程应用中，直接对 $p(X_k|Z_k)$ 采样十分困难，这是因为 $p(X_k|Z_k)$ 可能是多维的、非标准的。可以从另一个容易采样的概率密度 $q(X_k|Z_k)$ 中随机采样，各采样点加权后可以近似表示后验概率密度 $p(X_k|Z_k)$，这里称 $q(X_k|Z_k)$ 为重要性密度。对于采样 X_k^n，其权值 w_k^n 可以由 $q(X_k|Z_k)$ 和 $p(X_k|Z_k)$ 表示为

$$w_k^n\propto\frac{p(X_k|Z_k)}{q(X_k|Z_k)} \tag{6-17}$$

为递推得到权值 w_k^n，根据贝叶斯公式，将后验概率密度公式展开为

$$\begin{aligned}
p(X_k|Z_k)&=\frac{p(z_k|X_k,Z_{k-1})p(X_k|Z_{k-1})}{p(z_k|Z_{k-1})}\\
&=\frac{p(z_k|X_k,Z_{k-1})p(x_k|X_{k-1},Z_{k-1})p(X_{k-1}|Z_{k-1})}{p(z_k|Z_{k-1})}\\
&=\frac{p(z_k|x_k)p(x_k|x_{k-1})}{p(z_k|Z_{k-1})}p(X_{k-1}|Z_{k-1})\\
&\propto p(z_k|x_k)p(x_k|x_{k-1})p(X_{k-1}|Z_{k-1})
\end{aligned} \tag{6-18}$$

若 $q(X_k|Z_k)$ 满足

$$q(X_k|Z_k)\overset{\text{def}}{=}q(x_k|X_{k-1},Z_k)q(X_{k-1}|Z_{k-1}) \tag{6-19}$$

则权值 w_k^n 可以表示为

$$\begin{aligned}
w_k^n&\propto\frac{p(X_k^n|Z_k)}{q(X_k^n|Z_k)}\\
&\propto\frac{p(z_k|x_k^n)p(x_k^n|x_{k-1}^n)p(X_{k-1}^n|Z_{k-1})}{q(x_k^n|X_{k-1}^n,Z_k)q(X_{k-1}^n|Z_{k-1})}\\
&=w_{k-1}^n\frac{p(z_k|x_k^n)p(x_k^n|x_{k-1}^n)}{q(x_k^n|X_{k-1}^n,Z_k)}
\end{aligned} \tag{6-20}$$

若 $q(x_k|X_{k-1},Z_k)=q(x_k|x_{k-1},z_k)$，即重要性密度函数只与 x_{k-1} 和 z_k 有关，而与 X_{k-1} 和 Z_{k-1} 无关，则有

$$w_k^n\propto w_{k-1}^n\frac{p(z_k|x_k^n)p(x_k^n|x_{k-1}^n)}{q(x_k^n|x_{k-1}^n,z_k)} \tag{6-21}$$

后验概率密度 $p(x_k|Z_k)$ 可以近似表示为

$$p(x_k \mid Z_k) \approx \sum_{n=1}^{N_{\text{num}}} w_k^n \delta(X_k - X_k^n) \tag{6-22}$$

由式(6-22)可以看出,当粒子数目趋于无穷时,SIS 滤波将无限逼近后验概率密度函数。根据粒子状态和对应权值,可以求得目标的运动状态为

$$\hat{x}_k = \sum_{n=1}^{N_{\text{num}}} w_k^n x_k^n \tag{6-23}$$

协方差为

$$P_k = \sum_{n=1}^{N_{\text{num}}} w_k^n (\hat{x}_k - x_k^n)(\hat{x}_k - x_k^n)^{\mathrm{T}} \tag{6-24}$$

3. 重采样

在 SIS 滤波过程中,随着时间的递推,除少量粒子对应的权值较大外,其余粒子对应的权值都较小,几乎可以忽略不计,导致最终状态估计精度下降,这就是粒子衰退现象。产生粒子衰退的主要原因是重要性密度与后验概率密度存在偏差,因此产生粒子衰退现象是必然的,只是根据偏差不同,衰退程度不同。可以通过选择合适的重要性密度函数,减小与后验概率密度的偏差,还可以通过增大粒子数量克服粒子衰退,但粒子数目的增大导致运算量也会随之增大。重采样[5]是解决粒子衰退问题比较可靠的算法,该算法通过不断产生新粒子,使新产生的粒子向高权值的区域移动,减少低权值的粒子数目,具体算法如下。

定义样本容量来衡量粒子衰退的严重程度:

$$N_{\text{eff}} = \frac{1}{\sum_{n=1}^{N_{\text{num}}} (w_k^n)^2} \tag{6-25}$$

式中,w_k^n 为 k 时刻第 n 个粒子的归一化权值。当 $\left\{ w_k^n = \dfrac{1}{N_{\text{num}}} \right\}_{n=1}^{N_{\text{num}}}$ 时,$N_{\text{eff}} = \dfrac{1}{N_{\text{num}}}$;当 $w_k^{n_0} = 1$、$w_k^{n \neq n_0} = 0$ 时,$N_{\text{eff}} = 1$。由此可见,$1 < N_{\text{eff}} < N_{\text{num}}$,且 N_{eff} 越小,粒子衰退越严重。

通过样本容量的大小判断是否需要重采样,当 N_{eff} 小于阈值 N_{thr} 时,认为粒子衰退严重,需进行重采样,从已经求取的近似后验概率密度函数 $p(x_k \mid Z_k)$ 中重新采样 N_{sample} 个样本,每个样本赋予权值 $1/N_{\text{sample}}$,其中

$$p(x_k \mid Z_k) \approx \sum_{n=1}^{N_{\text{sample}}} w_k^n \delta(x_k - x_k^n) \tag{6-26}$$

重采样的具体流程如算法 6-1 所示。

算法 6-1　重采样算法

$$[\{x_k^{j^*}, w_k^i, i^j\}_{j=1}^{N_{\text{sample}}}] = \text{Resample}[\{x_k^i, w_k^i\}_{j=1}^{N_{\text{sample}}}]$$

　　$c_1 = w_k^1$

　　for $i = 2 : N_{\text{sample}}$

　　　　$c_i = c_{i-1} + w_k^i$

　　end

　　$i = 1$

　　$u_1 \sim U[0, N_{\text{sample}}^{-1}]$

　　for $j = 1 : N_{\text{sample}}$

　　　　$u_j = u_1 + N_{\text{sample}}^{-1}(j-1)$

　　　　while $u_j > c_i$

　　　　　　$i = i+1$

　　　　end

　　　　$x_k^{i^*} = x_k^i$

　　　　$w_k^i = N_{\text{sample}}^{-1}$

　　　　$i^j = i$

　　end

将重采样引入 SIS 滤波算法,构成粒子滤波算法,算法流程如算法 6-2 所示。

算法 6-2　一般的粒子滤波算法

$$[\{x_k^i, w_k^i\}_{i=1}^{N_{\text{sample}}}] = \text{PF}[\{x_{k-1}^i, w_{k-1}^j\}_{i=1}^{N_{\text{sample}}}, z_k]$$

$$[\{x_k^i, w_k^i\}_{i=1}^{N_{\text{sample}}}] = \text{SIS}[\{x_{k-1}^i, w_{k-1}^i\}_{i=1}^{N_{\text{sample}}}, z_k]$$

$$N_{\text{eff}} = \frac{1}{\sum_{n=1}^{N_{\text{sample}}} (w_k^n)^2}$$

if $N_{\text{eff}} < N_{\text{thr}}$

　　$[\{x_k^i, w_k^i\}_{i=1}^{N_{\text{sample}}}] = \text{Resample}[\{x_k^i, w_k^i\}_{i=1}^{N_{\text{sample}}}]$

end

6.2　高斯噪声条件下的目标检测前跟踪算法

　　基于动态规划的检测前跟踪算法通过在每帧数据积累时筛选出可能的真实航迹点进行积累,能有效降低目标积累时的运算量。该算法的核心思想是利用递归方式以较低的运算量得到全局最优解,确定目标的最优航迹,适用于高斯噪声环境下的目标检测跟踪问题,相比穷举式检测前跟踪算法,其复杂度也大幅度降低。

　　为进一步减小动态规划的虚假航迹,有学者研究了限定积累航迹方向的算法[6,7]。针对多目标的情况,文献[8]研究了基于动态规划的检测前跟踪算法,该算法根据给定的目标数量把每帧的待检单元划分成若干组,每组作为一个新的检测单元,使动态规划能够处理多个目标,但该算法极易形成假峰,造成虚假目标增多,而且该文献没有分析动态规划下虚警概率和阈值的关系。

6.2.1 信号模型

基于 6.1.1 节中的基础模型,第 n 个接收天线得到的信号如式(6-1)所示,其中观测噪声 $w_n(t)$ 为高斯白噪声。经匹配滤波可以得到 MN 路观测数据:

$$
\begin{aligned}
y_{m,n}(\tau) &= \int r_n(t) s_m^*(t-\tau) \, \mathrm{d}t \\
&= \int \left[s_m(t - \tau_{T_m} - \tau_{T_n}) s_m^*(t-\tau) + w_n(t) s_m^*(t-\tau) \right] \mathrm{d}t \\
&\stackrel{\text{def}}{=} \widetilde{x}_{m,n}(\tau) + \widetilde{w}_{m,n}(\tau)
\end{aligned}
\tag{6-27}
$$

式中,经匹配滤波 $\widetilde{w}_{m,n}(\tau)$ 仍为高斯白噪声。

假设检测空域由 $C \times C$ 个检测单元组成,在第 k 时刻观测数据为 $R(k) = \{r_{i,j}(k)\}(i=1,2,\cdots,C;j=1,2,\cdots,C)$,其中,$r_{i,j}(k)$ 为在检测单元 (i,j) 处的观测信号,$r_{i,j}(k) = \{y_{1,1}, y_{1,2}, \cdots, y_{M,N}\}$。假设不同接收通道中的接收信号已经进行了延时补偿,距离门对齐,在此基础上,把每个检测单元的检测矢量定义为

$$
z_{i,j}(k) = \sum_{m=1}^{M} \sum_{n=1}^{N} y_{m,n,i,j,k}^2
\tag{6-28}
$$

式中,$z_{i,j}(k)$ 为矢量。

6.2.2 算法原理与检测性能分析

对于给定的 K_f 帧观测数据,要想确定是否存在目标,并确定目标的运动航迹,首先需要在每帧数据中确定一个航迹点,然后把 K_f 个航迹点的观测数据进行积累,最后对积累值进行阈值判断,若其大于阈值,则该条航迹存在,否则,该条航迹不存在。按照上述思路,最直观的算法就是遍历所有航迹,但运算量巨大,容易形成维数灾难,工程上难以实现。这是因为该算法没有考虑目标的转移存在限制,并不是无限制转移。可以将目标帧与帧之间的转移范围作为目标航迹点选取的限制条件,减少运算量。同时,按照动态规划的最优化准则,只需要求取每帧中每个检测单元的积累值最小,避免重复积累。

动态规划只可以解决单目标的检测跟踪问题,原因在于除一条真实航迹外,存在部分虚假航迹与真实航迹的大部分航迹点重合,只有少量航迹点不同,如最后一帧的航迹点可能是真实航迹点的相邻航迹点,而之前的航迹点完全相同,显然不能将其看作两个目标,因此传统的动态规划只能选取最大的积累值进行阈值判断。

若只有一个目标,则这种判断是有效的;若存在多个目标,则除积累值最大的目标能够被检测出,其他目标将会漏检。为解决该问题,可以先对积累值最大的目标进行检测,待检测完毕后,将其航迹点的观测值赋 0,再进行一次动态规划,检测下一目标,直至所有目标检测完,这就是逐目标消除的思想。然而,逐目标消除能够处理多目标是以增加运算量为代价的,是传统动态规划运算量目标数的倍数,随着计算机运算能力的提高,这种运算量的增加也可以被接受。

1. 算法原理

假设 k 时刻目标的状态为 $X(k)=[x(k),\dot{x}(k),y(k),\dot{y}(k)]^{\mathrm{T}}$,其中 $x(k)$ 和 $y(k)$ 分别表示目标 k 时刻的横坐标和纵坐标,$\dot{x}(k)$ 和 $\dot{y}(k)$ 分别表示目标 k 时刻在横坐标和纵坐标上的速度。

定义目标从时刻 1 到时刻 K_{f} 的航迹为一系列连续状态的集合,则时刻 K_{f} 的目标航迹可以表示为 $X_{K_{\mathrm{f}}}=\{X(1),X(2),\cdots,X(K_{\mathrm{f}})\}$。

定义每条航迹的目标函数为

$$I(K_{\mathrm{f}})=\sum_{k=1}^{K_{\mathrm{f}}} z_{i,j}(k) \tag{6-29}$$

则目标函数的峰值表示为

$$I_{\max}(K_{\mathrm{f}})=\max\{I(K_{\mathrm{f}})\} \tag{6-30}$$

那么该航迹为真的判断准则为 $I_{\max}(K_{\mathrm{f}})>V_{\mathrm{tr}}$,其中 V_{tr} 为判断阈值。

以上是单目标情况下选取峰值进行判决的,峰值可以认为是目标的航迹积累所得,其每个航迹点都是真实的航迹点。然而,按照动态规划最后所得航迹中,一部分航迹是真实航迹的分支,其积累值与真实航迹的积累值相差很小,因此只能选取最大积累值为判断阈值。当存在多个目标时,选取最大值进行判断显然不合适,如果只是设一个阈值对所有积累出的航迹进行判断,那么势必存在许多虚假航迹也被当作真实航迹判断出来,造成误判。为克服虚假航迹与真实航迹部分重合带来虚假目标的缺陷,采用逐目标消除的思想,即每次取所有航迹中目标函数的最大值进行判断,若其大于阈值,则目标确定,同时将该航迹下的观测信号赋值为 0,再重新进行航迹积累,判断下一个目标,直至所有目标被检测出为止。具体算法流程图如图 6-3 所示。

步骤 1　将第一帧的每个检测单元作为一条航迹的起点,第一帧在第 (i,j) 个检测单元的目标函数累积矢量为

$$I_{i,j}(1)=Z_{i,j}(1) \tag{6-31}$$

$$\phi_{0,1}(1)=0 \tag{6-32}$$

步骤 2　当 $2\leqslant k\leqslant K_{\mathrm{f}}$ 时,对于第 k 帧的检测单元 (i,j),选取前一帧中在 $i-1$

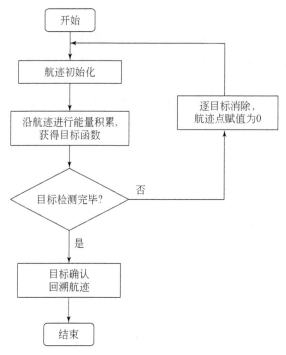

图 6-3　算法流程图

$<i'<i+1、j-1<j'<j+1$ 区域内目标函数积累矢量峰值最大者累加到待检测单元的观测矢量,累加后的矢量为第 k 帧的目标函数累加矢量。

$$\psi_{k-1,k}(i,j)=\arg \max_{(m,n)\in D} \{I_{m,n}(k-1)\} \tag{6-33}$$

$$I_{i,j}(k)=I_{\psi_{k-1,k}(i,j)}(k-1)+Z_{i,j}(k) \tag{6-34}$$

式中,$\psi_{k-1,k}(i,j)$ 为第 $k-1$ 帧中与第 k 帧中坐标为 (i,j) 的检测单元互联的检测单元的坐标;D 为第 $k-1$ 帧中能与第 k 帧中坐标为 (i,j) 的检测单元互联的检测单元的集合,这里规定 D 是以 (i,j) 为中心的九宫格。

步骤 3　取所有航迹积累峰值的最大者 $\max\{I(K_f)\}$ 进行判决,若目标存在,则回溯该航迹在每一帧的位置,并将该航迹下的观测矢量赋值为 0。

步骤 4　重复步骤 1~步骤 3,直至检测出所有目标。

由步骤 2 可以看出,相邻两帧的积累方式是按照九宫格的形式积累的,即下一帧 (i,j) 处的积累值是由上一帧对应九宫格里搜索最大值得到的,这种搜索方式包含了目标航迹的各个方向,因此该算法可以处理弱机动目标。

2.检测性能分析

对于第 k 帧坐标为 (i,j) 的某一观测通道的观测信号 $y_{m,n}$,采用平方检波,其充

分统计量为

$$q_{m,n} = |y_{m,n}|^2 \sim \begin{cases} (2\sigma^2)^{-1}\exp[-q_{m,n}/(2\sigma^2)], & H_0 \\ (2\sigma^2)^{-1}\exp[-(q_{m,n}+\alpha_{m,n}^2)/(2\sigma^2)]I_0[\sqrt{q_{m,n}\alpha_{m,n}^2/(2\sigma^2)}], & H_1 \end{cases}$$

(6-35)

式中，I_0 为一阶修正贝塞尔函数；σ 为噪声的标准差；α 为接收信号的衰退系数。

令 $v_{m,n} = q_{m,n}/\sigma^2$，则 $v_{m,n}$ 的概率密度如下：

$$f(v_{m,n}) = \begin{cases} \exp(-v_{m,n}/2)/2, & H_0 \\ \exp[-(v_{m,n}+\mathrm{SNR}_{m,n})/2]I_0(\sqrt{v_{m,n}\mathrm{SNR}_{m,n}}), & H_1 \end{cases}$$

(6-36)

式中，$\mathrm{SNR}_{m,n}$ 为各观测通道的输出信噪比。

对于具有 M 个发射阵元和 N 个接收阵元的 MIMO 雷达，其含有 MN 个通道，对于 K_f 帧积累完的观测信号，令 $v = \sum_{k=1}^{K_f}\sum_{m=1}^{M}\sum_{n=1}^{N}v_{k,m,n}$，$k$ 表示帧数，当目标不存在时，由式(6-36)得 v 的概率密度函数为

$$f_0(v) = [2^{K_f MN}\Gamma(K_f MN)]^{-1}v^{K_f MN-1}\exp(-v/2)$$

(6-37)

该分布是自由度为 $2K_f MN$ 的 χ^2 分布。

当目标存在时，由式(6-36)可得

$$f_1(v) = \left(\frac{v}{\mathrm{SNR}}\right)^{\frac{K_f MN-1}{2}} \cdot \exp\left(-\frac{v+\mathrm{SNR}}{2}\right)I_{K_f MN-1}[(\mathrm{SNR}v)^{\frac{1}{2}}]$$

(6-38)

式中，$\mathrm{SNR} = \dfrac{\sum_{k=1}^{K_f}\sum_{m=1}^{M}\sum_{n=1}^{N}\alpha_{k,m,n}^2}{\sigma^2}$。由此可以看出，当目标存在时，$v$ 服从自由度为 $2K_f MN$ 的非中心 χ^2 分布，其结果可以通过查表的形式获取。

假设检测阈值为 V_{tr}，利用奈曼-皮尔逊准则，可以推导出动态规划的虚警概率与检测概率为

$$P_f = P\{v > V_{tr} \mid H_0\} = \frac{\Gamma(K_f MN, V_{tr}/2)}{\Gamma(K_f MN)}$$

(6-39)

$$P_d = P\{v > V_{tr} \mid H_d\} = Q_{K_f MN}(\sqrt{2\mathrm{SNR}}, \sqrt{V_{tr}})$$

(6-40)

式中，$\Gamma(\cdot,\cdot)$ 表示不完整的 Gamma 函数[9]；$Q(\cdot)$ 为一般的 Marcum Q 函数。

Gamma 函数是一种超越函数，无法得到其解析解，但可以通过查询 Gamma 函数表的形式获得不同阈值 V_{tr} 对应的虚警概率。

6.2.3　算法复杂度分析

在 $C \times C$ 的空域内进行检测前跟踪，扫描次数为 K_f 次，假设一条航迹积累的时间复杂度为 f_0，则对于检测前跟踪算法，因为要遍历所有可能的航迹，在限定其

速度不超过一个检测单元的条件下,其时间复杂度为 $9^{K_f-1}f_0C^2$。对于本节算法,假设存在 n 个目标,信号长度(采样的点数)为 m,对信号进行积累,则一条航迹积累的时间复杂度为 mf_0。同时,本节算法在进行帧与帧之间积累时要进行九宫格的筛选,因此每筛选一次,复杂度增加 2×9,即 18。那么,在相同速度范围的条件下,本节算法的复杂度为 $f_0C^2(n+1)m+18C^2(K_f-1)$,当积累时间 $K_f=20$,目标个数 $n=1$,采样点数 $m=1000$ 时,$9^{19}f_0C^2\gg2000f_0C^2+342C^2$。因此,本节算法的时间复杂度要远小于传统的检测前跟踪算法。

6.2.4　仿真实验

考虑两个目标在由 40×40 的检测单元组成的空域内做匀速直线运动和曲线运动,运动速度为 1(雷达每次扫描目标只运动一个检测单元),MIMO 雷达扫描 20 次,每次扫描的 SNR＝5dB。图 6-4 给出了跟踪航迹与真实航迹的对比图,可以看出,两者完全重合,说明该算法在 SNR＝5dB 的情况下可以有效检测出目标,并给出正确的目标航迹。

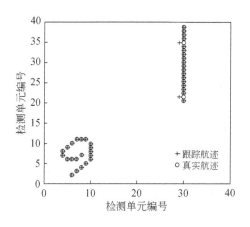

图 6-4　SNR＝5dB 时的检测跟踪结果

图 6-5 是 SNR＝5dB 时积累帧数在第 1 帧、第 10 帧和第 20 帧的各航迹能量累积值的分布图(为方便仿真,假设目标没有在检测区域的最外侧一圈运动,因此航迹数量为 $38\times38=1444$ 条)。从实验结果可以看出,当积累帧数为 1 帧时,目标反射的回波信号淹没在噪声中,常规算法无法检测出目标。当积累帧数为 10 帧和 20 帧时,目标回波能量累积值相对于噪声明显突出,并且积累帧数越多,峰值越明显,检测越容易。

图 6-6 是在多个目标下没有进行逐目标消除时积累 20 帧的归一化功率分布图,与图 6-5(c)对比,图 6-6 产生了太多的假峰,即产生了太多的虚假航迹。这些

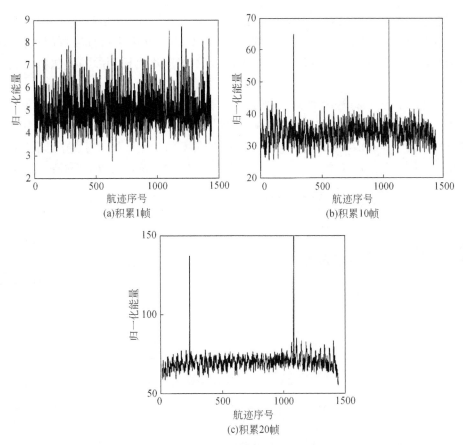

(a)积累1帧

(b)积累10帧

(c)积累20帧

图 6-5　积累不同帧数的归一化功率分布图

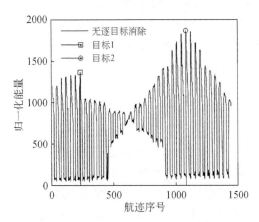

图 6-6　无逐目标消除的归一化功率分布图

虚假航迹主要是由真实航迹分叉而成的,其峰值小于真实航迹的峰值,当只存在一个目标时,可以利用选取最大值判定真实航迹,但当存在多个目标时,部分真实航迹的峰值小于其他真实航迹产生的假峰,因此不采用逐目标消除的算法将无法检测多个目标。

采用蒙特卡罗算法分别对本节算法、遍历检测前跟踪(track before detect, TBD)算法和单帧检测算法[10](对单帧进行检测)进行 1000 次仿真。仿真中对检测成功的定义是:在检测到的航迹中,若有 50% 以上的点迹为真实点迹,则认为检测成功。图 6-7 给出了 $P_f=0.0001$ 时三种算法在不同 SNR 下的检测概率曲线。

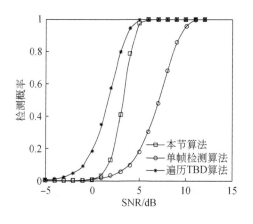

图 6-7　不同 SNR 下的检测概率曲线

从图 6-7 中可以看出,当 $P_f=0.0001$、$P_d=1$ 时,本节算法要求 SNR=6dB,遍历 TBD 算法要求 SNR=5dB,而单帧检测算法要求 SNR=11dB。本节算法相比单帧检测算法降低了 5dB,相比遍历 TBD 算法增加了 1dB。实验结果表明,相比于单帧检测算法,本节算法能够显著改善目标的检测性能,相比于遍历 TBD 算法,在降低复杂度的情况下付出了性能降低 1dB 的代价。

6.3　非高斯噪声条件下的目标检测前跟踪算法

在非高斯噪声条件下,基于动态规划的检测前跟踪算法的性能受目标值函数设计的限制将明显下降。概率假设密度(probability hypothesis density,PHD)算法[11]是一种对后验多目标状态的一阶矩进行递推的算法,无须数据关联,具有运算量小的优点。然而,该算法建立在 PHD 基数分布服从泊松分布的假设基础上,泊松分布的期望与方差相等,当目标数量较大时,其方差也较大,使得 PHD 基数的估计误差较大,具有不可靠性。文献[12]、[13]放宽了 PHD 基数服从泊松分布的条件,提出了带势概率假设密度(cardinalized probability hypothesis density,CPHD)的概念,联合推导了目标分布基数及其 PHD,但无法得到其解析解。文献[14]针对 CPHD 无法得到解析解的问题,推导了线性高斯条件下 CPHD 的解析解。文献[15]同样是在线性高斯条件下推导了 CPHD 算法,解决了未知杂波下的多机动目标跟踪问题,依然没有给出非高斯条件下的 CPHD 解析解。

针对非高斯条件下无法得到解析解的问题,结合 MIMO 雷达多通道的特点,本节给出基于 CPHD-粒子滤波的检测前跟踪算法。

6.3.1　信号模型

基于 6.1.1 节的基础模型,假设系统中含有 MN 个数据通道,其中 M 为发射阵元数,N 为接收阵元数,其第 n 个接收阵元的接收信号 $r_n(t)$ 包括 M 个发射信号和观测噪声,形式如下:

$$r_n^l(t) = \sqrt{\frac{E}{M}} \sum_{m=1}^{M} \gamma_{mn}^l s_m \left[t - \tau(x_{tm}, y_{tm}, x^l, y^l) - \tau(x_{rn}, y_{rn}, x^l, y^l) \right] + w_n(t)$$

$$(6-41)$$

任意时刻 k 接收信号可以产生一个新的测量数据集合,该数据提供了每个检测单元的目标反射幅度信息。某一特定检测单元内的测量数据由目标或者噪声决定,当目标存在时,对应的测量数据正比于期望的目标反射强度,该强度是关于 SNR 的函数,因此检测单元 (x, y) 处的测量数据 $z(x, y)_k$ 为

$$z_{mn,k}^{(x,y)} = \begin{cases} \sum_{l=1}^{L_p} \gamma_{mn}^l g_k(x, y) + w_k^{(x,y)}, & H_1 \\ w_k^{(x,y)}, & H_0 \end{cases}$$

$$(6-42)$$

式中,$w_k^{(x,y)}$ 为测量噪声,服从参数为 $S(1, \sigma, 0, 0)$ 的 α 稳定分布,则 k 时刻整个测量数据为

$$Z_{mn,k} = \{ z_{mn,k}^{(x,y)} \mid x = 1, 2, \cdots, X; y = 1, 2, \cdots, Y \}$$

$$(6-43)$$

检测前跟踪算法通过积累原始数据中的幅度信息,提高信噪比,进而提高检测概率,在给出检测结果的同时给出目标跟踪航迹。在分布式 MIMO 雷达中,某一特定通道的信号幅度信息取决于目标与收发阵元之间的相对位置,因此如果目标与阵元之间的距离较远,信号强度会较弱。TBD 算法可以利用递推的算法直接从幅度信息估计目标状态,能有效提高 SNR。

k 时刻,检测单元 (x, y) 处的测量数据 $z_{mn,k}^{(x,y)}$ 存在两种情况:一是当目标存在时,数据来自目标的反射信号;二是当目标不存在时,数据来自杂波或者噪声。假设背景噪声服从参数为 $S(1, \sigma, 0, 0)$ 的 α 稳定分布,当目标不存在时,检测单元 (x, y) 处的测量数据 $z_{mn,k}^{(x,y)}$ 的概率密度函数为

$$p_N(z_{mn,k}^{(x,y)}) = S(z_{mn,k}^{(x,y)}; 1, \sigma_A, 0, 0) \tag{6-44}$$

当目标存在时,对应的概率密度函数为

$$p_{S+N}(z_{mn,k}^{(x,y)}) = S(z_{mn,k}^{(x,y)}; 1, \sigma_A, 0, I) \tag{6-45}$$

式中,I 为目标反射幅度的强度;σ_A 为标准差。

6.3.2 带势概率假设密度理论基础

1. 随机有限集

假设在 k 时刻,待检区域中存在 $N(k)$ 个目标,状态分别表示为 $x_{k,1}, x_{k,2}, \cdots,$ $x_{k,N(k)} \in \chi$,χ 为状态空间且 $\chi \subseteq \mathbb{R}^{n_x}$。同时假设 k 时刻接收到 $M(k)$ 个观测值 $z_{k,1},$ $z_{k,2}, \cdots, z_{k,M(k)} \in Z$,$Z$ 为观测空间且 $Z \subseteq \mathbb{R}^{n_z}$,则 k 时刻的多目标状态集合 X_k 与观测值集合 Z_k 分别定义如下:

$$X_k = \{x_{k,1}, x_{k,2}, \cdots, x_{k,N(k)}\} \in \Gamma(\chi) \tag{6-46}$$

$$Z_k = \{z_{k,1}, z_{k,2}, \cdots, z_{k,M(k)}\} \in \Gamma(Z) \tag{6-47}$$

式中,$\Gamma(\chi)$ 和 $\Gamma(Z)$ 分别为 χ 和 Z 的所有有限子集。

通过上述随机有限集模型的建立,多目标跟踪问题可以转化为具有状态空间 $\Gamma(\chi)$ 和观测空间 $\Gamma(Z)$ 的贝叶斯跟踪问题。从直观上来说,一个随机有限集可以看作能够被一个离散概率分布和一组联合概率分布描述的随机变量集合,离散分布用于表示集合的基数。对于给定的基数,联合概率分布用于描述集合中不同元素的组合分布情况。

多目标动态模型可表示为

$$X_k = \left[\bigcup_{\zeta \in X_{k-1}} S_{k|k-1}(\zeta) \right] \cup \Phi_k \tag{6-48}$$

式中,X_{k-1} 为 $k-1$ 时刻多目标的状态;$S_{k|k-1}(\zeta)$ 为 k 时刻由 $k-1$ 时刻状态 ζ 存活并演化而来的随机有限集;Φ_k 为 k 时刻新生的随机有限集(不考虑状态衍生的情况)。

观测模型可表示为

$$Z_k = \left[\bigcup_{x \in X_k} \Theta_k(x) \right] \cup \kappa_k \tag{6-49}$$

式中,$\Theta_k(x)$ 为 k 时刻状态为 x 的单目标观测值的随机有限集;κ_k 为 k 时刻杂波观测值的随机有限集。

多目标转移密度 $f_{k|k-1}(\cdot | \cdot)$ 表示状态的进化过程,其中包含了移动、出现、死亡等模型。同样地,多目标似然值 $g_k(\cdot | \cdot)$ 表示传感器的观测值,其中包含了检测、虚警和先验概率密度的模型,则可以由多目标贝叶斯递归推导多目标先验密度 $\pi_k(\cdot | Z_{1:k-1})$:

$$\pi_{k\,|\,k-1}(X_k\,|\,Z_{1:k-1})=\int f_{k\,|\,k-1}(X_k\,|\,X)\,\pi_{k-1}(X\,|\,Z_{1:k-1})\,\mu_s\mathrm{d}X \tag{6-50}$$

$$\pi_k(X_k\,|\,Z_{1:k})=\frac{g_k(Z_k\,|\,X_k)\,\pi_{k\,|\,k-1}(X_k\,|\,Z_{1:k-1})}{\displaystyle\int g_k(Z_k\,|\,X)\,\pi_{k\,|\,k-1}(X\,|\,Z_{1:k-1})\,\mu_s\mathrm{d}X} \tag{6-51}$$

式中，μ_s 为 $\Gamma(\chi)$ 上的参考测量。然而，根据式(6-50)、式(6-51)以及目标概率密度和多集合的联合特点，现实中多目标的贝叶斯递推的运算量非常大，工程上难以实现。

2. 概率假设密度递归

PHD 是指状态空间 χ 上随机有限集 X 的密度函数，表示为非负函数 v，对于任何闭合子集 $S\subseteq\chi$，其满足

$$E\big[\,|\,X\cap S\,|\,\big]=\int_S v(x)\,\mathrm{d}x \tag{6-52}$$

式中，$|X|$ 为 X 元素的个数。换言之，对于给定的状态 x，$v(x)$ 表示状态为 x 的目标数量期望值的密度，因此该密度函数是随机有限集的一阶矩。

泊松随机有限集是一组重要的随机有限集，具有独一无二的特性，其基数分布是泊松分布，均值为 $N=\int v(x)\,\mathrm{d}x$，各元素相互独立且分布相同。

文献[15]对 PHD 递归进行了推导，式(6-50)、式(6-51)推导了目标随机有限集的先验密度，并且要求数据关联计算。$v_{k\,|\,k-1}$ 表示多目标状态的预测概率密度，v_k 表示多目标状态的后验概率密度。现假设以下条件成立：

(1)每个粒子进化和产生的观测数据相互独立，互不相关。

(2)新生的随机有限集和存活的随机有限集相互独立，互不相关。

(3)杂波随机有限集服从泊松分布，独立于观测随机有限集。

(4)多目标预测随机有限集满足泊松分布。

此时 PHD 递归如下：

$$v_{k\,|\,k-1}(x)=\int p_{s,k}(\zeta)\,f_{k\,|\,k-1}(x\,|\,\zeta)\,v_{k-1}(\zeta)\,\mathrm{d}\zeta+\varUpsilon_k(x) \tag{6-53}$$

$$v_k(x)=[1-p_{\mathrm{D},k}(x)]\,v_{k\,|\,k-1}(x)+\sum_{z\in Z_k}\frac{p_{\mathrm{D},k}(x)\,g_k(z\,|\,x)\,v_{k\,|\,k-1}(x)}{\kappa_k(z)+\int p_{\mathrm{D},k}(\xi)\,g_k(z\,|\,\xi)\,v_{k\,|\,k-1}(\xi)\,\mathrm{d}\xi}$$

$$\tag{6-54}$$

式中，$f_{k\,|\,k-1}(x\,|\,\zeta)$ 为单个目标由前一刻状态 ζ 到下一刻状态 x 的转移密度；Z_k 为多目标的观测集合；$g_k(z\,|\,x)$ 为单目标在给定状态 x 的观测似然值；$p_{s,k}(\zeta)$ 为目标存活的概率；$\varUpsilon_k(x)$ 为新生目标状态为 x 的概率密度；$\kappa_k(z)$ 为杂波测量值为 z 的密度。式(6-53)、式(6-54)给出了多目标 PHD 递归的解析解，详细的推导过程见文献[16]。

PHD 能够快速有效地跟踪多目标,但其丢失了高阶基数信息。PHD 递归是一阶估计,对于基数分布,假定其为只有单一参数的泊松分布,即均值和方差相同。正因为这一特性,当目标数量较大时,其方差也随之较大,不利于基数的估计。

3. 带势概率假设密度递归

CPHD算法是对 PHD 算法的扩展,放宽了 PHD 算法中目标数量服从泊松分布的限制,对目标 PHD 推导的同时,也对目标数目进行了迭代推导,在目标数量较多的情况下,跟踪精度更高。

基于 CPHD 的 TBD算法需要满足以下条件:

(1)每个粒子的进化和产生的观测数据相互独立,互不相关。

(2)新生的随机有限集和存活的随机有限集相互独立,互不相关。

(3)杂波随机有限集的独立同分布的聚类过程,观测数据是相互独立的。

(4)预先给定和预测的多目标随机有限集是独立同分布。

算法由预测过程、更新过程以及目标状态和数量的提取过程三个阶段组成。

1)预测过程

假设给定 k 时刻的后验概率密度 v_k 和后验基数分布 p_k,则预测的后验基数分布 $p_{k+1|k}$ 和后验概率密度 $D_{k+1|k}$ 为

$$p_{k+1|k}(n) = \sum_{j=0}^{n} p_{\mathrm{r},k+1}(n-j) \prod\nolimits_{k+1|k}[D_k, p_k](j) \tag{6-55}$$

$$D_{k+1|k}(x) = \int p_{s,k+1}(\zeta) f_{k+1|k}(x|\zeta) D_k(\zeta)\,\mathrm{d}\zeta + \gamma_{k+1}(x) \tag{6-56}$$

式中

$$\prod\nolimits_{k+1|k}[D_k, p_k](j) = \sum_{l=j}^{\infty} C_j^l \frac{\langle p_{s,k}, D_k\rangle^j \langle 1-p_{s,k}, D_k\rangle^{l-j}}{\langle 1, D_k\rangle^l} p_k(l) \tag{6-57}$$

$$C_j^l = \frac{l!}{j!\,(l-j)!} \tag{6-58}$$

$$\langle \alpha(x), \beta(x)\rangle = \int \alpha(x)\beta(x)\,\mathrm{d}x \tag{6-59}$$

式中, $f_{k+1|k}(x|\zeta)$ 为单个目标由 k 时刻的状态 ζ 转移到 $k+1$ 时刻状态 x 的概率密度; $p_{s,k+1}(\zeta)$ 为目标的存活概率; $\gamma_{k+1}(x)$ 为新生目标的概率密度; $p_{\mathrm{r},k+1}(\cdot)$ 为新生目标基数的概率。

2)更新过程

假设 $k+1$ 时刻由预测过程所得的后验概率密度为 $D_{k+1|k}$、后验基数分布为 $p_{k+1|k}$,则由第 1 对发射-接收通道数据更新的后验基数分布 p_{k+1}^1 和后验概率密度 D_{k+1}^1 为

$$p_{k+1}^1(n) = \frac{\gamma_{k+1}^0[D_{k+1|k}, Z_{11,k}](n)\, p_{k+1|k}(n)}{\langle \gamma_{k+1}^0[D_{k+1|k}, Z_{11,k}], p_{k+1|k}\rangle} \tag{6-60}$$

$$D_{k+1}^1(x) = \frac{\langle \gamma_{k+1}^1[D_{k+1|k}, Z_{11,k+1}], p_{k+1|k}\rangle}{\langle \gamma_{k+1}^0[D_{k+1|k}, Z_{11,k+1}], p_{k+1|k}\rangle}[1 - p_{D,k+1}(x)]D_{k+1|k}(x)$$

$$+ \sum_{z \in Z_{11,k}} \frac{\langle \gamma_{k+1}^1[D_{k+1|k}, Z_{11,k+1}\setminus\{z\}], p_{k+1|k}\rangle}{\langle \gamma_{k+1}^0[D_{k+1|k}, Z_{11,k+1}], p_{k+1|k}\rangle} \psi_{k+1,z}(x) D_{k+1|k}(x) \tag{6-61}$$

式中

$$\gamma_k^u[D,Z](n) = \sum_{j=0}^{\min(|Z|,n)}(|Z|-j)!\, p_{K,k}(|Z|-j)P_{j+u}^n \frac{\langle 1-p_{D,k}, D\rangle^{n-(j+u)}}{\langle 1,D\rangle^n} e_j[\varXi_k(D,Z)]$$

$$\tag{6-62}$$

$$\psi_{k+1,z}(x) = \frac{\langle 1, \kappa_{k+1}\rangle}{\kappa_{k+1}(z)} p_{S+N,k+1}(z|x) p_{D,k+1}(x) \tag{6-63}$$

$$\varXi_k(v,Z) = \{\langle D, \psi_{k,z}\rangle : z \in \mathbb{Z}\} \tag{6-64}$$

式中，$e_j(\cdot)$ 为 j 阶初等对称函数；$p_{S+N,k+1}(\cdot|x)$ 为 $k+1$ 时刻单个目标在状态 x 下的观测似然值；$p_{D,k+1}(x)$ 为 $k+1$ 时刻目标在状态 x 下的检测概率；$\kappa_{k+1}(\cdot)$ 为 $k+1$ 时刻杂波的观测密度；$p_{K,k}(\cdot)$ 为 k 时刻的杂波基数分布。

第 2 对发射-接收通道的观测数据更新的 p_{k+1}^2 和 D_{k+1}^2 为

$$p_{k+1}^2(n) = \frac{\gamma_{k+1}^0[D_{k+1}^1, Z_{12,k}](n)\, p_{k+1}^1(n)}{\langle \gamma_{k+1}^0[D_{k+1}^1, Z_{12,k}], p_{k+1}^1\rangle} \tag{6-65}$$

$$D_{k+1}^2(x) = \frac{\langle \gamma_{k+1}^1[D_{k+1}^1, Z_{12,k+1}], p_{k+1}^1\rangle}{\langle \gamma_{k+1}^0[D_{k+1}^1, Z_{12,k+1}], p_{k+1}^1\rangle}[1 - p_{D,k+1}(x)]D_{k+1}^1(x)$$

$$+ \sum_{z \in Z_{12,k}} \frac{\langle \gamma_{k+1}^1[D_{k+1}^1, Z_{12,k+1}\setminus\{z\}], p_{k+1}^1\rangle}{\langle \gamma_{k+1}^0[D_{k+1}^1, Z_{12,k+1}], p_{k+1}^1\rangle} \psi_{k+1,z}(x) D_{k+1}^1(x) \tag{6-66}$$

以此类推，将 MN 对发射-接收通道的观测数据进行更新，则更新后的结果为

$$p_{k+1}(n) = p_{k+1}^{MN}(n) \tag{6-67}$$

$$D_{k+1}(x) = D_{k+1}^{MN}(x) \tag{6-68}$$

3）目标状态和数量的提取过程

本节采用期望值的方式估计目标数量，$\hat{N}_k = \sum_{n=0}^{\infty} np_k(n)$，根据估计的目标数

量,利用 K-mean 聚类算法[17]提取,聚类后各类后验概率密度峰值作为目标状态。

6.3.3　算法原理与后验克拉默-拉奥界

1. 算法原理

CPHD 算法的理论计算很难实现,本节利用粒子滤波的形式实现 CPHD 算法,本质上是进行大量的随机采样,每个样本配以适当的权重,再利用这些样本近似表示 PHD 分布和基数分布,不仅能够解决重积分没有解析解的问题,而且随着粒子数目的增多,其估计效果可以接近贝叶斯估计。

1)CPHD 粒子滤波初始化

假设初始的 PHD 为 $D_0(x)$,从 $D_0(x)$ 中随机抽取 I 个粒子 $x_1, x_2, \cdots, x_I$,粒子的数目足够多,目标真实数目不超过 $N_{\max}$,目标初始估计数目为 $\hat{N}$,初始粒子的权值为 $w_0^i = \hat{N}/I$。此时初始时刻 $v_0(x)$ 可以用一组粒子-权重组合表示为

$$D_0(x) = \sum_{i=1}^{I} w_0^i \delta(x - x_0^i) \tag{6-69}$$

基数分布为

$$p_0(n) = \int_{|x|=n} D_0(x)\delta(x)\,\mathrm{d}x \tag{6-70}$$

2)粒子预测

预测权重为

$$w_{k+1|k}^i = \sum_{j=1}^{I} p_{s,k+1}(x_j) f_{k+1|k}(x_i \mid x_j) w_k^i + \gamma_{k+1}(x_i) \tag{6-71}$$

预测的 PHD 分布为

$$D_{k+1|k} = \sum_{i=1}^{I} w_{k+1|k}^i \delta(x - x_k^i) \tag{6-72}$$

$$p_{k+1|k}(n) = \sum_{j=0}^{n} p_{\Gamma,k+1}(n-j) \prod\nolimits_{k+1|k} [D_k, p_k](j) \tag{6-73}$$

式中

$$\prod\nolimits_{k+1|k} [D_k, p_k](j) = \sum_{l=j}^{N_{\max}} C_j^l \frac{\langle p_{s,k}, D_k \rangle^j \langle 1 - p_{s,k}, D_k \rangle^{l-j}}{\langle 1, D_k \rangle^l} p_k(l) \tag{6-74}$$

$$\langle \alpha(x), \beta(x) \rangle = \sum_{i=1}^{I} \alpha(x_i)\beta(x_i) \tag{6-75}$$

3)粒子更新

第 1 对发射-接收通道数据更新权重为

$$w_{11,k+1}^i = \frac{\sum_{n=0}^{N_{max}} \gamma_{k+1}^1 \left[D_{k+1\mid k}, Z_{11,k+1} \right] (n) p_{k+1\mid k}(n)}{\sum_{n=0}^{N_{max}} \gamma_{k+1}^0 \left[D_{k+1\mid k}, Z_{11,k+1} \right] (n) p_{k+1\mid k}(n)} \left[1 - p_{D,k+1}(x_i) \right] w_{k+1\mid k}^i$$

$$+ \sum_{z \in Z_{11,k+1}} \frac{\sum_{n=0}^{N_{max}} \gamma_{k+1}^1 \left[D_{k+1\mid k}, Z_{11,k+1} \backslash \{z\} \right] (n) p_{k+1\mid k}(n)}{\sum_{n=0}^{N_{max}} \gamma_{k+1}^0 \left[D_{k+1\mid k}, Z_{11,k+1} \right] (n) p_{k+1\mid k}(n)} \psi_{k+1,z}(x_i) w_{k+1\mid k}^i$$

$$(6\text{-}76)$$

第 1 对发射-接收通道数据更新后的 PHD 分布为

$$D_{k+1}^{11} = \sum_{i=1}^I w_{11,k+1}^i \delta(x - x_k^i) \tag{6-77}$$

第 1 对发射-接收通道数据更新后的基数分布为

$$p_{k+1}^{11}(n) = \frac{\gamma_{k+1}^0 \left[D_{k+1\mid k}, Z_{11,k} \right] (n) p_{k+1\mid k}(n)}{\sum_{n=0}^{N_{max}} \gamma_{k+1}^0 \left[D_{k+1\mid k}, Z_{11,k} \right] (n) p_{k+1\mid k}(n)} \tag{6-78}$$

以此递推,可得最终的粒子权重、PHD 分布以及基数分布分别为

$$w_{k+1}^i = w_{MN,k+1}^i \tag{6-79}$$

$$D_{k+1} = \sum_{i=1}^I w_{k+1}^i \delta(x - x_k^i) \tag{6-80}$$

$$p_{k+1}(n) = p_{k+1}^{MN}(n) \tag{6-81}$$

4)目标数量和状态提取

利用期望值估计的目标数量为

$$\hat{N}_k = \sum_{n=0}^{N_{max}} n p_k(n) \tag{6-82}$$

利用 K-mean 聚类算法提取目标状态,具体步骤如下:

步骤 1　随机选取 $\hat{N}_k$ 个粒子 x_k 作为原始的粒子中心。

步骤 2　计算剩余粒子与 $\hat{N}_k$ 个聚类中心的欧氏距离 d,将其乘以粒子对应的权重作为划分距离 c,按距离 c 大小划分为 $\hat{N}_k$ 个类别。

步骤 3　把每一类粒子的状态求取平均值作为新的粒子中心。

步骤 4　重复步骤 2 和步骤 3,直至新旧粒子中心变化小于阈值,新的 $\hat{N}_k$ 个粒子中心即为 $\hat{N}_k$ 个目标的状态。

2. 后验克拉默-拉奥界推导

由于目标数量和观测数据的不确定性, MIMO 雷达最优估计器通常是无法实现的, 仿真结果需要与理论可实现的下界进行比较。下界给出了性能受限的说明, 因此可以用来决定性能是否可以接受。随时间变化的状态空间通常使用的下界是后验克拉默-拉奥界[18] (posterior Cramer-Rao lower bound, PCRLB), 该界限是 Fisher 信息矩阵 (Fisher information matrix, FIM) 的倒数, 它与滤波器算法无关, 因此不受任何特殊滤波器算法的约束。为了更好地研究基于 CPHD 滤波的 TBD 算法的跟踪性能, 本节将推导基于 CPHD 粒子滤波的 TBD 算法的 PCRLB。

对于有待估计的随机状态矢量 x_k 和基于观测数据 z_k 的无偏估计 $\hat{x}_k(z_k)$, 作为误差协方差矩阵的较低界限, PCRLB 由 FIM 的倒数给出, 即

$$C(k)=E\{[\hat{x}_k(z_k)-x_k][\hat{x}_k(z_k)-x_k]'\}\geqslant\mathrm{tr}(J_k^{-1}) \tag{6-83}$$

文献[20]给出了后验 FIM 估计的递推公式:

$$J_{k+1}=J_{k+1}^x+J_{k+1}^z \tag{6-84}$$

式中

$$J_{k+1}^x=B_k^{22}-B_k^{21}(J_k+B_k^{11})^{-1}B_k^{12} \tag{6-85}$$

$$B_k^{11}=E\left[-\frac{\partial^2}{\partial x_k\partial x_k}\ln p(x_{k+1}\,|\,x_k)\right] \tag{6-86}$$

$$B_k^{12}=(B_k^{21})'=E\left[-\frac{\partial^2}{\partial x_{k+1}\partial x_k}\ln p(x_{k+1}\,|\,x_k)\right] \tag{6-87}$$

$$B_k^{22}=E\left[-\frac{\partial^2}{\partial x_{k+1}\partial x_{k+1}}\ln p(x_{k+1}\,|\,x_k)\right] \tag{6-88}$$

测量数据的贡献因子为

$$J_{k+1}^z=E\left[-\frac{\partial^2}{\partial x_{k+1}\partial x_{k+1}}\ln p(z_{k+1}\,|\,x_k)\right] \tag{6-89}$$

对于各通道相互独立的 $M\times N$ 的 MIMO 雷达, 其 J_{k+1}^z 为

$$J_{k+1}^z=\sum_{m=1}^M\sum_{n=1}^N J_{mn,k+1}^z \tag{6-90}$$

式中

$$J_{mn,k+1}^z=E\left[-\frac{\partial^2}{\partial x_{k+1}\partial x_{k+1}}\ln p(z_{mn,k+1}\,|\,x_{k+1})\right] \tag{6-91}$$

每一时刻, 对应检测单元的观测数据的个数为 XY, 因此观测数据 $z_{mn,k+1}$ 在给定状态 x_{k+1} 的概率密度函数为

$$p(z_{mn,k+1}\,|\,x_{k+1})=\prod_{x=1}^X\prod_{y=1}^Y p(z_{mn,k+1}^{xy}\,|\,x_{k+1}) \tag{6-92}$$

目标在检测单元 (x,y) 的观测幅度服从参数为 $S(1,\sigma,0,0)$ 的 α 稳态分布, 其

概率密度函数为

$$p(z_{mn,k+1}^{xy} \mid x_{k+1}) = S(z_{mn,k+1}^{xy}; 1, \sigma, 0, \gamma_{mn,k+1}^{xy} \mid x_{k+1}) \tag{6-93}$$

式中，$S(\cdot)$ 为 α 稳态分布。对于 m-n 的发射接收通道，其观测数据对 FIM 的贡献为

$$J_{mn,k+1}^{z} = \sum_{x=1}^{X} \sum_{y=1}^{Y} E\left[-\frac{\partial^2}{\partial x_{k+1} \partial x_{k+1}} \ln p(z_{mn,k+1}^{xy} \mid x_{k+1}) \right] \tag{6-94}$$

这里每个检测单元观测数据的似然值都是目标 SNR 的函数，因此 FIM 也是 SNR 的函数，将式(6-42)代入式(6-94)得

$$J_{mn,k+1}^{z} = \sum_{x=1}^{X} \sum_{y=1}^{Y} E\left[-\frac{\partial^2}{\partial x_{k+1} \partial x_{k+1}} \frac{\gamma_{mn,k+1} g(x_{k+1})}{\sigma_{\mathrm{A}}^2} \right] \tag{6-95}$$

对于状态矢量 x，有

$$J_{mn,k+1}^{z} = \begin{bmatrix} J_{x^l,x^l} & 0 & J_{x^l,y^l} & 0 \\ 0 & 0 & 0 & 0 \\ J_{y^l,x^l} & 0 & J_{y^l,y^l} & 0 \\ 0 & 0 & 0 & 1 \end{bmatrix} \tag{6-96}$$

式中

$$J_{x^l,x^l} = \sum_{x=1}^{X} \sum_{y=1}^{Y} \frac{\gamma_{mn,k}}{\sigma_{\mathrm{A}}^2} E\left[\frac{(x_{tm} - x^l)^2}{(x_{tm} - x^l)^2 + (y_{tm} - y^l)^2} + \frac{(x_{rn} - x^l)^2}{(x_{rn} - x^l)^2 + (y_{rn} - y^l)^2} \right] \tag{6-97}$$

$$J_{x^l,y^l} = \sum_{x=1}^{X} \sum_{y=1}^{Y} \frac{\gamma_{mn,k}}{\sigma_{\mathrm{A}}^2} E\left[\frac{(x_{tm} - x^l)(y_{tm} - y^l)}{(x_{tm} - x^l)^2 + (y_{tm} - y^l)^2} + \frac{(x_{rn} - x^l)(y_{rn} - y^l)}{(x_{rn} - x^l)^2 + (y_{rn} - y^l)^2} \right] \tag{6-98}$$

$$J_{y^l,x^l} = \sum_{x=1}^{X} \sum_{y=1}^{Y} \frac{\gamma_{mn,k}}{\sigma_{\mathrm{A}}^2} E\left[\frac{(y_{tm} - y^l)(x_{tm} - x^l)}{(x_{tm} - x^l)^2 + (y_{tm} - y^l)^2} + \frac{(y_{rn} - y^l)(x_{rn} - x^l)}{(x_{rn} - x^l)^2 + (y_{rn} - y^l)^2} \right] \tag{6-99}$$

$$J_{y^l,y^l} = \sum_{x=1}^{X} \sum_{y=1}^{Y} \frac{\gamma_{mn,k}}{\sigma_{\mathrm{A}}^2} E\left[\frac{(y_{tm} - y^l)^2}{(x_{tm} - x^l)^2 + (y_{tm} - y^l)^2} + \frac{(y_{rn} - y^l)^2}{(x_{rn} - x^l)^2 + (y_{rn} - y^l)^2} \right] \tag{6-100}$$

6.3.4　仿真实验

假设在 200×200 的平面内存在 4 个目标做机动运动，即目标运动速度、方向、轨迹均随机。系统中包含 2 个发射阵元和 3 个接收阵元，扫描帧数 $K=40$，目标 1 的初始状态为 $[0, 2.6, 0, -1.2]$，存在时间为 $1 \sim 7$，目标 2 的初始状态为 $[0, 0.6, 0, -2.1]$，存在时间为 $8 \sim 32$，目标 3 的初始状态为 $[0, 0.6, 0, -2.1]$，存在时间为 $12 \sim 37$，目标 4 的初始状态为 $[0, 1.4, -5, -2.1]$，存在时间为 $26 \sim 40$。目标的存活

概率为 0.99,目标的检测概率为 0.9。目标的运动模型在 6.1.1 节已经给出,其中转移矩阵为

$$F = \begin{bmatrix} 1 & T_{\rm f} & 0 & 0 \\ 0 & 1 & 0 & 0 \\ 0 & 0 & 1 & T_{\rm f} \\ 0 & 0 & 0 & 1 \end{bmatrix} \tag{6-101}$$

式中,$T_{\rm f}$ 为采样间隔,这里为 1。转移噪声为高斯白噪声,其均值为 0,其协方差矩阵为

$$Q_{\rm v} = \begin{bmatrix} \dfrac{\sigma_{\rm v}}{3} T_{\rm f}^3 & \dfrac{\sigma_{\rm v}}{2} T_{\rm f}^2 & 0 & 0 \\ \dfrac{\sigma_{\rm v}}{2} T_{\rm f}^2 & \sigma_{\rm v} T_{\rm f} & 0 & 0 \\ 0 & 0 & \dfrac{\sigma_{\rm v}}{3} T_{\rm f}^3 & \dfrac{\sigma_{\rm v}}{2} T_{\rm f}^2 \\ 0 & 0 & \dfrac{\sigma_{\rm v}}{2} T_{\rm f}^2 & \sigma_{\rm v} T_{\rm f} \end{bmatrix} \tag{6-102}$$

式中,$\sigma_{\rm v} = 1.5$ 为目标机动性的大小。

杂波服从泊松分布,其在 200×200 的平面内的密度为 $\lambda_{\rm c} = 1.25 \times 10^{-4}$,因此每次扫描的平均个数为 5。新生目标服从泊松分布,其概率密度为

$$\gamma_k(x) = 0.1N(x; m_\gamma^{(1)}, P_\gamma) + 0.1N(x; m_\gamma^{(2)}, P_\gamma) + 0.1N(x; m_\gamma^{(3)}, P_\gamma) \tag{6-103}$$

式中,$N(x; m, P)$ 为在服从均值为 m、协方差矩阵为 P 的高斯分布下 x 的概率密度;$m_\gamma^{(1)} = [0,0,0,0]$、$m_\gamma^{(2)} = [-10,0,0,0]$、$m_\gamma^{(3)} = [0,0,5,0]$ 分别为目标运动状态的均值;$P_\gamma = {\rm diag}[5,1,5,1]$ 为目标运动状态的协方差矩阵。图 6-8 给出了 SNR=5dB 下 CPHD 算法和 PHD 算法的跟踪效果图。

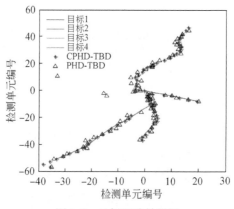

图 6-8　目标跟踪效果图

　　由图 6-8 可以看出,两种算法都能跟踪 4 个目标的航迹,但 CPHD 算法更贴近真实航迹,PHD 算法存在个别点严重偏离目标航迹。这是因为 PHD 算法滤波过程中假设目标数量服从泊松分布,随着目标数量的增多,除了均值增加,其方差也随之增大,导致对目标数量估计的波动也随之增大,容易出现错误估计,进而导致其目标状态估计发生较大偏差。

　　图 6-9 给出了两种算法对目标数量的估计结果。

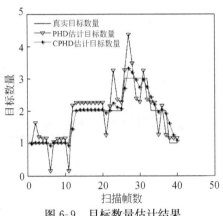

图 6-9　目标数量估计结果

　　由图 6-9 可以看出,CPHD 算法估计的目标数量更贴近真实的目标数量,原因在于 CPHD 算法在预测和更新过程中推导了目标基数的分布,放松了 PHD 中基数分布为泊松分布的假设,更符合实际情况。图 6-10 给出了 4 个目标在不同 SNR情况下的跟踪误差,误差通过下式进行计算。

$$\text{RMSE}_k = \frac{1}{Q_m} \sum_{i=1}^{Q_m} \sqrt{(x_k - \hat{x}_k)^2}$$

式中,Q_m 为蒙特卡罗次数,这里取 100。

　　由图 6-10 可以看出,SNR 越高,估计的误差越小,而且随着滤波器的递推,误差趋向于减小。

　　图 6-11 给出了 SNR＝5dB 时两种算法的均方根误差,图中显示 CPHD 算法误差小于 PHD 算法,更接近 PCRLB。

　　图 6-12 给出了两种算法在 SNR＝5dB 时,单次仿真下的最优子模式分配(optimal sub-pattern assignment,OSPA)距离[19],结果显示 CPHD 算法的 OSPA距离小于 PHD 算法。图 6-9、图 6-11、图 6-12 都显示在目标发生变化时,两种算法在目标数量、跟踪误差以及 OSPA 距离上存在较大偏差,原因是当出现新目标时,若预测目标的状态与真实状态存在较大偏差,则更新后虽然偏差减小,但仍然存在一定偏差,随着进一步的迭代更新,估计偏差便会减小,贴近真实值。

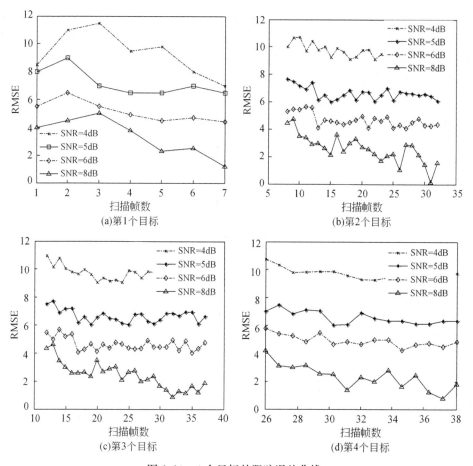

图 6-10　4 个目标的跟踪误差曲线

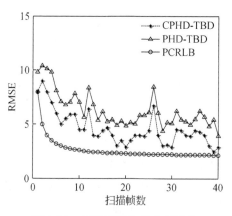

图 6-11　目标跟踪的均方根误差

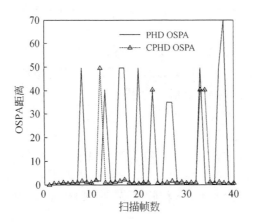

图 6-12　目标跟踪的 OSPA 距离

表 6-1 给出了 PHD-TBD 和 CPHD-TBD 在不同 SNR 条件下 RMSE 和 OSPA 距离的对比。可以看出,无论是 RMSE 还是 OSPA 距离,在同一 SNR 条件下,CPHD-TBD 的跟踪误差都要小于 PHD-TBD,但同一算法随着 SNR 的提高,跟踪误差也会减小。

表 6-1　**PHD-TBD 和 CPHD-TBD 在不同 SNR 条件下的误差对比**

SNR/dB	RMSE		OSPA 距离	
	PHD-TBD	CPHD-TBD	PHD-TBD	CPHD-TBD
4	11.52	9.83	10.25	8.93
5	8.61	6.56	7.88	5.26
6	5.36	4.29	4.99	3.89
8	3.11	2.15	3.08	1.55

6.4　噪声统计特性未知条件下的目标检测前跟踪算法

基于粒子滤波的 TBD 算法适合处理非线性、非高斯系统下的目标跟踪问题,但要求噪声的统计特性已知。对于 MIMO 雷达的一个分辨单元,雷达接收的信号含有目标反射的雷达信号、杂波、相干信号以及噪声,在检测之前,干扰、杂波以及噪声难以完全抑制或消除,并且动态系统会产生动态噪声,这就使得基于粒子滤波的检测前跟踪算法的检测性能大幅度下降。

本节针对在噪声统计特性未知条件下对弱目标的检测与跟踪问题,研究基于代价参考的粒子滤波(cost-reference particle filter,CRPF)的 TBD 算法。该算法包含以下两步：

(1)通过 CRPF 估计出连续的系统状态，由估计出的状态序列和实时的测量数据可以构造一组新的检验统计量，该统计量可以定义为似然比函数；

(2)由新的检验统计量进行信号检测。

6.4.1　信号模型

基于 6.1.1 节的基础模型，考虑有 M 个发射阵元和 N 个接收阵元组成的分布式 MIMO 雷达系统，第 m 个发射阵元发射的窄带信号为 $s_m(t)$，目标所在监视区域的坐标为 (x,y)，第 n 个接收阵元接收第 m 个发射阵元的信号为

$$r_{mn}(t)=\sqrt{\frac{E}{M}}\alpha_{mn}s_m(t-\tau) \tag{6-104}$$

式中，E 为接收阵元接收发射信号的总能量；$\alpha_{mn}\sim CN(0,1)$ 为目标的散射系数；τ 为第 m 个发射阵元发射的信号经目标到第 n 个接收阵元的时间延迟。经匹配滤波，接收信号可以表示为

$$r_{mn}(t)=\alpha_{mn}g_{mn}(x_k)+w(t) \tag{6-105}$$

式中，$g_{mn}(x_k)$ 为信号由第 m 个发射阵元经目标至第 n 个接收阵元延迟的非线性函数；$w(t)$ 为噪声，其统计特性未知。

系统的动态模型如下：

$$x_k=f_{k-1}(x_{k-1})+v_{k-1} \tag{6-106}$$

$$z_k=h_k(x_k)+w_k \tag{6-107}$$

式中，x_k 和 z_k 分别为 k 时刻系统的状态矢量和观测值；f_{k-1} 为状态转移函数；h_k 为由状态 x_k 到测量值的映射函数；v_{k-1} 和 w_k 分别为系统噪声和观测噪声。

6.4.2　基于 CRPF 的状态估计

粒子滤波算法利用一组带有权重的随机样本近似后验概率密度函数，本质上是一种贝叶斯滤波，其权重的求取需要已知动态系统的统计特性。然而现实中存在很多情况是统计特性未知的，因此需要一种算法能够在未知统计特性的情况下求取粒子权重。代价参考利用人为定义的代价替换粒子滤波中粒子的权重，而这种代价的求取无须已知噪声的统计特性。

代价参考粒子滤波器的主要目的是根据已有的观测数据实时估计系统的状态序列，即根据某参考函数估计 $x_k\,|\,z_{1:k}(k=1,2,\cdots,K_f)$，如图 6-13 所示。

代价参考函数是比较特殊的一类参考函数，其无须事先已知噪声分布特性，而且具有迭代特性，其递归形式如下：

$$c(x_{1:k}\,|\,z_{1:k},\lambda_f)=\lambda_f c(x_{1:k-1}\,|\,z_{1:k-1},\lambda_f)+\Delta c(x_k\,|\,z_k) \tag{6-108}$$

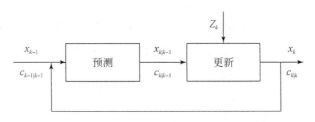

图 6-13　代价参考粒子滤波框图

式中，$0 < \lambda_f < 1$，为遗忘因子；Δc 为增量代价。式(6-108)只是代价参考函数的一种主要递归方式，还存在一种前向代价参考函数递归方式，其形式如下：

$$c(x_{1:k} \mid z_{1:k}, \lambda_f) = \lambda_f c(x_{1:k-1} \mid z_{1:k-1}, \lambda_f) + (1 - \lambda_f) \Delta c(x_k \mid z_k) \quad (6\text{-}109)$$

由式(6-109)可以看出，前向代价参考函数更加全面地描述了 CRPF 滤波的定义和贡献。

在 CRPF 滤波中，$c(x_{1:k} \mid z_{1:k}, \lambda_f)$ 越大，表明由观测数据 $z_{1:k}$ 估计出目标状态为 $x_{1:k}$ 的可能性越小。由式(6-109)可以看出，某一时刻粒子的代价不仅由该时刻的观测数据和估计状态的代价决定，还综合考虑了之前各观测数据与估计状态的代价，充分利用了之前的数据信息，避免了信息损失。因此，本书设计一个权重函数 $\mu(c)$，该函数可以将粒子代价转换为粒子权重，以代替传统粒子滤波算法中利用已知噪声分布特性求取的粒子权重。

在统计特性未知的动态系统中，观测噪声的统计特性都是未知的或者十分复杂的，难以用简单的概率模型对其进行描述。在这种情况下，即使目标状态已知，其后验概率密度函数仍然很难得到解析式。文献[21]提出了粒子风险和代价参考，并将粒子风险和代价参考的实时可选择性更新引入状态估计中，而不是后验概率密度的更新。

与卡尔曼滤波和粒子滤波类似，CRPF 利用观测集合 $\{z_1, z_2, \cdots, z_k\}$ 来估计式(6-108)、式(6-109)中的状态序列 $\{\hat{x}_1, \hat{x}_2, \cdots, \hat{x}_k\}$。CRPF 算法对目标进行估计需要 4 个连续的步骤。假设初始状态空间为 Ω_0，粒子数量为 I，具体步骤如下：

步骤 1　初始化。①产生初始粒子序列 $\{x_0^1, x_0^2, \cdots, x_0^I\} \in \Omega_0$，该序列可以按照某种概率分布从 Ω_0 中随机产生或者有规则地采样产生，每个粒子的初始代价 $c_0^i = 0$，序列 $\Theta_0 = \{(x_0^1, c_0^1), (x_0^2, c_0^2), \cdots, (x_0^I, c_0^I)\}$ 形成了初始的粒子-代价集合。

②计算粒子风险和重采样权值：k 时刻粒子的风险是由其代价和 $k+1$ 时刻的观测值决定的，定义为

$$r(x_k^i, c_k^i) = \lambda_f c_k^i + \parallel z_{k+1} - h_k[f_k(x_k^i)] \parallel_2^{2p} \quad (6\text{-}110)$$

式中，$0 \leqslant \lambda_f \leqslant 1$，为遗忘因子；$\parallel z_{k+1} - h_k[f_k(x_k^i)] \parallel_2^{2p}$ 为增量代价，这里假设 x_k^i 是

第 k 时刻的真实状态。当 $\lambda_f=0$ 时,风险仅由增量代价决定,是无记忆的;当 $\lambda_f=1$ 时,前一时刻的代价将全部累积到下一时刻,风险是全记忆的;当 $0<\lambda_f<1$ 时,先前时刻的风险将逐渐被遗忘。在状态估计过程中,风险越小的粒子越重要。依据 k 时刻所有粒子的风险,设计重采样权重为

$$\mu(x_k^i, c_k^i) = \frac{r^{-1}(x_k^i, c_k^i)}{\sum_{i=1}^{I} r^{-1}(x_k^i, c_k^i)} \tag{6-111}$$

步骤 2　利用式(6-111)的权重选取新的粒子 $\{\tilde{x}_k^1, \tilde{x}_k^2, \cdots, \tilde{x}_k^I\} \in \Omega_k$,重采样前每个粒子的代价被添加到重采样的粒子中,形成新的粒子-代价集合 $\Theta_k = \{(\tilde{x}_k^i, \tilde{c}_k^i), i=1,2,\cdots,I\}$。

步骤 3　粒子更新从粒子集合 Θ_k 中产生第 $k+1$ 时刻的粒子,对于每个粒子 $(\tilde{x}_k^i, \tilde{c}_k^i) \in \Theta_k$, $k+1$ 时刻的粒子 $(\tilde{x}_{k+1}^i, \tilde{c}_{k+1}^i)$ 产生如下:

$$x_{k+1}^i \sim N[f_k(\tilde{x}_k^i), \sigma^2] \tag{6-112}$$

$$c_{k+1}^i = \lambda_f \tilde{c}_k^i + \| z_{k+1} - h_k(x_{k+1}^i) \|_2^{2p} \tag{6-113}$$

式中, $N(m, \mathrm{diag}(\sigma_1^2, \sigma_2^2, \cdots, \sigma_I^2))$ 为 I 维的高斯分布,其均值为 m,其协方差矩阵为 $\mathrm{diag}(\sigma_1^2, \sigma_2^2, \cdots, \sigma_I^2)$。

步骤 4　重复步骤 1～步骤 3,直至 $k=K_f$,粒子、代价及其重采样权重每一时刻都会得到更新,由此得到每一时刻的平均代价状态估计或者最小代价状态估计为

$$\hat{x}\mathrm{mean}_k = \sum_{i=1}^{I} x_k^i \mu(x_k^i, c_k^i) \tag{6-114}$$

$$\hat{x}_k^{\min} = x_k^{i_0}, \quad i_0 = \arg \min_k \{c_k^i, k=1,2,\cdots,I\} \tag{6-115}$$

需要注意的是,当观测噪声的统计特性已知时,粒子滤波的估计性能要优于 CRPF,因为 CRPF 没有充分利用噪声的统计特性;对于系统噪声统计特性未知的情形,粒子滤波只能假设噪声服从某种分布才能应用,若假设的噪声分布与真实分布不同,则会导致其估计性能明显恶化,而 CRPF 的估计性能不受统计特性的影响,因此这种情况下 CRPF 的估计性能要优于粒子滤波。

6.4.3　基于 CRPF 的检测器

根据目标的有无,观测数据可以表示如下:

$$\begin{cases} H_0: z_k = w_k, & k=1,2,\cdots,K_f \\ H_1: z_k = s_k + w_k, & k=1,2,\cdots,K_f \end{cases} \tag{6-116}$$

式中,信号 $s = [s_1, s_2, \cdots, s_{K_f}]$ 满足如下动态公式:

$$x_k = f_{k-1}(x_{k-1}) + v_{k-1} \tag{6-117}$$

$$s_k = h_k(x_k) \tag{6-118}$$

式中,假设观测噪声 w_k 是相互独立的, $h_k(x_k) = \alpha_k g_k(x_k)$。

不同噪声条件下,检测问题的分析不同,具体分析如下:

(1)假设 w_k 的概率密度函数已知,状态 x_k 已知,不存在系统噪声。在这种情况下,待测信号是确定的,表示为

$$\begin{aligned}
s &= g(t; x_1, x_2, \cdots, x_{K_f}) \\
&= [h_1(x_1), h_2(x_2), \cdots, h_{K_f}(x_{K_f})]
\end{aligned} \tag{6-119}$$

利用对数似然比检测信号,可以表示为

$$\begin{aligned}
\xi_{\mathrm{LRT}}(Z) &= \lg\left\{\frac{p(Z \mid H_1)}{p(Z \mid H_0)}\right\} = \lg\left\{\frac{\displaystyle\prod_{k=1}^{K_f} p_k[z_k - h_k(x_k)]}{\displaystyle\prod_{k=1}^{K_f} p_k(z_k)}\right\} \\
&= \sum_{k=1}^{K_f} (\lg\{p_k[z_k - h_k(x_k)]\} - \lg[p_k(z_k)])
\end{aligned} \tag{6-120}$$

式中, $Z = [z_1, z_2, \cdots, z_k]$; $p_k(z)$ 为 w_k 的概率密度函数。

(2)当状态 $\{x_1, x_2, \cdots, x_{K_f}\}$ 未知,且由观测数据进行估计时,其广义似然比检测(generalized likelihood ratio test, GLRT)可以表示为

$$\xi_{\mathrm{GLRT}}(Z) = \sum_{k=1}^{K_f} \{\lg[p_k z_k - h_k(\hat{x}_k)] - \lg p_k(z_k)\} \tag{6-121}$$

$$[\hat{x}_1, \hat{x}_2, \cdots, \hat{x}_{K_f}] = \Phi(z_1, z_2, \cdots, z_{K_f}) \tag{6-122}$$

状态可以通过卡尔曼滤波或粒子滤波估计,状态估计需要在阈值检测之前完成。

(3)在动态系统的统计特性未知的情况下,观测噪声是未知的,式(6-121)、式(6-122)中检测前跟踪检测器无法工作。在 H_0 和 H_1 的假设下,需要将观测数据的差值作为统计量而不是概率密度的对数,即

$$\begin{aligned}
\lg\{p_k[z_k - h_k(\hat{x}_k)]\} &\Rightarrow -\|z_k - h_k(\hat{x}_k)\|_2^{2p} \\
\lg[p_k(z_k)] &\Rightarrow -\|z_k\|_2^{2p}
\end{aligned} \tag{6-123}$$

状态序列可以用 CRPF 估计:

$$[\hat{x}_1, \hat{x}_2, \cdots, \hat{x}_{K_f}] = \mathrm{CRPF}(z_1, z_2, \cdots, z_{K_f}) \tag{6-124}$$

此时,可以获得基于 CRPF 的检验统计量和对应的检测器:

$$\xi_{\mathrm{CRPF}}(Z) = \sum_{k=1}^{K_{\mathrm{f}}} \left[\parallel z_k \parallel_2^{2p} - \parallel z_k - h_k(\hat{x}_k) \parallel_2^{2p} \right]$$

$$= \begin{cases} \sum\limits_{k=1}^{K_{\mathrm{f}}} \left[\parallel h_k(x_k) + w_k \parallel_2^{2p} - \parallel h_k(x_k) + w_k - h_k(\hat{x}_k) \parallel_2^{2p} \right], & H_1 \\ \sum\limits_{k=1}^{K_{\mathrm{f}}} \left[\parallel w_k \parallel_2^{2p} - \parallel w_k - h_k(\hat{x}_k) \parallel_2^{2p} \right], & H_0 \end{cases}$$

$$(6\text{-}125)$$

式中, x_k 为目标真实状态; $\hat{x}_k$ 为估计状态。式(6-125)就是针对动态系统中统计特性未知的信号检测问题设计的 CRPF 检测器, 由 K_{f} 时刻的观测值 Z 可以计算出检验统计量, 若其超过阈值 T_{tr}, 则信号存在, 否则, 信号不存在。系统噪声和观测噪声的统计特性未知, 因此阈值 T_{tr} 必须经过蒙特卡罗实验达到要求的虚警概率。

在以下特殊条件下, 基于 CRPF 的检测前跟踪检测器是 GLRT 的扩展。当观测噪声在 K_{f} 时刻内是零均值且具有相同协方差矩阵的复高斯白噪声矢量时, $p=1$ 的 CRPF 检测器就是 GLRT。在这种情形下, 有

$$p_k(w_k) = \frac{1}{\pi^J \sigma_{\mathrm{w}}^{2J}} \exp\left(-\frac{\parallel w_k \parallel_2^2}{\sigma_{\mathrm{w}}^2}\right) \tag{6-126}$$

式中, J 为观测数据矢量 z_k 的维数。将式(6-126)代入式(6-121)、式(6-122), 很容易发现, 当 $p=1$ 时, 检验统计量 ξ_{CRPF} 正比于 GLRT 的统计量。

当观测噪声是广义复高斯矢量时, 其形状参数 $v>0$, 标准差为 σ_{w}, $p=v$ 的 CRPF 检测器相当于 GLRT, 在这种条件下, 有

$$p_k(w_k) = \frac{\beta(v)}{\sigma_{\mathrm{w}}^{J/2}} \exp\left\{-\left[\eta(v)\frac{\parallel w_k \parallel_2^2}{\sigma_{\mathrm{w}}^2}\right]^v\right\}, \quad v>0 \tag{6-127}$$

$$\beta(v) = \frac{v\Gamma(v)}{\pi\Gamma^2(1/v)} \tag{6-128}$$

$$\eta(v) = \frac{\Gamma(2/v)}{2\Gamma(1/v)} \tag{6-129}$$

将式(6-127)~式(6-129)代入式(6-121)、式(6-122), $p=v$ 的检验统计量 ξ_{CRPF} 正比于 GLRT 的统计量。在很多粒子系统中, 可以用广义高斯分布对噪声进行建模。当动态系统中的未知噪声经过广义复高斯处理并且取得相应的参数 p 时, CRPF 检测器可以达到接近于 GLRT 的性能。事实上, 由于噪声的统计特性未知, 参数 p 可以经过多次实验后凭经验选取。

虽然在一些特殊情况下, p 取特殊值的 CRPF 检测器的检验统计量与其 GLRT 的检验统计量相同, 但是得到检验统计量的算法是不同的。CRPF 检测器利用观测数据与估计值之间的差值, 不需要噪声的统计信息, 而 GLRT 基于二元

假设 H_0 和 H_1 下估计的似然函数，需要已知噪声的统计模型。

以上是对单通道下的代价参考粒子滤波检测前跟踪算法的分析，对于分布式 MIMO 雷达的多通道情况，其代价参考粒子滤波的形式如下。

将式(6-110)中的风险和式(6-111)中的代价以及式(6-125)中的检验统计量建模如下：

$$\mathrm{Risk}\{(x_k^i, c_k^i)\} = \lambda c_k^i + \sum_{m=1}^{M} \sum_{n=1}^{N} \{\parallel z_{mn,k+1} - h_{mn}[f_k(x_k^i)] \parallel_2^2\}^p$$

$$= \lambda c_k^i + \sum_{m=1}^{M} \sum_{n=1}^{N} \{\parallel z_{mn,k+1} \parallel_2^2 + \parallel h_{mn}[f_k(x_k^i)] \parallel_2^2 - 2 | z_{mn,k+1}^{\mathrm{H}} h_{mn}(f_k(x_k^i)) | \}^p$$

$$(6\text{-}130)$$

$$c_{k+1}^i = \lambda c_k^i + \sum_{m=1}^{M} \sum_{n=1}^{N} [\parallel z_{mn,k+1} \parallel_2^2 + \parallel h_{mn}(x_{k+1}^i) \parallel_2^2 - 2 | z_{mn,k+1}^{\mathrm{H}} h_{mn}(x_{k+1}^i) |]^p$$

$$(6\text{-}131)$$

$$\xi_{\mathrm{CRPF}}(Z) = \sum_{k=1}^{K} \sum_{m=1}^{M} \sum_{n=1}^{N} [\parallel z_{mn,k} \parallel_2^{2p} - \parallel z_{mn,k} - h_{mn}(\hat{x}_k^i) \parallel_2^{2p}]$$

$$= \sum_{k=1}^{K} \sum_{m=1}^{M} \sum_{n=1}^{N} \{\parallel z_{mn,k} \parallel_2^{2p} - [\parallel z_{mn,k} \parallel_2^2 + \parallel h_{mn}(\hat{x}_k^i) \parallel_2^2 - 2 | z_{mn,k}^{\mathrm{H}} h_{mn}(\hat{x}_k^i) |]\}$$

$$(6\text{-}132)$$

式中，上标 H 表示共轭转置。

式(6-130)～式(6-132)构成了 MIMO 雷达基于 CRPF 的检测前跟踪检测器，MIMO 雷达可以对接收信号进行长时间积累，从而实现在噪声统计特性未知的条件下对机动目标进行检测。

6.4.4　仿真实验

假设目标在 1000×1000 的二维平面内机动，目标的初始位置为 $[100, 200]^{\mathrm{T}}$，速度为 $[11, 10]^{\mathrm{T}}$，K_f 取值为 20，系统中包含 2 个发射阵元和 3 个接收阵元。在给定的场景下，仿真产生 MIMO 雷达 2×3 个接收通道的信号。目标的运动模型参照 6.1.1 节，其中，v_k 是高斯白噪声，其均值为零，协方差矩阵为

$$Q_v = \begin{bmatrix} \dfrac{\sigma_v}{3} T_f^3 & \dfrac{\sigma_v}{2} T_f^2 & 0 & 0 \\[2mm] \dfrac{\sigma_v}{2} T_f^2 & \sigma_v T_f & 0 & 0 \\[2mm] 0 & 0 & \dfrac{\sigma_v}{3} T_f^3 & \dfrac{\sigma_v}{2} T_f^2 \\[2mm] 0 & 0 & \dfrac{\sigma_v}{2} T_f^2 & \sigma_v T_f \end{bmatrix} \qquad (6\text{-}133)$$

式中，$\sigma_v = 1.5$ 为目标机动性的大小。

在实验一中，设观测噪声为已知的零均值复高斯白噪声，对比 CRPF 检测器与文献[19]、[20] 中的粒子滤波检测器。设观测噪声的方差为 σ_w^2，则 SNR 定义为

$$\text{SNR} = 10\lg\left(\frac{\alpha^2}{\sigma_w^2}\right) \tag{6-134}$$

文献[20]中给出了目标存在概率的公式，这里将其均值作为检验统计量。设三个检测器 $P_f = 0.001$，阈值由 10000 次仅有观测噪声的蒙特卡罗实验决定，对于不同的 SNR 值，进行 1000 次蒙特卡罗实验计算检测概率的平均值。图 6-14、图 6-15 和图 6-16 分别给出了粒子数 $N_I = 2000$ 时，三种算法在不同 SNR 下的检测概率情况，当 SNR＝5dB 时，两种粒子滤波算法和本节算法的跟踪效果图以及三种算法跟踪的均方根误差随 SNR 的变化情况。

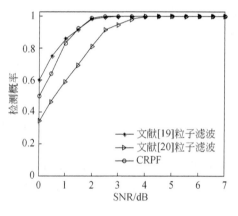

图 6-14　不同 SNR 下的检测概率　　　　图 6-15　三种算法的跟踪效果

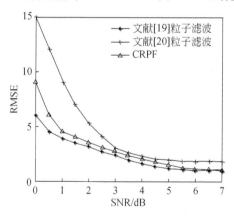

图 6-16　三种算法的跟踪误差

　　由图 6-14、图 6-15 和图 6-16 可以看出,文献[19]中的粒子滤波器性能最好,
$p=1$ 的 CRPF 检测器虽然没有充分利用噪声的统计特性,但其性能仍然接近于文
献[19]中的粒子滤波器性能,文献[20]中的粒子滤波检测器性能最差,该算法优势
在于运算复杂度小,粒子的选取由接收信号傅里叶频谱的峰值决定,这就造成其存
在概率的平均值不一定是二元判决的最佳检验统计量。

　　在实验二中,观测噪声为形状参数 $v=0.5$ 的零均值广义复高斯随机数,并且
假设噪声的统计特性未知。由于两个粒子滤波检测器需要噪声统计特性,假设噪
声为复高斯白噪声,方差由文献[21]中的绝对中位差估计器对傅里叶变换估计得
到。CRPF 检测器中检验统计量的参数 p 取值为 1,在实验二的条件下,三个检测
器的检测跟踪性能如图 6-17～图 6-19 所示。可以看出,由于 CRPF 检测器无须噪
声统计特性,其性能最好,而两个粒子滤波检测器假设噪声的统计特性与真实噪声
的统计特性不匹配,因此两种算法的检测性能明显降低,证明了基于 CRPF 的
TBD 算法在处理噪声统计特性未知情况时的优越性。

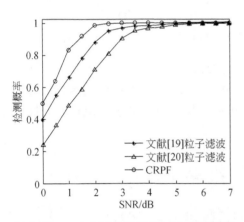

图 6-17　$v=0.5$ 时不同 SNR 下的检测概率

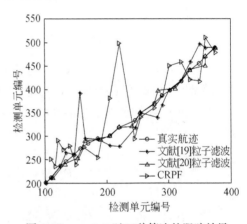

图 6-18　$v=0.5$ 时三种算法的跟踪效果

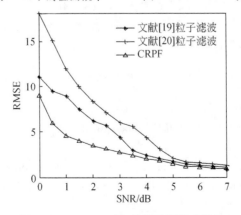

图 6-19　$v=0.5$ 时三种算法的跟踪误差

实验三验证不同参数下 CRPF 的检测性能。对于形状参数 $v=0.5$ 的广义高斯噪声，当 $p=0.25,0.5,0.75,1$、粒子数 $N_l=2000$、虚警概率为 0.001 时，检测性能如图 6-20 所示；当 $p=0.5$、$v=0.25,0.5,0.75,1$ 时，检测性能如图 6-21 所示。

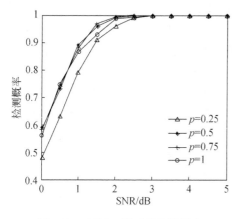

图 6-20　不同 p 值下的检测概率

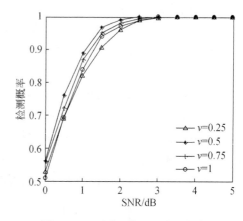

图 6-21　不同 v 值下的检测概率

可以看出，当 $p=v$ 时，CRPF 检测器才能实现最好的检测性能；当两者不匹配时，检测性能下降，但这个损失在可承受范围内。这就说明，拥有可调参数（如 $p=0.5$ 或 1）的 CRPF 检测器在形状参数 v 不可调的情况下仍能表现出很好的检测性能。

6.5　本章小结

本章面向分布式 MIMO 雷达系统，针对高斯、非高斯以及统计特性未知的三种噪声环境，分别给出了适用的检测前跟踪算法。在不同环境下，采用相应算法联合处理多帧数据，实现能量积累，在给出目标航迹的同时判断目标是否存在，可用于解决弱目标检测和跟踪问题。

参 考 文 献

[1] Davey S J, Rutten M G, Cheung B. A comparison of detection performance for severaltrack-before- detect algorithms [C]//IEEE International Conference on Information Fusion, Philadelphia，2008：1-8.

[2] Novey M, Adali T, Roy A. Acomplex generalized Gaussian distribution- characterization, generation, and estimation[J]. IEEE Transactions on Signal Processing，2010，58(3)：1427-1433.

[3] 周穗华，张宏欣，冯士民. 高斯渐进贝叶斯滤波器[J]. 控制理论与应用，2015，32(8)：1023-1031.

[4] Masmoudi A，Bellili F，Affes S，et al. Amaximum likelihood time delay estimator using importance sampling[C]//IEEE Global Telecommunications Conference，Houston，2011：1-6.

[5] Gordon N J，Salmond D J，Smith A F M. Novel approach to nonlinear/non- Gaussian Bayesian state estimation[J]. IEE Proceedings Part F，1993，140(2)：107-113.

[6] 胡琳，王首勇，万洋. 基于动态规划的 TBD 改进算法[J]. 空军预警学院学报，2010，24(2)：79-82.

[7] Zheng D，Wang S，Liu C. An improved dynamic programming track-before-detect algorithm for radar target detection [C]//IEEE International Conference on Signal Processing，Hangzhou，2014：2120-2124.

[8] 曲长文，黄勇，苏峰. 基于动态规划的多目标检测前跟踪算法[J]. 电子学报，2006，34(12)：2138-2141.

[9] 孙建设. 关于伽玛函数和不完全伽玛函数单调性的注记[J]. 纯粹数学与应用数学，2007，23(1)：55-60.

[10] 戴喜增，彭应宁，汤俊. MIMO 雷达检测性能[J]. 清华大学学报(自然科学版)，2007，47(1)：88-91.

[11] Mahler R. Multitarget Bayes filtering via first-order multitarget moments[J]. IEEE Transactions on Aerospace & Electronic Systems，2003，39(4)：1152-1178.

[12] Mahler R. A theory of PHD filters of higher order in target number[C]//SPIE Defense and Security Symposium，Orlando，2006：62350K-1-62350K-12.

[13] Mahler R. PHD filters of higher order in target number[J]. IEEE Transactions on Aerospace & Electronic Systems，2007，43(4)：1523-1543.

[14] Vo B T，Vo B N，Cantoni A. Thecardinalized probability hypothesis density filter for linear gaussian multi- target models[C]//IEEE Annual Conference on Information Sciences and Systems，Princeton，2006：681-686.

[15] 胡子军，张林让，张鹏，等. 基于高斯混合带势概率假设密度滤波器的未知杂波下多机动目标跟踪算法[J]. 电子与信息学报，2015，37(1)：116-122.

[16] Buzzi S，Lops M，Venturino L，et al. Track-before-detect procedures in a multi-target environment[J]. IEEE Transactions on Aerospace & Electronic Systems，2008，44(3)：1135-1150.

[17] Wang J D，Wang J，Ke Q，et al. Approximate K- means via cluster closures[C]//IEEE Conference on Computer Vision & Pattern Recognition，Portland，2013：373-395.

[18] Tharmarasa R，Kirubarajan T，Hernandez M，et al. PCRLB-based multisensor array management for multitarget tracking[J]. IEEE Transactions on Aerospace & Electronic Systems，2007，43(2)：539-555.

[19] Gordon N，Ristic B，Arulampalam S. Beyond the Kalman Filter：Particle Filters for Tracking Applications[M]. London：Artech House，2004.

[20] Boers Y, Driessen H. A particle-filter-based detection scheme[J]. IEEE Signal Processing Letters, 2003, 10(10):300-302.

[21] Shui P L, Bao Z, Su H T. Nonparametricdetection of FM signals using time-frequency ridge energy[J]. IEEE Transactions on Signal Processing, 2008, 56(5):1749-1760.

第 7 章　MIMO 雷达参数估计技术

参数估计是 MIMO 雷达信号处理的核心之一。传统相控阵雷达的参数(如 DOA、多普勒频率、通道幅相误差等)估计算法同样适用于集中式 MIMO 雷达,而在分布式 MIMO 雷达中有所区别。理论上,增大天线孔径可以有效地提高空域处理的精度,但实际工程应用中受设备尺寸、成本以及场地等多方面的限制,其往往是不可行的。

角度估计是参数估计的一个重要方面。综合信号时延和角度信息,可以获得目标位置。根据收发是否分置,MIMO 雷达可以分为单基地 MIMO 雷达和双基地/多基地 MIMO 雷达[1]。对于单基地 MIMO 雷达,信号的离开和到达角度相同,因此其角度估计通常是指 DOA 估计;对于双基地 MIMO 雷达,由于信号的离开和到达角度不同,其角度估计通常需要研究 DOA 估计和 DOD 估计,并将获得的结果配对[2]。本章分别介绍单基地 MIMO 雷达和双基地 MIMO 雷达中的角度估计技术。

7.1　参数估计基础

参数估计算法和待估计参数类型有直接关系。本节主要介绍角度估计和跟踪算法,并给出一维和二维角度估计的克拉默-拉奥界。

7.1.1　常规 DOA 估计算法

MIMO 雷达通过对接收阵列数据进行处理来获得目标的方位角、俯仰角和距离等位置参数,依据位置参数进行目标定位,因此准确估计目标角度是 MIMO 雷达后续数据处理的前提。

1. 非相干 DOA 估计

自适应阵列信号处理的参数估计技术已经应用到 MIMO 雷达目标角度估计中。MUSIC 算法和 ESPRIT 算法属于最具代表性的子空间类高分辨 DOA 估计算法,其对非相干源具有较好的检测性能和估计精度,且都可以产生渐近无偏估计[3,4]。

1) MUSIC 算法

MUSIC 算法[5,6]的基本思想是:利用特征分解得到的信号子空间与噪声子空间的正交特性构造代价函数,并根据代价函数来估计信号参数。

设平面共有 $M \times N$ 个阵元,信源数为 K_s。各信号的波达方向分别为 (θ_1, φ_1),$(\theta_2, \varphi_2), \cdots, (\theta_{K_s}, \varphi_{K_s})$,其中 θ_k、φ_k 分别代表第 k 个信源的方位角和俯仰角。方向矢量 $A = [a_r(\theta_1, \varphi_1) \otimes a_t(\theta_1, \varphi_1), \cdots, a_r(\theta_k, \varphi_k) \otimes a_t(\theta_k, \varphi_k)]$,其中 $a_r(\theta_k, \varphi_k) \otimes a_t(\theta_k, \varphi_k)$ 表示第 k 个目标的接收阵元导向矢量与发射阵元导向矢量的 Kronecker 积。

阵列接收数据的协方差矩阵表示为 $R_X = E[X(t) X^H(t)]$。对 R_X 进行协方差矩阵分解,得

$$R_X = U_s R_s U_s^H + \sigma_w^2 U_n U_n^H \tag{7-1}$$

式中,R_s 为有用信号的协方差矩阵。设信源之间互不相关,信号和噪声相互独立。实际接收数据矩阵不是无限长的,且接收数据中存在噪声,因此方向矢量 A 与噪声子空间的估计 $\hat{U}_n$ 并不完全正交,在工程实现时,通过最优化搜索来达到二维 DOA 估计的目的,即

$$(\theta_k, \varphi_k) = \arg \min_{\theta_k, \varphi_k} \{A^H(\theta_k, \varphi_k) U_n U_n^H A(\theta_k, \varphi_k)\} \tag{7-2}$$

2)ESPRIT 算法

ESPRIT 算法[7-9] 的基本思想是:利用阵列的平移不变性来估计信号参数。

假设一个发射阵元数为 M、接收阵元数为 N 的 MIMO 雷达,在接收端形成的虚拟阵列为一个均匀线阵。设第一个子阵列由第 1 个阵元到第 $MN-1$ 个阵元组成,第二个子阵列由第 2 个到最后一个阵元组成,两个子阵列具有平移不变性。

两个子阵列的信号表示为

$$\begin{cases} x(t) = A(\theta) S(t) + n_x(t) \\ y(t) = A(\theta) \Phi S(t) + n_y(t) \end{cases} \tag{7-3}$$

式中,$\Phi = \mathrm{diag}[e^{j\omega_0 d\sin\theta_1/c}, e^{j\omega_0 d\sin\theta_2/c}, \cdots, e^{j\omega_0 d\sin\theta_{K_s}/c}]$ 为两阵列的相位延迟,即旋转不变因子;$n_x(t)$ 和 $n_y(t)$ 为加性噪声矢量。

设 $z(t)$ 代表整个阵列接收数据的向量,则 $z(t)$ 可以表示为

$$z(t) = \begin{bmatrix} x(t) \\ y(t) \end{bmatrix} = \overline{A} S(t) + n_z(t) \tag{7-4}$$

式中,$\overline{A} = \begin{bmatrix} A \\ A\Phi \end{bmatrix}$;$n_z(t) = \begin{bmatrix} n_x(t) \\ n_y(t) \end{bmatrix}$。

阵列接收向量 $z(t)$ 的自相关矩阵为

$$R_{zz} = E[z(t) z^H(t)] = \overline{A} R_{ss} \overline{A}^H + \sigma_n^2 \sum_n \tag{7-5}$$

存在唯一的非奇异矩阵 T_m,满足

$$E_s = \overline{A} T_m \tag{7-6}$$

利用两个子阵列的旋转不变性,E_s 可以表示为

$$E_s = \begin{bmatrix} E_x \\ E_y \end{bmatrix} = \begin{bmatrix} AT_m \\ A\Phi T_m \end{bmatrix} \tag{7-7}$$

则有

$$E_y = E_x T_m^{-1} \Phi T_m = E_x \Psi \tag{7-8}$$

式中,$\Psi = T_m^{-1} \Phi T_m$。至此可知,矩阵 Φ 的对角元素为 Ψ 的特征值。

对 $E_x^{-1} E_y$ 进行特征值分解,得特征值 $\lambda_k (k=1,2,\cdots,K_s)$,取反角运算即得目标角度。

MUSIC 算法涉及信源协方差矩阵的分解以及空间谱搜索,运算复杂度高,且在低 SNR 下不能估计出较近的目标角度;ESPRIT 算法利用子空间的旋转不变性,不需要全空间搜索,在一定程度上减小了运算量,然而并未避免特征值分解,且存在需要二维参数配对的问题。在针对空域目标二维 DOA 估计研究中,不少文献从减小运算量和降低参数配对方面对 ESPRIT 算法提出了改进措施[10],但算法的运算量依然很大。另外,当阵列流形存在误差时,两种算法在 MIMO 雷达目标参数估计中的性能也受到影响。

2. 相干 DOA 估计

相干 DOA 估计的主要思想是:从接收数据协方差矩阵的秩亏损入手,将信号协方差矩阵的秩恢复到等于信号源的数目。围绕相干信源角度估计已有大量研究,算法之一是在谱估计之前进行去相关预处理,平滑技术就是一种有效实现信号源去相干的算法。空间平滑[3]是针对相干或者相关信号的有效算法,其基本思想是将阵列分为两个子阵,利用子阵的协方差矩阵的平均运算实现去相干。

考虑等距线阵有 M 个阵元,用滑动方式分为 L 个子阵,每个子阵有 N 个单元,其中 $N=M-L+1$。定义 l 个前向子阵的输出为 x_l^f,则 l 个前向子阵的协方差矩阵为 $R_l^f = E[x_l^f(t) x_l^f(t)^H]$,定义前向平滑协方差矩阵为 $R_f = \dfrac{1}{L} \sum\limits_{l=1}^{L} R_l^f$;再次考虑倒序阵(阵元按照 $M, M-1, \cdots, 2, 1$ 排列),同样可以得到后向平滑协方差矩阵为 $R_b = \dfrac{1}{L} \sum\limits_{l=1}^{L} R_l^b$。

根据 R_f 及其倒序阵 R_b,定义前后向空间平滑协方差矩阵为

$$\tilde{R} = \frac{R_f + R_b}{2} \tag{7-9}$$

利用 $\tilde{R}$ 实现了原接收信号协方差矩阵秩的恢复,实现了信号源去相干,但是阵列的有效孔径减小了,其解相干性能是损失了自由度换取的。

7.1.2　角度估计的克拉默-拉奥界

1. 一维角度估计的克拉默-拉奥界

均匀线阵的接收信号模型为

$$Y_s = A_r(\varphi)\mathrm{diag}(\eta)A_t^{\mathrm{T}}(\theta) + W \tag{7-10}$$

参考文献[11]对克拉默-拉奥界进行了推导,得到均匀线阵的 Fisher 信息矩阵为

$$F = \begin{bmatrix} F_{\theta\theta} & F_{\theta\varphi} \\ F_{\varphi\theta} & F_{\varphi\varphi} \end{bmatrix} \tag{7-11}$$

F 中分块矩阵的表达式为

$$\begin{cases} F_{\theta\theta} = 2L \cdot \mathrm{real}[\dot{G}_\theta^{\mathrm{H}}(R_s \otimes I_M)\Delta^{-1}\dot{G}_\theta \odot R_\eta^{\mathrm{T}}] \\ F_{\theta\varphi} = 2L \cdot \mathrm{real}[\dot{G}_\theta^{\mathrm{H}}(R_s \otimes I_M)\Delta^{-1}\dot{G}_\varphi \odot R_\eta^{\mathrm{T}}] \\ F_{\varphi\theta} = 2L \cdot \mathrm{real}[\dot{G}_\varphi^{\mathrm{H}}(R_s \otimes I_N)\Delta^{-1}\dot{G}_\theta \odot R_\eta^{\mathrm{T}}] \\ F_{\varphi\varphi} = 2L \cdot \mathrm{real}[\dot{G}_\varphi^{\mathrm{H}}(R_s \otimes I_N)\Delta^{-1}\dot{G}_\varphi \odot R_\eta^{\mathrm{T}}] \end{cases} \tag{7-12}$$

式中,"$\odot$"表示 Hadamard 积;$\dot{G}_\theta$ 和 $\dot{G}_\varphi$ 的表达式为

$$\begin{cases} \dot{G}_\theta = \left[\dfrac{\partial a_t(\theta_1)}{\partial \theta_1} \otimes a_r(\varphi_1), \cdots, \dfrac{\partial a_t(\theta_{K_s})}{\partial \theta_{K_s}} \otimes a_r(\varphi_{K_s}) \right] \\ \dot{G}_\varphi = \left[\dfrac{\partial a_r(\varphi_1)}{\partial \varphi_1} \otimes a_t(\theta_1), \cdots, \dfrac{\partial a_r(\varphi_{K_s})}{\partial \varphi_{K_s}} \otimes a_t(\theta_{K_s}) \right] \end{cases} \tag{7-13}$$

Δ 和 R_η 的表达式分别为

$$\Delta = \begin{bmatrix} \sigma_0^2 I_N & 0 & \cdots & 0 \\ 0 & \sigma_0^2 I_N & \cdots & 0 \\ \vdots & \vdots & & \vdots \\ 0 & 0 & \cdots & \sigma_0^2 I_N \end{bmatrix}_{M \times M}, \quad R_\eta = \frac{1}{L}\eta\eta^{\mathrm{H}} \tag{7-14}$$

式中,L 为采样快拍数。

对式(7-11)求逆,即

$$\mathrm{CRB} = F^{-1} \tag{7-15}$$

得到基于均匀线阵的双基地 MIMO 雷达角度估计的克拉默-拉奥界。

2. 二维角度估计的克拉默-拉奥界

均匀 L 阵和均匀圆阵的收发角都具有方位角与俯仰角,根据前面对一维角度估计下的克拉默-拉奥界的推导,本小节将推导二维角度估计下的克拉默-拉奥界。

在均匀 L 阵和均匀圆阵下,假设 K_s 个远场目标的发射信号方位角为 $\theta_t = [\theta_{t1}, \theta_{t2}, \cdots, \theta_{tK_s}]$,发射信号俯仰角为 $\varphi_t = [\varphi_{t1}, \varphi_{t2}, \cdots, \varphi_{tK_s}]$,接收信号方位角为 $\theta_r = [\theta_{r1}, \theta_{r2}, \cdots, \theta_{rK_s}]$,接收信号俯仰角为 $\varphi_r = [\varphi_{r1}, \varphi_{r2}, \cdots, \varphi_{rK_s}]$,则 MIMO 雷达系统的信息矩阵可以表示为

$$F = \begin{bmatrix} F_{\theta_t\theta_t} & F_{\theta_t\varphi_t} & F_{\theta_t\theta_r} & F_{\theta_t\varphi_r} \\ F_{\varphi_t\theta_t} & F_{\varphi_t\varphi_t} & F_{\varphi_t\theta_r} & F_{\varphi_t\varphi_r} \\ F_{\theta_r\theta_t} & F_{\theta_r\varphi_t} & F_{\theta_r\theta_r} & F_{\theta_r\varphi_r} \\ F_{\varphi_r\theta_t} & F_{\varphi_r\varphi_t} & F_{\varphi_r\theta_r} & F_{\varphi_r\varphi_r} \end{bmatrix} \tag{7-16}$$

式中,信息矩阵的子矩阵求解如下:

$$\begin{cases} F_{\theta_t\theta_t} = 2L \cdot \mathrm{real}[\dot{G}_{\theta_t}^{\mathrm{H}}(R_s \otimes I_M)\Delta^{-1}\dot{G}_{\theta_t} \odot R_\eta^{\mathrm{T}}] \\ \qquad\qquad\qquad \vdots \\ F_{\varphi_r\theta_t} = 2L \cdot \mathrm{real}[\dot{G}_{\varphi_r}^{\mathrm{H}}(R_s \otimes I_N)\Delta^{-1}\dot{G}_{\theta_t} \odot R_\eta^{\mathrm{T}}] \end{cases} \tag{7-17}$$

式中,$\dot{G}_{\theta_t}$、$\dot{G}_{\varphi_t}$、$\dot{G}_{\theta_r}$ 和 $\dot{G}_{\varphi_r}$ 的表达式为

$$\begin{cases} \dot{G}_{\theta_t} = \left[\dfrac{\partial a_t(\theta_{t1}, \varphi_{t1})}{\partial \theta_{t1}} \otimes a_r(\theta_{r1}, \varphi_{r1}), \cdots, \dfrac{\partial a_t(\theta_{tK_s}, \varphi_{tK_s})}{\partial \theta_{tK_s}} \otimes a_r(\theta_{rK_s}, \varphi_{rK_s})\right] \\[2mm] \dot{G}_{\varphi_t} = \left[\dfrac{\partial a_t(\theta_{t1}, \varphi_{t1})}{\partial \varphi_{t1}} \otimes a_r(\theta_{r1}, \varphi_{r1}), \cdots, \dfrac{\partial a_t(\theta_{tK_s}, \varphi_{tK_s})}{\partial \varphi_{tK_s}} \otimes a_r(\theta_{rK_s}, \varphi_{rK_s})\right] \\[2mm] \dot{G}_{\theta_r} = \left[\dfrac{\partial a_r(\theta_{r1}, \varphi_{r1})}{\partial \theta_{r1}} \otimes a_t(\theta_{t1}, \varphi_{t1}), \cdots, \dfrac{\partial a_r(\theta_{rK_s}, \varphi_{rK_s})}{\partial \theta_{rK_s}} \otimes a_t(\theta_{tK_s}, \varphi_{tK_s})\right] \\[2mm] \dot{G}_{\varphi_r} = \left[\dfrac{\partial a_r(\theta_{r1}, \varphi_{r1})}{\partial \varphi_{r1}} \otimes a_t(\theta_{t1}, \varphi_{t1}), \cdots, \dfrac{\partial a_r(\theta_{rK_s}, \varphi_{rK_s})}{\partial \varphi_{rK_s}} \otimes a_t(\theta_{tK_s}, \varphi_{tK_s})\right] \end{cases} \tag{7-18}$$

Δ 和 R_η 的表达式分别为

$$\Delta = \begin{bmatrix} \sigma_0^2 I_N & 0 & \cdots & 0 \\ 0 & \sigma_0^2 I_N & \cdots & 0 \\ \vdots & \vdots & & \vdots \\ 0 & 0 & \cdots & \sigma_0^2 I_N \end{bmatrix}_{M \times M}, \quad R_\eta = \frac{1}{L}\eta\,\eta^{\mathrm{H}} \tag{7-19}$$

式中,L 为采样快拍数,对式(7-16)的矩阵直接求逆即可得到克拉默-拉奥界。

7.1.3　常规角度跟踪算法

角度跟踪可为目标航迹解算提供直接依据,MIMO 雷达中多目标角度跟踪问题得到了广泛关注。

1. DOA 跟踪算法

传统阵列信号处理中角度跟踪算法可应用到 MIMO 雷达的目标角度跟踪中。

作为经典的最优线性滤波算法,卡尔曼滤波算法已广泛应用于通信、定位、目标跟踪、最优化控制等诸多领域;基于子空间迭代和更新的角度跟踪是针对信号入射角度时变环境下的特征子空间类算法,这类算法利用协方差矩阵分解之间的迭代关系来实现子空间更新,大大降低了子空间更新的运算量。

1)卡尔曼滤波

卡尔曼滤波算法基于获取到的量测数据,采用递推思想,由递推方程得到新的状态估计,该算法的估计结果线性无偏,是误差方差最小的最优估计。下面给出随机线性离线系统中卡尔曼滤波算法的递推过程。

假设已知 $k-1$ 时刻状态的估计值 $\hat{X}(k-1|k-1)$ 和协方差矩阵 $P(k-1|k-1)$。进行状态一步预测:

$$\hat{X}(k|k-1)=\Phi(k)\hat{X}(k-1|k-1) \tag{7-20}$$

预测协方差矩阵:

$$P(k|k-1)=\Phi(k)P(k-1|k-1)\Phi^{\mathrm{T}}(k)+Q(k) \tag{7-21}$$

由 k 时刻的量测值 $Z(k)$ 计算新息:

$$r(k)=Z(k)-H(k)\hat{X}(k|k-1) \tag{7-22}$$

计算新息自相关矩阵:

$$S(k)=H(k)P(k|k-1)H^{\mathrm{T}}(k)+R(k) \tag{7-23}$$

计算增益:

$$K(k)=P(k|k-1)H^{\mathrm{T}}(k)S^{-1}(k) \tag{7-24}$$

进行状态估计:

$$\hat{X}(k|k)=\hat{X}(k|k-1)+K(k)r(k) \tag{7-25}$$

从整个递推过程容易看出,若初值 $\hat{X}(1|1)$ 已知,则可以根据 k 时刻的量测值计算出该时刻状态估计值 $\hat{X}(k|k)$。

假设 MIMO 雷达的目标状态模型和量测模型均为线性高斯模型,利用卡尔曼滤波算法来实现目标跟踪。跟踪流程为:首先应用角度估计算法估计出目标初始位置;然后将当前位置的估计值作为当前时刻的量测,通过卡尔曼滤波来更新状态变化,通过对协方差矩阵和目标状态的预测和更新,得到目标状态的更新值,以此迭代实现目标连续跟踪。

2)基于子空间迭代的 DOA 跟踪

子空间更新的目的是更新来自变化信号的信息,从而保证估计信号方向的正确性,文献[12]指出逼近子空间跟踪问题实质上是无约束最优化求解子空间更新问题。

接收信号子空间可以通过最优化如下的代价函数得到：

$$J(W) = \sum_{i=1}^{n} \beta^{n-i} \parallel r(i) - W(i) W^{H}(i) r(i) \parallel^{2} \tag{7-26}$$
$$= \mathrm{tr}(R) - 2\mathrm{tr}(W^{H}RW) + \mathrm{tr}(W^{H}RW W^{H}W)$$

式中，$R = \sum_{i=1}^{n} \beta^{n-i} r(i) r^{H}(i)$；$\beta$为遗忘因子，为了保证算法收敛，达到良好的跟踪效果，$0 < \beta \leqslant 1$。

对于稳定信号或者慢变化信号，有

$$y(i) = W^{H}(i) r(i) \approx W^{H}(i-1) r(i) \tag{7-27}$$

代价函数可以简写为

$$J(W) = \sum_{i=1}^{n} \beta^{n-i} \parallel r(i) - W(i) y(i) \parallel^{2} \tag{7-28}$$

可以通过递归最小二乘求出$W(i)$，由$W(i)$构成的信号子空间和信号子空间$U_{s}(t)$是相等的，即

$$\mathrm{span}\{W(t)\} = \mathrm{span}\{U_{s}(t)\} \tag{7-29}$$

这样可以通过接收信号$r(t)$的相关矩阵得到信号子空间，从而避免特征分解，减小算法运算复杂度。

2. 角度跟踪中的数据关联

雷达信号处理中的数据关联，是指建立相邻时刻量测数据之间的关系，以判断这些量测数据是否属于同一个目标的处理过程，或者确定目标航迹或点迹配对过程。MIMO雷达中多目标跟踪既涉及跟踪问题，又涉及数据关联问题，解决好数据关联和参数配对是多目标跟踪中的一个重要环节。

在多目标角度跟踪中，设t时刻K_{s}个目标角度分别为$\theta_{1}(t), \theta_{2}(t), \cdots, \theta_{K_{s}}(t)$，$t+1$时刻$K_{s}$个目标角度分别为$\theta_{1}(t+1), \theta_{2}(t+1), \cdots, \theta_{K_{s}}(t+1)$。为了实现角度和目标关联，文献[13]基于均匀线阵分别进行了两次估计，借助矩阵重构达到角度关联的目的；文献[14]结合观测的估计值和目标位置关系将不同目标与其角度进行关联；另外，还有一些数据关联算法如最近邻域关联、联合概率数据关联和航迹分裂法等。

MIMO雷达多目标跟踪数据关联算法需要一定的运算量，接收数据处理过程应尽量避免数据关联，省去数据关联运算带来的运算复杂度，以保证跟踪算法的实时性。文献[15]在双基地MIMO雷达角度跟踪中实现了波离角和波达角的自动配对，算法只跟踪目标一维角度，未涉及目标数据关联和二维角度配对问题；文献[16]在单基地MIMO雷达中利用三线性最小二乘准则实现了多目标角度跟踪，该算法需要额外的数据关联，运算复杂度高，并且当信号子空间快速变化时，算法不能满足实时性要求。

7.2　单基地 MIMO 雷达角度估计技术

单基地 MIMO 雷达要实现对机动目标的定位跟踪,存在两方面问题:对多径信号或者相干信源的处理和保证有限快拍下目标角度估计的实时性。对于前者,多径信号或者相干信源干扰会造成虚警或目标定位错误,这要求 MIMO 雷达在多径或者受到电磁欺骗干扰影响的情况下,能解决相干目标源的角度估计问题,特别是能估计出相干目标的二维 DOA。对于后者,运动中的目标由于其角度信息变化快,通过短时间实现角度估计所能获取的时域快拍数很有限,在这种情况下要能够快速获得目标方位,对算法的实时性提出了较高要求。MIMO 雷达低快拍下相干目标角度估计问题在近几年受到了广泛重视。本节针对单基地 MIMO 雷达目标角度估计的实时处理问题,对算法解相干性能和低快拍或者单次快拍下算法性能进行综合考虑,介绍二维 DOA 估计和跟踪算法。

7.2.1　基于 Toeplitz 矩阵重构的相干目标二维角度估计

1.单脉冲接收信号模型

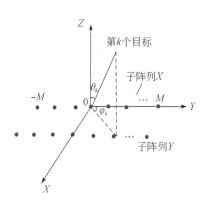

图 7-1　阵列结构模型

假设一个单基地 MIMO 雷达系统,其收发阵列为互相平行的线性子阵列,两个子阵列分别记为子阵列 X 和子阵列 Y,各子阵列由全向阵元组成,每个收发子阵列均含 $2M+1$ 个阵元,编号分别为 $-M,\cdots,0,\cdots,M$,如图 7-1 所示。阵元间距为 d,两相邻子阵元间距为 D,为了保证角度的唯一性,必须满足半波长条件。

发射阵列发射具有相同带宽 w 和频率 f_0 的正交波形,每个发射阵列发射的正交波形可以表示为 $S=[s_{-M},\cdots,s_0,\cdots,s_M]^{\mathrm{T}}$,其中,$s_m=[s_m(1),s_m(2),\cdots,s_m(q)]^{\mathrm{T}}$ 表示线阵第 m 个发射天线发射波形的 q 个快拍采样后的基带脉冲信号。假设空间中有 K_s 个远场目标,其间存在相干目标。定义目标角度为 (θ_k,φ_k),其中 θ_k 和 φ_k 分别代表第 k 个目标的方位角和俯仰角,单次脉冲下接收阵列 X 的接收数据矩阵可以表示为

$$x_q(t)=\sum_{k=1}^{K_s}\beta_k\mathrm{e}^{-\mathrm{j}2\pi f d_k}a(\theta_k,\varphi_k)\,a^{\mathrm{T}}(\theta_k,\varphi_k)S+N_{xq} \tag{7-30}$$

式中，β_k 为第 k 个目标反射系数；f_{d_k} 为第 k 个目标多普勒频移；$N_{xq}\in\mathbb{C}^{(2M+1)\times q}$ 为 X 子阵列加性高斯白噪声；$a(\theta_k,\varphi_k)\in\mathbb{C}^{(2M+1)\times1}$ 为接收阵列或者发射阵列的导向矢量，且有

$$a(\theta_k,\varphi_k)=\left[\mathrm{e}^{\mathrm{j}2\pi Md\sin\theta_k\sin\varphi_k/\lambda},\cdots,1,\cdots,\mathrm{e}^{-\mathrm{j}2\pi Md\sin\theta_k\sin\varphi_k/\lambda}\right]^{\mathrm{T}} \tag{7-31}$$

式中，$\lambda=c/f_0$ 为信号波长。

同理，单次脉冲下接收阵列 Y 的接收数据矩阵表示为

$$y_q(t)=\sum_{k=1}^{K_s}\beta_k\mathrm{e}^{-\mathrm{j}2\pi f_{d_k}^t}a(\theta_k,\varphi_k)\nu(\varphi)\,a^{\mathrm{T}}(\theta_k,\varphi_k)S+N_{yq} \tag{7-32}$$

式中，$N_{yq}\in\mathbb{C}^{(2M+1)\times q}$ 为 Y 阵列加性高斯白噪声，且有

$$\nu(\varphi)=\left[\mathrm{e}^{\mathrm{j}2\pi Md\sin\theta_k\cos\varphi_k/\lambda},\cdots,1,\cdots,\mathrm{e}^{-\mathrm{j}2\pi Md\sin\theta_k\cos\varphi_k/\lambda}\right]^{\mathrm{T}} \tag{7-33}$$

若发射信号为正交波形，则有协方差矩阵 $R_s=\dfrac{1}{q}S\,S^{\mathrm{H}}=I_{2M+1}$。

由式(7-30)得阵列 X 的接收信号矩阵为

$$\begin{aligned}X(t)&=\frac{1}{q}x_q(t)\,S^{\mathrm{H}}=\frac{1}{q}\sum_{k=1}^{K_s}\beta_k\mathrm{e}^{-\mathrm{j}2\pi f_{d_k}^t}a(\theta_k,\varphi_k)\,a^{\mathrm{T}}(\theta_k,\varphi_k)SS^{\mathrm{H}}+\frac{1}{q}N_{xq}S^{\mathrm{H}}\\&=\sum_{k=1}^{K_s}\beta_k\mathrm{e}^{-\mathrm{j}2\pi f_{d_k}^t}a(\theta_k,\varphi_k)\,a^{\mathrm{T}}(\theta_k,\varphi_k)+\frac{1}{q}N_{xq}S^{\mathrm{H}}\\&=A\Delta\,A^{\mathrm{T}}+N_x\end{aligned} \tag{7-34}$$

式中，$A=[a(\theta_1,\varphi_1),a(\theta_2,\varphi_2),\cdots,a(\theta_{K_s},\varphi_{K_s})]$；$\Delta$ 为对角阵，满足 $\Delta=\mathrm{diag}[d]$，$d=[\beta_1\mathrm{e}^{-\mathrm{j}2\pi f_{d_1}^t},\beta_2\mathrm{e}^{-\mathrm{j}2\pi f_{d_2}^t},\cdots,\beta_k\mathrm{e}^{-\mathrm{j}2\pi f_{d_k}^t}]^{\mathrm{T}}$ 为列向量；$N_x=\dfrac{1}{q}N_{xq}S^{\mathrm{H}}$ 为噪声矩阵。

同理，可得阵列 Y 的接收信号矩阵为

$$\begin{aligned}Y(t)&=\frac{1}{q}y_q(t)\,S^{\mathrm{H}}\\&=\frac{1}{q}\sum_{k=1}^{K_s}\beta_k\mathrm{e}^{-\mathrm{j}2\pi f_{d_k}^t}a(\theta_k,\varphi_k)\nu(\varphi)\,a^{\mathrm{T}}(\theta_k,\varphi_k)SS^{\mathrm{H}}+\frac{1}{q}N_{yq}S^{\mathrm{H}}\\&=\sum_{k=1}^{K_s}\beta_k\mathrm{e}^{-\mathrm{j}2\pi f_{d_k}^t}a(\theta_k,\varphi_k)\nu(\varphi)\,a^{\mathrm{T}}(\theta_k,\varphi_k)+\frac{1}{q}N_{yq}S^{\mathrm{H}}\\&=A\Delta\,\Phi(\varphi)\,A^{\mathrm{T}}+N_y\end{aligned} \tag{7-35}$$

式中，$\Phi(\varphi)=\mathrm{diag}[\nu(\varphi_1),\nu(\varphi_2),\cdots,\nu(\varphi_{K_s})]$；$N_y=\dfrac{1}{q}N_{yq}S^{\mathrm{H}}$ 为噪声矩阵。

2. Toeplitz 矩阵重构

利用单次脉冲数据构造接收数据等效自协方差矩阵 $R_{xx}=\dfrac{1}{q}E[X(t)X^{\mathrm{H}}(t)]$。

R_{xx} 的第 (n,m) 个元素为

$$R_{xx}(n,m) = \sum_{k=1}^{K_s} d_k e^{j\pi[M-(m-1)-(n-1)]\sin\theta_k \sin\varphi_k} \tag{7-36}$$

取 R_{xx} 的第 n 行可构造 Toeplitz 矩阵：

$$R_n = \begin{pmatrix} x_0 & x_{-1} & \cdots & x_{-M+1} \\ x_1 & x_0 & \cdots & x_{-M+2} \\ \vdots & \vdots & & \vdots \\ x_{M-1} & x_{M-2} & \cdots & x_0 \end{pmatrix} = A_0 D_n(H) A_0^H + N_n \tag{7-37}$$

式中

$$A_0 = [a_0(\theta_1,\varphi_1), a_0(\theta_2,\varphi_2), \cdots, a_0(\theta_{K_s},\varphi_{K_s})] \in \mathbb{C}^{(M+1)\times K_s}$$

$$a_0(\theta_k,\varphi_k) = [1, e^{j\pi d\sin\theta_k \sin\varphi_k/\lambda}, \cdots, e^{j\pi Md\sin\theta_k \sin\varphi_k/\lambda}]^T$$

令 $D_n(\cdot)$ 表示取矩阵第 n 行组成对角元素，且

$$H = [h_1(\theta_1,\varphi_1), h_2(\theta_2,\varphi_2), \cdots, h_{K_s}(\theta_{K_s},\varphi_{K_s})]^T \in \mathbb{C}^{(2M+1)\times K_s}$$

$$h_n(\theta_n,\varphi_n) = [d_n, d_n e^{j\pi\sin\theta_n \sin\varphi_n}, \cdots, d_n e^{j\pi 2M\sin\theta_n \sin\varphi_n}]^T$$

则对角矩阵 $D_n(H)(n=1,2,\cdots,2M+1)$ 的秩等于目标数，因此 R_n 的秩也等于目标数，R_{xx} 有 $2M+1$ 行，可得

$$R_{xx} = \begin{bmatrix} A_0 D_1(H) \\ A_0 D_2(H) \\ \vdots \\ A_0 D_{2M+1}(H) \end{bmatrix} A_0^H + \begin{bmatrix} N_1 \\ N_2 \\ \vdots \\ N_{2M+1} \end{bmatrix} \tag{7-38}$$

即

$$R_{xx} = A_0 D(H) A_0^H + N_{xx} \tag{7-39}$$

式中，$D(H) = [D_1(H), D_2(H), \cdots, D_{2M+1}(H)]^T$；$N_{xx}$ 可以表示为

$$N_{xx} = \begin{pmatrix} N_{x_0} & N_{x_{-1}} & \cdots & N_{x_{-M+1}} \\ N_{x_1} & N_{x_0} & \cdots & N_{x_{-M+2}} \\ \vdots & \vdots & & \vdots \\ N_{x_{M-1}} & N_{x_{M-2}} & \cdots & N_{x_0} \end{pmatrix}$$

利用单次脉冲数据构造接收数据等效互协方差矩阵 $R_{yx} = E[Y(t)X^H(t)]/q$。

同理，可以得到互协方差矩阵 R_{yx} 如下：

$$R_{yx} = A_0 D(H)\Phi(\varphi)A_0^H + N_{yx} \tag{7-40}$$

式中

$$N_{yx} = \begin{pmatrix} N_{y_0} & N_{y_{-1}} & \cdots & N_{y_{-M+1}} \\ N_{y1} & N_{y_0} & \cdots & N_{y_{-M+2}} \\ \vdots & \vdots & & \vdots \\ N_{y_{M-1}} & N_{y_{M-2}} & \cdots & N_{y_0} \end{pmatrix}$$

3. 相干目标角度估计

等效协方差矩阵 $D(H)$ 为对角矩阵，其秩为信号源个数，与信号本身无关。从等效协方差矩阵 $D(H)$ 的形式可以看出，接收数据可以等效为接收阵列接收到 K_s 个完全独立的入射信号，并且有 $E[\tilde{s}_i\ \tilde{s}_i^H] = s_i$，其中 $\tilde{s}_i$ 为入射的等效独立信号，因此算法实现了解相干。

由式(7-37)中 A_0 的形式可知，$A_0 = A(M：2M-1；：)$，从 A_0 形式上看，算法损失了 $M-1$ 个自由度，也就是说，算法通过牺牲阵列孔径来换得单脉冲下角度估计性能的稳定性。

根据阵列接收的单次快拍数据构造的等效自协方差矩阵 R_{xx} 和互协方差矩阵 R_{yx}，定义等效波达方向矩阵为

$$R = R_{yx}R_{xx}^{\#} \tag{7-41}$$

式中，$R_{xx}^{\#}$ 为 R_{xx} 的伪逆，其定义为

$$R_{xx}^{\#} = \sum_{i=1}^{M} \lambda_i^{-1} u_i u_i^H \tag{7-42}$$

式中，$\{\lambda_1 \geqslant \lambda_2 \geqslant \cdots \geqslant \lambda_M\}$ 为对 R_{xx} 进行特征值分解得到的特征值；$\{u_1, u_2, \cdots, u_M\}$ 为相应的特征向量。

文献[17]论证了单次采样接收数据协方差矩阵特征值分解，其特征值和特征向量分别为接收信号方向矩阵元素和方向向量，即

$$RA = A\Phi \tag{7-43}$$

式中，方向矩阵 A 满秩，且 Φ 无相同的对角元素。

对构造矩阵 R 进行特征值分解，可得到 A 和 Φ，按照式(7-31)和式(7-33)的对应关系，可估计出 $\sin\theta_i\sin\varphi_i$ 和 $\sin\theta_i\cos\varphi_i$（$i = 1, 2, \cdots, K_s$），进而得到目标二维 DOA$(\theta_k, \varphi_k)$，由于矩阵特征值分解到的特征值和特征向量是一一对应的，计算出来的 θ_k 和 φ_k 是对应的，因此实现了参数的自动配对。

等效矩阵 R 的构造只使用了单次快拍数据自相关矩阵 R_{xx} 和互相关矩阵 R_{yx}，R_{xx} 和 R_{yx} 中 $D(H)$ 的秩只和信号个数有关，而和信号本身无关，因此 R 能够实现相干信号源的解相干；而且 R 仅由一次快拍数据构成，不需要协方差矩阵，因此算法运算量小，实时性好。

4. 算法流程

算法主要流程可归纳如下：

步骤 1　由两个子阵的接收数据得到单次快拍数据向量 $X(t)$ 和 $Y(t)$。

步骤 2　由式(7-39)和式(7-40)构造等效接收信号自协方差矩阵 R_{xx} 和等效互

协方差矩阵R_{yx}。

步骤3　对矩阵R_{xx}进行特征值分解，根据式(7-42)求$R_{xx}^{\#}$。

步骤4　根据式(7-41)得到等效矩阵R。

步骤5　对R进行特征分解，得到A和Φ。

步骤6　按照对应关系得到目标二维DOA(θ_k,φ_k)，并且实现参数配对。

5.仿真实验及性能分析

1)复杂度分析

根据阵列接收的一次快拍数据，计算等效接收数据自协方差矩阵R_{xx}并进行特征值分解，需要$O((2M+1)^3)$的运算量，计算等效接收数据互协方差矩阵R_{yx}需要$O((2M+1)^3)$的运算量，构造等效波达方向矩阵R并进行特征值分解需要$O(6MK_s^2+2K_s^3)$的运算量，因此本节算法的总体运算量为$O(2(2M+1)^3+6MK_s^2+2K_s^3)$。文献[18]中FBSS-ESPRIT的运算复杂度为$O(2(2M+1)^3+6MK_s^2+2K_s^2)$，文献[19]中提出的基于ESPRIT-Like算法需要的运算复杂度为$O(2(2M+1)^3+(2M+1)(K_s^2+2MK_s)+K_s^3)$，文献[20]中提出的基于ESPRIT-Like算法需要的运算复杂度为$O((2M+1)((M+1)^3+3MK_s^2+2K_s^3))$。四种算法的运算复杂度比较如表7-1所示。

表7-1　四种算法的运算复杂度比较

算法	运算复杂度
本节算法	$O(2(2M+1)^3+6MK_s^2+2K_s^3)$
FBSS-ESPRIT[18]	$O(2(2M+1)^3+6MK_s^2+2K_s^2)$
ESPRIT-Like[19]	$O(2(2M+1)^3+(2M+1)(K_s^2+2MK_s)+K_s^3)$
ESPRIT-Like[20]	$O((2M+1)((M+1)^3+3MK_s^2+2K_s^3))$

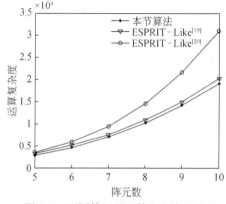

图7-2　不同算法的运算复杂度比较

本节算法的运算主要集中在根据接收数据得到等效自协方差矩阵和互协方差矩阵以及关于波达方向矩阵的特征值分解上。对比表7-1中算法的运算复杂度可以发现，本节算法运算复杂度略高于FBSS-ESPRIT，而低于文献[19]中提出的ESPRIT-Like算法和文献[20]中提出的ESPRIT-Like算法。图7-2直观地给出了本节算法与文献[19]、文献[20]算法运算复杂度的对比。目标数$K_s=3$。

2)相干信源 DOA 估计性能分析

为验证本节算法的有效性,进行如下实验,采用 200 次蒙特卡罗仿真评估,均方根误差定义为

$$\text{RMSE} = \frac{1}{K}\sum_{k=1}^{K_s}\sqrt{\frac{1}{200}\sum_{n=1}^{200}\left[(\hat{\varphi}_{k,n}-\varphi_k)^2+(\hat{\theta}_{k,n}-\theta_k)^2\right]} \qquad (7\text{-}44)$$

用 $2M+1$ 表示发射阵列和接收阵列的阵元个数,K_s 表示目标数,为避免角度估计模糊,间距 d 和 D 均取为 $\lambda/2$。假设中心频率 $f_0=500\text{MHz}$,带宽 $w=4\text{MHz}$。假设有三个目标(第一个和第三个为相干目标),目标二维角度分别为 $(\theta_1,\varphi_1)=(10°,15°)$、$(\theta_2,\varphi_2)=(30°,25°)$ 和 $(\theta_3,\varphi_3)=(40°,40°)$。

取 $M=9$、$K_s=3$、$\text{SNR}=5\text{dB}$,图 7-3 是本节算法的 DOA 估计性能散布图,从图中可以看出,本节算法在单快拍下可以有效地估计出相干目标的二维角度。

仿真参数不变,图 7-4 给出了本节算法和文献[18]中 FBSS-ESPRIT 算法以及文献[19]中 ESPRIT-Like 算法的性能比较。由图 7-4 可以看出,本节算法优于 FBSS-ESPRIT 算法,接近文献[19]中的 ESPRIT-Like 算法。

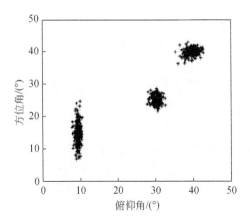

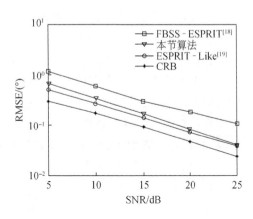

图 7-3　SNR＝5dB 时算法 DOA 估计性
　　　能散布图($M=9$、$K_s=3$)

图 7-4　不同算法相干角度估计性能比较

改变 SNR,其余仿真参数不变,图 7-5 给出了 SNR＝15dB 时算法的估计性能,对比图 7-3 可知,噪声对算法性能的影响比较大,当增加 SNR 时,算法角度估计精度得到了明显提高。

从上述实验结果可以看出,算法在较强噪声功率背景下角度估计误差较大,这是由算法进行二维目标角度估计利用的快拍数据少造成的,SNR 对算法影响显著。

在 SNR＝5dB 时利用多次快拍数据进行叠加,来降低噪声影响。选取 20 次同相数据进行叠加,进行 200 次蒙特卡罗实验,图 7-6 给出了相应条件下的角度估计

结果。

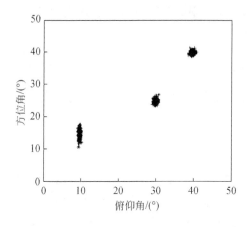

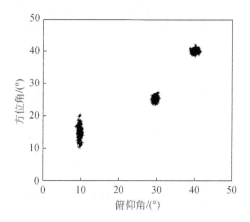

图 7-5　SNR＝15dB 时算法 DOA 估计性能　　图 7-6　叠加快拍数据后算法性能散布图
　　　　散布图($M＝9$、$K_s＝3$)　　　　　　　　　　　（SNR＝5dB、$M＝9$、$K_s＝3$)

　　对比图 7-6 和图 7-3 的结果容易看出，通过同相数据叠加，DOA 估计性能得到明显改善。图 7-6 结果和图 7-5 接近，进一步说明同相数据叠加能够增强信号功率，降低噪声影响。

　　图 7-7 给出了本节算法在不同阵列阵元数 M($K_s＝3$) 下的角度估计性能，从图中可以看出，阵元数越多，分集增益越强，因此角度估计性能越好。

　　图 7-8 给出了本节算法在不同目标数 K_s($M＝9$) 下的角度估计性能，从图中可以看出，目标数的增多会导致互干扰增强，从而引起算法角度估计性能下降。

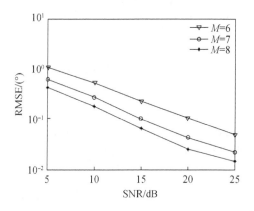

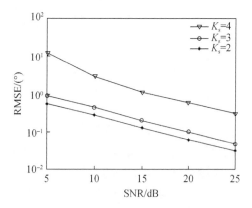

图 7-7　不同阵元数下算法角度　　　　　图 7-8　不同目标数时算法角度
　　　　估计性能($K_s＝3$)　　　　　　　　　　　估计性能($M＝9$)

7.2.2　基于降维变换的二维 DOA 跟踪

1. 信号模型

假设单基地 MIMO 雷达系统使用双平行阵列发射信号和接收信号,如图 7-9 所示。子阵列 1 和子阵列 2 平行排列,且都为均匀线阵,阵元间距为 d,d 不大于 $\lambda/2$,λ 是信号波长。发射阵列每个子阵列的阵元数为 M,阵元总数为 $2M$,接收阵列每个子阵列的阵元数为 N,阵元总数为 $2N$。设参考阵元位于原点,有 K_s 个互不相关的远场目标,且其角度慢速移动。

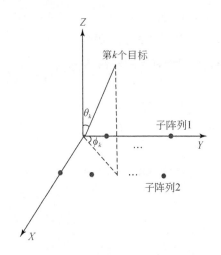

图 7-9　双平行阵列图

子阵列 1 上方向矩阵为

$$A_{y1}=[a_y(\theta_1,\varphi_1),a_y(\theta_2,\varphi_2),\cdots,a_y(\theta_{K_s},\varphi_{K_s})] \tag{7-45}$$

式中,$a_y(\theta_k,\varphi_k)=[1,\mathrm{e}^{-\mathrm{j}2\pi d\sin\theta_k\sin\varphi_k/\lambda},\cdots,\mathrm{e}^{-\mathrm{j}2\pi(M-1)d\sin\theta_k\sin\varphi_k/\lambda}],k=1,2,\cdots,K_s$。

子阵列 2 上方向矢量为子阵列 1 沿 X 轴的偏移,每个阵元相对于参考阵元的波程差相当于子阵列 1 上波程差偏移 $2\pi d\sin\theta_k\cos\varphi_k/\lambda\,(k=1,2,\cdots,K_s)$。

令 $\Phi=\mathrm{diag}[\mathrm{e}^{-\mathrm{j}2\pi d\sin\theta_1\cos\varphi_1/\lambda},\mathrm{e}^{-\mathrm{j}2\pi d\sin\theta_2\cos\varphi_2/\lambda},\cdots,\mathrm{e}^{-\mathrm{j}2\pi d\sin\theta_k\cos\varphi_k/\lambda}]$,则子阵列 2 上方向矩阵为

$$A_{y2}=A_{y1}\Phi \tag{7-46}$$

t 时刻,接收信号可以表示为

$$r(t)=[r_1(t),r_2(t),\cdots,r_{4MN}(t)]^{\mathrm{T}}=[A_R(t)\bigotimes A_T(t)]s(t)+n(t)=A(t)s(t)+n(t) \tag{7-47}$$

式中,$A_T(t)$ 和 $A_R(t)$ 分别为发射阵列和接收阵列在 t 时刻的方向矩阵;$s(t)=$

$[s_1(t), s_2(t), \cdots, s_k(t), \cdots, s_{K_s}(t)]^{\mathrm{T}}; s_k(t) = \beta_k \mathrm{e}^{\mathrm{j}2\pi f_k t}, \beta_k$ 为幅度，f_k 为多普勒频率；$n(t)$ 是 $4MN \times 1$ 的均值为 0、方差为 $\sigma^2 I_{4MN}$ 的高斯白噪声。方向矩阵 $A(t)$ 为

$$A(t) = [a_\mathrm{r}(\theta_1(t), \varphi_1(t)) \otimes a_\mathrm{t}(\theta_1(t), \varphi_1(t)) \cdots a_\mathrm{r}(\theta_{K_s}(t), \varphi_{K_s}(t)) \otimes a_\mathrm{t}(\theta_{K_s}(t), \varphi_{K_s}(t))]$$

$$(7-48)$$

假定 t 时刻方位角 $\theta(t) = [\theta_1(t), \theta_2(t), \cdots, \theta_{K_s}(t)]$，俯仰角 $\varphi(t) = [\varphi_1(t), \varphi_2(t), \cdots, \varphi_{K_s}(t)]$，并且目标 DOA 变化是一个缓慢过程，在 $[(t-1)T_s, tT_s]$ 内目标角度保持不变，在这小段时间内进行 J 次采样来估计 $\theta_k(t)$ 和 $\varphi_k(t)$。

2. 降维变换

式(7-48)中，$a_\mathrm{r}(\theta_k(t), \varphi_k(t)) \otimes a_\mathrm{t}(\theta_k(t), \varphi_k(t))$ 是 $a_\mathrm{r}(\theta_k(t), \varphi_k(t))$ 和 $a_\mathrm{t}(\theta_k(t), \varphi_k(t))$ 的 Kronecker 积，还可以将其表示为另外一种形式[21]：

$$a_\mathrm{r}(\theta_k(t), \varphi_k(t)) \otimes a_\mathrm{t}(\theta_k(t), \varphi_k(t)) = Bg(\theta_k(t), \varphi_k(t)) \qquad (7-49)$$

式中

$$g(\theta_k(t), \varphi_k(t)) = [1, \mathrm{e}^{-\mathrm{j}\frac{2\pi}{\lambda}(r_1 \cdot v)}, \mathrm{e}^{-\mathrm{j}\frac{2\pi}{\lambda}(r_2 \cdot v)}, \cdots, \mathrm{e}^{-\mathrm{j}\frac{2\pi}{\lambda}(r_{2M+2N-2} \cdot v)}]^{\mathrm{T}} \qquad (7-50)$$

r_m 等效为阵元 m 在 $x\text{-}y$ 平面中的坐标：

$$r_m = [x_m, y_m] \qquad (7-51)$$

$$V = [\cos\theta_k(t)\cos\varphi_k(t), \sin\theta_k(t)\cos\varphi_k(t)]^{\mathrm{T}}, \quad k = 1, 2, \cdots, K_s \qquad (7-52)$$

变换矩阵 B 表示为

$$B = \begin{bmatrix} 1 & 0 & \cdots & 0 & 0 & \cdots & 0 \\ 0 & 1 & \cdots & 0 & 0 & \cdots & 0 \\ \vdots & \vdots & & \vdots & \vdots & & \vdots \\ 0 & 0 & \cdots & 1 & 0 & \cdots & 0 \\ 0 & 1 & \cdots & 0 & 0 & \cdots & 0 \\ 0 & 0 & \cdots & 0 & 0 & \cdots & 0 \\ \vdots & \vdots & & \vdots & \vdots & & \vdots \\ 0 & 0 & \cdots & 0 & 1 & \cdots & 0 \\ \vdots & \vdots & & \vdots & \vdots & & \vdots \\ 0 & 0 & \cdots & 1 & 0 & \cdots & 0 \\ 0 & 0 & \cdots & 0 & 1 & \cdots & 0 \\ \vdots & \vdots & & \vdots & \vdots & & \vdots \\ 0 & 0 & \cdots & 0 & 0 & \cdots & 1 \end{bmatrix} \left.\begin{matrix} \\ \\ \\ \\ \end{matrix}\right\}2M \left.\begin{matrix} \\ \\ \\ \\ \end{matrix}\right\}2M \left.\begin{matrix} \\ \\ \\ \\ \end{matrix}\right\}2M \in \mathbb{C}^{4MN \times (2M+2N-1)} \qquad (7-53)$$

由式(7-49)可得方向矩阵 $A = BG, G = [g(\theta_1(t), \varphi_1(t)), \cdots, g(\theta_k(t), \varphi_k(t))]$，由式(7-47)得

$$r(t) = BGs(t) + n(t) \qquad (7-54)$$

设变换矩阵 $T_m = W^{-1} B^H$，其中 $W = B^H B$，将 T_m 作用于 $r(t)$ 有

$$r_T(t) = T_m r(t) = T_m B G s(t) + T_m n(t) = G s(t) + n_T(t) \qquad (7\text{-}55)$$

式中，$n_T(t) = T_m n(t)$。$T_m T_m^H = I_{N_c}$，N_c 为虚拟阵元个数，变换后的噪声向量 $n_T(t)$ 为零均值高斯白噪声，协方差矩阵为 $\sigma^2 = I_{N_c}$。虚拟方向矩阵 G 具有范德蒙矩阵形式。

考虑降维后的协方差矩阵为

$$R_t = E[r_T(t) \cdot r_T^H(t)] = G R_s G^H + R_n'(t) \qquad (7\text{-}56)$$

式中，$R_t \in \mathbb{C}^{(2M+2N-1) \times (2M+2N-1)}$，它的维数远小于 $4MN \times 4MN$；$R_s = E[s(t) s^H(t)]$；$R_n'(t) = W^{-1} G^H R_n G W^{-1}$；$R_n = E[n(t) n^H(t)]$。

3. 目标二维 DOA 跟踪

假设 t 时刻方向矩阵为 G_t，目标角度为 $[(\theta_1(t), \varphi_1(t)), \cdots, (\theta_{K_s}(t), \varphi_{K_s}(t))]$，$t+1$ 时刻方向矩阵为 G_{t+1}，目标角度为 $[(\theta_1(t+1), \varphi_1(t+1)), \cdots, (\theta_{K_s}(t+1), \varphi_{K_s}(t+1))]$，设 $G_{t+1} = G_t + \Delta_t$。

若在 t 时刻取方向矩阵一个元素，则有

$$G_t = \exp\left\{ -j \frac{2\pi}{\lambda} [x_m \cos\theta_k(t) \cos\varphi_k(t) + y_m \sin\theta_k(t) \cos\varphi_k(t)] \right\} \qquad (7\text{-}57)$$

同样，在 $t+1$ 时刻有

$$G_{t+1} = \exp\left\{ -j \frac{2\pi}{\lambda} [x_m \cos\theta_k(t+1) \cos\varphi_k(t+1) + y_m \sin\theta_k(t+1) \cos\varphi_k(t+1)] \right\}$$
$$(7\text{-}58)$$

假设 $\Delta\theta_k(t)$、$\Delta\varphi_k(t)$ 分别代表第 k 个目标方位角和俯仰角的更新信息，即

$$\begin{cases} \theta_k(t+1) = \theta_k(t) + \Delta\theta_k(t) \\ \varphi_k(t+1) = \varphi_k(t) + \Delta\varphi_k(t) \end{cases} \qquad (7\text{-}59)$$

由于 $\Delta\theta_k(t)$、$\Delta\varphi_k(t)$ 很小，把式(7-59)代入式(7-58)后在 $(\Delta\theta_k(t), \Delta\varphi_k(t))$ 处进行泰勒级数展开，并只留下一阶项，可得

$$\Delta_t = -j \frac{2\pi}{\lambda} G_t \{ [-x_m \sin\theta_k(t) \cos\varphi_k(t) + y_m \cos\theta_k(t) \cos\varphi_k(t)] \Delta\theta_k(t)$$
$$- [-x_m \cos\theta_k(t) \sin\varphi_k(t) - y_m \sin\theta_k(t) \sin\varphi_k(t)] \Delta\varphi_k(t) \} \qquad (7\text{-}60)$$

考虑 $R_k(t)$ 和 $R_k(t+1)$ 分别是 t 时刻和 $t+1$ 时刻经过降维变换后的接收数据协方差矩阵，则有 $\Delta R_t = R_k(t+1) - R_k(t)$，且有

$$\Delta R_t = (G_{t+1} R_s G_{t+1}^H - G_t R_s G_t^H) + (\sigma_{t+1}^2 - \sigma_t^2) \qquad (7\text{-}61)$$

在很短的快拍间隔时间内，噪声不发生变化，即 $\sigma_{t+1}^2 \approx \sigma_t^2$，因此可得

$$\Delta R_t = G_{t+1} R_s G_{t+1}^H - G_t R_s G_t^H \qquad (7\text{-}62)$$

将 $G_{t+1} = G_t + \Delta_t$ 代入式(7-62)并化简得

$$M_t \Delta_t^H + \Delta_t M_t^H + \Delta_t R_s \Delta_t^H = \Delta R_t \qquad (7\text{-}63)$$

式中, $M_t = G_t R_s$ 。

借助修正 Sword 算法[22]的推导, 有

$$\begin{bmatrix} b_{2,1}u_1 & \cdots & b_{2,K_s}u_{K_s} & c_{2,1}u_1 & \cdots & b_{2,K_s}u_{K_s} \\ \vdots & & \vdots & \vdots & & \vdots \\ b_{2M,1}u_1 & \cdots & b_{2M,K_s}u_{K_s} & c_{2M,1}u_1 & \cdots & b_{2M,K_s}u_{K_s} \end{bmatrix} \times \begin{bmatrix} \Delta\theta_k(t) \\ \Delta\varphi_k(t) \end{bmatrix} = y \quad (7\text{-}64)$$

式中

$$b_{m,k} = -\mathrm{j}\frac{2\pi}{\lambda}[G_t]_{m,k}[-x_m\sin\theta_k(t)\cos\varphi_k(t) + y_m\cos\theta_k(t)\cos\varphi_k(t)]$$

$$c_{m,k} = -\mathrm{j}\frac{2\pi}{\lambda}[G_t]_{m,k}[-x_m\cos\theta_k(t)\sin\varphi_k(t) - y_m\sin\theta_k(t)\sin\varphi_k(t)]$$

$$u = M_t^{\mathrm{H}} \text{ 的第一列} = [u_1, u_2, \cdots, u_K]^{\mathrm{T}}, \quad y = [\Delta R_{2,1}, \Delta R_{3,1}, \cdots, \Delta R_{2M,1}]^{\mathrm{T}}$$

$$\Delta\theta_k(t) = [\Delta\theta_1(t), \Delta\theta_2(t), \cdots, \Delta\theta_{K_s}(t)]^{\mathrm{T}}$$

$$\Delta\varphi_k(t) = [\Delta\varphi_1(t), \Delta\varphi_2(t), \cdots, \Delta\varphi_{K_s}(t)]^{\mathrm{T}}$$

记 $H = \begin{bmatrix} b_{2,1}u_1 & \cdots & b_{2,K_s}u_{K_s} & c_{2,1}u_1 & \cdots & b_{2,K_s}u_{K_s} \\ \vdots & & \vdots & \vdots & & \vdots \\ b_{2M,1}u_1 & \cdots & b_{2M,K_s}u_{K_s} & c_{2M,1}u_1 & \cdots & b_{2M,K_s}u_{K_s} \end{bmatrix}$, 用最小二乘法解式

(7-64)可得

$$\begin{bmatrix} \Delta\hat{\theta}_k(t) \\ \Delta\hat{\varphi}_k(t) \end{bmatrix} = (H^{\mathrm{H}}H)^{-1}H^{\mathrm{H}}\hat{y} \quad (7\text{-}65)$$

式中, $\Delta\hat{\theta}_k(t)$ 、 $\Delta\hat{\varphi}_k(t)$ 和 $\hat{y}$ 分别为 $\Delta\theta_k(t)$ 、 $\Delta\varphi_k(t)$ 和 y 的估计值。

由式(7-65)得到移动目标的角度变化值,将其代入式(7-59)就能得到 $t+1$ 时刻目标角度值,由式(7-58)得到方向矩阵 $\hat{G}_{t+1}$,重复以上算法就能达到目标跟踪。通过分析可以看出,前后时刻估计出的角度是自动关联的,省去了数据关联运算带来的运算量。

4. 算法修正

为了减小噪声影响,避免迭代误差累积,对算法进行进一步修正,进行如下两点说明:

(1)式(7-63)中 ΔR_t 为 Toeplitz 矩阵,式(7-65)中 $\hat{y}$ 为 ΔR_t 的 $2M-1$ 条平行于主对角线的元素,按照 Toeplitz 矩阵性质,平行于主对角线的元素应该相同,然而受噪声影响,这些元素不一定相同。为了减小噪声对算法跟踪性能的影响,将平行于主对角线的元素求平均,以此来减小阵元噪声对算法跟踪精度的影响。

(2)由式(7-59)可知算法是迭代的,每次迭代误差会引入下一时刻的计算过程

中,误差累积会造成算法跟踪误差增大,导致算法性能降低,长时间累积甚至造成算法失效。可以根据当前时刻接收数据协方差矩阵和其估计值的误差,得到角度估计的误差,结合当前时刻的角度估计值得到下一时刻的角度估计信息,这样可减小累积误差,提高角度跟踪性能。

5. 算法流程

综上所述,本节算法流程如下:

步骤1 由 ESPRIT 或者其他算法得到目标初始角度。

步骤2 计算出 t 时刻匹配滤波器的输出 $r(t)$,通过降维矩阵 T 对接收信号 $r(t)$ 进行降维变换,得到降维后的协方差矩阵 $R_k(t)$。

步骤3 重复步骤2,得到 $t+1$ 时刻的协方差矩阵 $R_k(t+1)$,进而得到前后时刻协方差矩阵之差 ΔR_t。

步骤4 由式(7-65)得到 $\Delta\hat{\theta}_k(t)$ 和 $\Delta\hat{\varphi}_k(t)$,通过 $\hat{\theta}_k(t+1)=\hat{\theta}_k(t)+\Delta\hat{\theta}_k(t)$ 和 $\hat{\varphi}_k(t+1)=\hat{\varphi}_k(t)+\Delta\hat{\varphi}_k(t)$ 估计出 $t+1$ 时刻的方位角和俯仰角。

步骤5 对估计出来的角度进行修正。

步骤6 重复步骤1~步骤5,估计下一个时刻各个目标的 DOA。

6. 仿真实验及性能分析

本节对算法运算复杂度和跟踪性能进行分析。

1)运算复杂度分析

由于对接收信号进行了降维变换,得到的协方差矩阵 $R_t\in\mathbb{C}^{(2M+2N-1)\times(2M+2N-1)}$,它的维数远小于 $4MN\times4MN$。降维矩阵 B 是稀疏的,降维变换的运算量很小,算法不涉及矩阵分解运算,并且省去了角度的数据关联运算,因此本节算法运算复杂度较低。

本节算法在 t 时刻协方差矩阵的运算复杂度为 $O((M+N-1)^2J)$,计算 $(H^HH)^{-1}H^H\hat{y}$ 需要 $O(2K_s^2(M+N-2)+K_s^3+2K_s(M+N-2)+K_s^2)$ 的运算量。表 7-2 和图 7-10 显示了本节算法和其他两种子空间跟踪算法的运算复杂度比较,可以看出相比于 PAST[23] 和 PASTd[24] 算法,本节算法具有较低的运算复杂度。

表 7-2 算法运算复杂度比较

算法	运算复杂度
PAST[23]	$O((3MNK_s+K_s^2)J+3K_s^2M(N-1)+K_s^3)$
PASTd[24]	$O((4MNK_s+K_s)J+3K_s^2M(N-1)+K_s^3)$
本节算法	$O((M+N-1)^2J+2K_s^2(M+N-2)+K_s^3+2K_s(M+N-2)+K_s^2)$

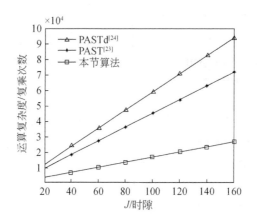

图 7-10　$M=8$、$N=6$、$K_s=3$ 和不同快拍数 J 下不同算法运算复杂度比较

2)算法 DOA 跟踪性能分析

假设 M 为发射阵元数,N 为接收阵元数。空间有 K 个移动目标,其角度缓慢变化,均方根误差 RMSE 定义为

$$\text{RMSE}=\frac{1}{K_s}\sum_{k=1}^{K_s}\sqrt{\frac{1}{Q}\sum_{q=1}^{Q}\left[\frac{1}{T_{\text{last}}}\sum_{t=1}^{T_{\text{last}}}(\hat{\theta}_{k,q,t}-\theta_{k,q,t})^2+(\hat{\varphi}_{k,q,t}-\varphi_{k,q,t})^2\right]} \quad (7\text{-}66)$$

式中,$\hat{\theta}_{k,q,t}$ 为在 t 时刻,第 k 个目标方位角 $\theta_k(t)$ 第 q 次蒙特卡罗实验的估计值;$\hat{\varphi}_{k,q,t}$ 为在 t 时刻,第 k 个目标俯仰角 $\varphi_k(t)$ 第 q 次蒙特卡罗实验的估计值;Q 为蒙特卡罗实验次数,$Q=1000$;K_s 为信源数目。每秒进行 J 次快拍,快拍数据用于接收数据协方差矩阵的估计,持续时间 $T_{\text{last}}=10\text{s}$。

图 7-11 和图 7-12 显示的是本节算法在 $M=8$、$N=6$、$K_s=2$、$J=100$ 和 SNR=10dB 时跟踪目标方位角和俯仰角,其真实角度变化轨迹和跟踪角度轨迹的效果示意图,可以看出该算法可以对多个目标方位角和俯仰角进行有效跟踪。

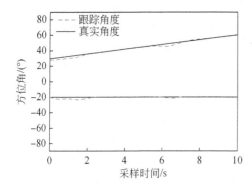 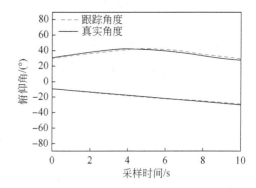

图 7-11　SNR=10dB 下的方位角跟踪结果　　图 7-12　SNR=10dB 下的俯仰角跟踪结果

　　以上面实验的角度变化轨迹来分
析,图 7-13 显示了算法修正前后跟踪
性能比较,其中 $M=8$、$N=6$、$K_s=2$,
从图中可以看出,修正步骤提升了算
法性能。

　　图 7-14 显示了本节算法、文献
[24]中的 Kalman-PASTd 算法、文献
[25]中的 Toeplitz 矩阵算法跟踪性能
和 CRB 的比较,其中 $M=8$、$N=6$、K_s
$=2$。从图 7-14 中可以看出,本节算
法性能较 Toeplitz 矩阵算法好,这是
由于本节算法利用了 ΔR_t 的 Toeplitz

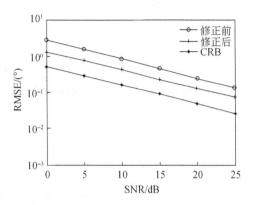

图 7-13　算法修正前后 DOA 跟踪性能比较

矩阵性质,减小了噪声的影响;本节算法跟踪性能接近 Kalman-PASTd 算法,然而
Kalman-PASTd 算法具有较高的运算复杂度,相较之下,本节算法具有较高的实
时性。

　　图 7-15 为 $M=8$、$N=6$、目标数 K_s 取不同值时的角度跟踪性能,从图中可以
看出,当目标数增多时,该算法角度跟踪性能下降,这是信源增多使得干扰增大造
成的。

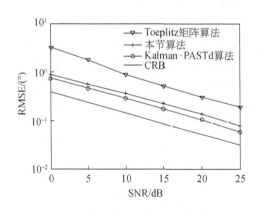

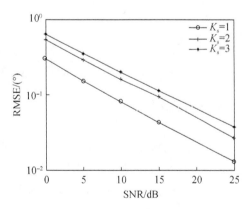

图 7-14　不同算法 DOA 跟踪性能比较　　　　　图 7-15　不同目标数 K_s 下的角度跟踪性能

7.3　双基地 MIMO 雷达角度估计技术

　　相对于单基地雷达,双基地雷达具有更好的抗摧毁能力以及更高的自由
度[26-29]。本节介绍色噪声、干扰、多目标快速运动等不同场景下的双基地 MIMO

雷达角度估计技术。

7.3.1　信号模型

在 MIMO 雷达系统中,天线阵列由多个阵元按照不同的形式排列成多种天线阵型,不同的场景(包括参数类型、地理位置、经济条件等)对阵型有不同要求。本小节根据双基地 MIMO 雷达的不同阵列类型进行信号建模,此处均假设接收阵列与发射阵列具有相同的天线阵型。

1. 均匀线阵

均匀线阵是所有阵列结构中最简单、最基础的一种阵型,基于均匀线阵结构的 MIMO 雷达研究较简单,运算量也较少,因此在某些要求不高的场景下可采用均匀线阵。后续介绍色噪声和干扰两个背景下的目标定位问题,均采用均匀线阵结构。

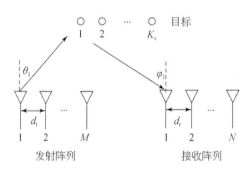

图 7-16　双基地均匀线阵 MIMO 雷达示意图

图 7-16 为具有 M 个发射阵元和 N 个接收阵元的双基地 MIMO 雷达系统,收发阵列均为均匀线阵,发射阵元间距为 d_t,接收阵元间距为 d_r,为保证接收信号间不产生分辨模糊,d_r 应满足 $d_r \leqslant \lambda/2$,其中 λ 为发射信号波长。假设 K 个互不相关的点源目标存在距离雷达系统较远的空域,并且假定目标模型为斯威林 II 型(目标 RCS 在一个脉冲采样期内保持恒定),脉冲与脉冲间的起伏统计独立。假设第 k 个目标的波达角 DOA 为 φ_k,波离角 DOD 为 $\theta_k (k=1,2,\cdots,K_s)$。

假设 MIMO 雷达发射端发射正交信号 $S(t) = [s_1(t), s_2(t), \cdots, s_M(t)]^T$,第 k 个目标的发射导向矢量和接收导向矢量分别为 $a_t(\theta_k)$、$a_r(\varphi_k)$,其表达式如下:

$$\begin{cases} a_t(\theta_k) = \{1, \exp[j2\pi d_t \sin\theta_k/\lambda], \cdots, \exp[j2\pi d_t(M-1)\sin\theta_k/\lambda]\}^T \\ a_r(\varphi_k) = \{1, \exp[j2\pi d_r \sin\varphi_k/\lambda], \cdots, \exp[j2\pi d_r(N-1)\sin\varphi_k/\lambda]\}^T \end{cases} \quad (7\text{-}67)$$

$$k = 1, 2, \cdots, K_s$$

则 K_s 个目标的发射导向矢量矩阵 $A_t(\theta)$ 和接收导向矢量矩阵 $A_r(\varphi)$ 可以表示为

$$\begin{cases} A_t(\theta) = [a_t(\theta_1), a_t(\theta_2), \cdots, a_t(\theta_{K_s})] \\ A_r(\varphi) = [a_r(\varphi_1), a_r(\varphi_2), \cdots, a_r(\varphi_{K_s})] \end{cases} \quad (7\text{-}68)$$

假设 $\eta = [\eta_1, \eta_2, \cdots, \eta_{K_s}]^T$ 为目标的复反射系数,则 MIMO 雷达系统接收端的

接收信号可以表示为

$$X(t) = A_r(\varphi) \mathrm{diag}(\eta) A_t^T(\theta) S(t) + N(t) \tag{7-69}$$

式中，$N(t) \in \mathbb{C}^{N \times 1}$ 为加性高斯噪声。若以 T_s 为采样周期对接收信号进行采样，采样点数为 L，则接收数据可以表示为

$$Y = \sum_{l=1}^{L} \left[A_r(\varphi) \mathrm{diag}(\eta) A_t^T(\theta) S(lT_s) + N(lT_s) \right] \tag{7-70}$$

在 MIMO 雷达接收端，对回波信号进行参数估计之前要先对接收天线处的回波进行信号处理。根据发射信号的正交性，即

$$\begin{cases} \dfrac{1}{L} \sum_{n=1}^{L} s_i(n) s_i^*(n) = 1 \\ \dfrac{1}{L} \sum_{n=1}^{L} s_i(n) s_j^*(n) = 0, \quad i \neq j = 1, 2, \cdots, M \end{cases} \tag{7-71}$$

对 Y 进行匹配滤波，可得

$$\begin{aligned} Y_s &= \sum_{l=1}^{L} X(lT_s) S^H(lT_s) \\ &= \sum_{l=1}^{L} \left[A_r(\varphi) \mathrm{diag}(\eta) A_t^T(\theta) S(lT_s) S^H(lT_s) + N(lT_s) S^H(lT_s) \right] \\ &= A_r(\varphi) \mathrm{diag}(\eta) A_t^T(\theta) + W \end{aligned} \tag{7-72}$$

式中，$W = \sum_{l=1}^{L} N(lT_s) S^H(lT_s)$，$W \in \mathbb{C}^{N \times M}$。

2. 均匀 L 阵

均匀 L 阵具有线性阵列结构，相比于均匀线阵它能够进行二维估计，因此在 MIMO 雷达的研究中较受关注。

如图 7-17 所示，假设双基地 MIMO 雷达系统中发射阵列和接收阵列均为 L 阵型，阵元间距都为半波长。发射阵元数为 M，其中 x 轴上有 M_x 个阵元，y 轴上有 M_y 个阵元；接收阵元数为 N，其中 x 轴上有 N_x 个阵元，y 轴上有 N_y 个阵元。远场空域处有 K_s 个互不相干的点源目标，目标模型假设为斯威林 II 型，第 k($k = 1, 2, \cdots, K_s$) 个目标的 DOD 为 $(\theta_{tk}, \varphi_{tk})$（$\theta_{tk}$ 为目标方位角，φ_{tk} 为目标俯仰角）；第 k 个目标的 DOA 为 $(\theta_{rk}, \varphi_{rk})$。

假设 MIMO 雷达系统发射端发射正交信号 $S(t) = [s_1(t), s_2(t), \cdots, s_M(t)]^T$，第 k 个目标的发射导向矢量为 $a_t(\theta_{tk}, \varphi_{tk}) = [a_{tx}^T(\theta_{tk}, \varphi_{tk}), a_{ty}^T(\theta_{tk}, \varphi_{tk})]^T$，接收导向矢量为 $a_r(\theta_{rk}, \varphi_{rk}) = [a_{rx}^T(\theta_{rk}, \varphi_{rk}), a_{ry}^T(\theta_{rk}, \varphi_{rk})]^T$，其中

$$
\begin{cases}
a_{\mathrm{tx}}(\theta_{tk},\varphi_{tk})=\left[1,\mathrm{e}^{-\mathrm{j}\pi\sin\varphi_{tk}\cos\theta_{tk}},\cdots,\mathrm{e}^{-\mathrm{j}\pi(M_x-1)\sin\varphi_{tk}\cos\theta_{tk}}\right]^{\mathrm{T}} \\
a_{\mathrm{ty}}(\theta_{tk},\varphi_{tk})=\left[1,\mathrm{e}^{-\mathrm{j}\pi\sin\varphi_{tk}\sin\theta_{tk}},\cdots,\mathrm{e}^{-\mathrm{j}\pi(M_y-1)\sin\varphi_{tk}\sin\theta_{tk}}\right]^{\mathrm{T}} \\
a_{\mathrm{rx}}(\theta_{rk},\varphi_{rk})=\left[1,\mathrm{e}^{-\mathrm{j}\pi\sin\varphi_{rk}\cos\theta_{rk}},\cdots,\mathrm{e}^{-\mathrm{j}\pi(N_x-1)\sin\varphi_{rk}\cos\theta_{rk}}\right]^{\mathrm{T}} \\
a_{\mathrm{ry}}(\theta_{rk},\varphi_{rk})=\left[1,\mathrm{e}^{-\mathrm{j}\pi\sin\varphi_{rk}\sin\theta_{rk}},\cdots,\mathrm{e}^{-\mathrm{j}\pi(N_y-1)\sin\varphi_{rk}\sin\theta_{rk}}\right]^{\mathrm{T}}
\end{cases}
\tag{7-73}
$$

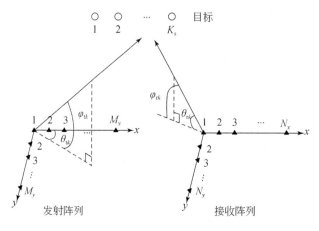

图 7-17　双基地均匀 L 阵 MIMO 雷达示意图

假设 $\eta=\left[\eta_1,\eta_2,\cdots,\eta_{K_s}\right]^{\mathrm{T}}$ 为目标的复反射系数,则发射信号经过目标反射至接收阵列的信号可以表示为

$$
X(t)=A_{\mathrm{r}}(\theta_{\mathrm{r}},\varphi_{\mathrm{r}})\mathrm{diag}(\eta)A_{\mathrm{t}}^{\mathrm{T}}(\theta_{\mathrm{t}},\varphi_{\mathrm{t}})S(t)+N(t)
\tag{7-74}
$$

式中, $A_{\mathrm{t}}(\theta_{\mathrm{t}},\varphi_{\mathrm{t}})=\left[a_{\mathrm{t}}(\theta_{t1},\varphi_{t1}),a_{\mathrm{t}}(\theta_{t2},\varphi_{t2}),\cdots,a_{\mathrm{t}}(\theta_{tK_s},\varphi_{tK_s})\right]$ 为发射导向矩阵; $A_{\mathrm{r}}(\theta_{\mathrm{r}},\varphi_{\mathrm{r}})=\left[a_{\mathrm{r}}(\theta_{r1},\varphi_{r1}),a_{\mathrm{r}}(\theta_{r2},\varphi_{r2}),\cdots,a_{\mathrm{r}}(\theta_{rK_s},\varphi_{rK_s})\right]$ 为接收导向矩阵; $N(t)\in \mathbb{C}^{N\times1}$ 为加性高斯噪声。

对接收信号进行匹配滤波,可以得到

$$
\begin{aligned}
Y_s &=\sum_{l=1}^{L}X(lT_s)\,S^{\mathrm{H}}(lT_s) \\
&=\sum_{l=1}^{L}\left[A_{\mathrm{r}}(\theta_{\mathrm{r}},\varphi_{\mathrm{r}})\mathrm{diag}(\eta)\,A_{\mathrm{t}}^{\mathrm{T}}(\theta_{\mathrm{t}},\varphi_{\mathrm{t}})S(lT_s)\,S^{\mathrm{H}}(lT_s)+N(lT_s)\,S^{\mathrm{H}}(lT_s)\right] \\
&=A_{\mathrm{r}}(\theta_{\mathrm{r}},\varphi_{\mathrm{r}})\mathrm{diag}(\eta)\,A_{\mathrm{t}}^{\mathrm{T}}(\theta_{\mathrm{t}},\varphi_{\mathrm{t}})+W
\end{aligned}
\tag{7-75}
$$

式中, $W=\displaystyle\sum_{l=1}^{L}N(lT_s)\,S^{\mathrm{H}}(lT_s)$, $W\in\mathbb{C}^{N\times M}$。

3. 均匀圆阵

相比于均匀线阵所能提供的 180° 方位角估计,均匀圆阵能够带来 360° 的空域扫描且无假峰,均匀圆阵的对称性使其围绕轴心转动时不会引起方向图的明显变化,在同样的性能需求下比均匀线阵所需的阵元数少。因此,均匀圆阵针对快速运动型目标的捕获具有较好的效果。根据阵列的空间结构分布,均匀圆阵又可分为竖直放置均匀圆阵和水平放置均匀圆阵,其中竖直放置的均匀圆阵能够带来更好的参数估计性能,因此在后续针对快速运动性目标的角度估计中,选择竖直放置的均匀圆阵作为双基地 MIMO 雷达的基础模型。

如图 7-18 所示,假设发射阵元数为 M,接收阵元数为 N,远场空域区存在 K_s 个点源目标,第 $k(k=1,2,\cdots,K_s)$ 个目标在发射阵列圆心处的 DOD 为 $(\theta_{tk},\varphi_{tk})$($\theta_{tk}$ 为目标方位角,φ_{tk} 为目标俯仰角);第 k 个目标在接收阵列圆心处的 DOA 为 $(\theta_{rk},\varphi_{rk})$。

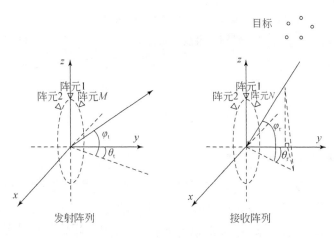

图 7-18　双基地均匀圆阵 MIMO 雷达示意图

假设 MIMO 雷达发射端发射正交信号 $S(t)=[s_1(t),s_2(t),\cdots,s_M(t)]^T$,第 k 个目标的发射导向矢量为 $a_t(\theta_{tk},\varphi_{tk})$,接收导向矢量为 $a_r(\theta_{rk},\varphi_{rk})$,其表示为

$$\begin{cases} a_t(\theta_{tk},\varphi_{tk})=[e^{-j2\pi f\tau_{tk1}},e^{-j2\pi f\tau_{tk2}},\cdots,e^{-j2\pi f\tau_{tkM}}]^T \\ a_r(\theta_{rk},\varphi_{rk})=[e^{-j2\pi f\tau_{rk1}},e^{-j2\pi f\tau_{rk2}},\cdots,e^{-j2\pi f\tau_{rkN}}]^T \end{cases} \tag{7-76}$$

式中,f 为发射信号频率,$f=c/\lambda$,c 为光速,λ 为信号波长;τ_{tkm} 为第 k 个目标在第 $m(m=1,2,\cdots,M)$ 个发射阵元处相对于圆心的发射时延;τ_{rkn} 为第 k 个目标在第 $n(n=1,2,\cdots,N)$ 个接收阵元处相对于圆心的接收时延。单位笛卡儿坐标可表示为 $\rho=[\cos\theta\cos\varphi,\sin\theta\cos\varphi,\sin\varphi]$,根据图 7-18 所示阵元的排布方式,第 m 个发射阵元的位置矢量为 $h_m=[r_t\cos\gamma_m,0,r_t\sin\gamma_m]^T$,则

$$\begin{aligned} \tau_{tkm} &= \rho_{tk}h_m/c \\ &= [\cos\theta_{tk}\cos\varphi_{tk},\sin\theta_{tk}\cos\varphi_{tk},\sin\varphi_{tk}][r_t\cos\gamma_m,0,r_t\sin\gamma_m]^T/c \\ &= r_t(\cos\theta_{tk}\cos\varphi_{tk}\cos\gamma_m+\sin\varphi_{tk}\sin\gamma_m)/c \end{aligned} \tag{7-77}$$

式中，$\gamma_m = 2\pi(m-1)/M$；r_t 为发射阵列半径。同理可得

$$\tau_{rkn} = r_r(\cos\theta_{rk}\cos\varphi_{rk}\cos\gamma_n + \sin\varphi_{rk}\sin\gamma_n)/c \tag{7-78}$$

式中，$\gamma_n = 2\pi(n-1)/N$；r_r 为接收阵列半径。

因此，第 k 个目标的第 m 个发射导向矢量 $a_{tm}(\theta_{tk},\varphi_{tk}) = \mathrm{e}^{-\mathrm{j}2\pi r_t(\cos\theta_{tk}\cos\varphi_{tk}\cos\gamma_m + \sin\varphi_{tk}\sin\gamma_m)/\lambda}$，第 n 个接收导向矢量 $a_{rn}(\theta_{rk},\varphi_{rk}) = \mathrm{e}^{-\mathrm{j}2\pi r_r(\cos\theta_{rk}\cos\varphi_{rk}\cos\gamma_n + \sin\varphi_{rk}\sin\gamma_n)/\lambda}$，则有

$$\begin{cases} a_t(\theta_{tk},\varphi_{tk}) = [a_{t1}(\theta_{tk},\varphi_{tk}),a_{t2}(\theta_{tk},\varphi_{tk}),\cdots,a_{tM}(\theta_{tk},\varphi_{tk})]^{\mathrm{T}} \\ a_r(\theta_{rk},\varphi_{rk}) = [a_{r1}(\theta_{rk},\varphi_{rk}),a_{r2}(\theta_{rk},\varphi_{rk}),\cdots,a_{rN}(\theta_{rk},\varphi_{rk})]^{\mathrm{T}} \end{cases} \tag{7-79}$$

令发射导向矩阵 $A_t(\theta_t,\varphi_t) = [a_t(\theta_{t1},\varphi_{t1}),a_t(\theta_{t2},\varphi_{t2}),\cdots,a_t(\theta_{tK_s},\varphi_{tK_s})]$，接收导向矩阵 $A_r(\theta_r,\varphi_r) = [a_r(\theta_{r1},\varphi_{r1}),a_r(\theta_{r2},\varphi_{r2}),\cdots,a_r(\theta_{rK_s},\varphi_{rK_s})]$，则接收端的接收信号可以表示为

$$X(t) = A_r(\theta_r,\varphi_r)\mathrm{diag}(\eta)A_t^{\mathrm{T}}(\theta_t,\varphi_t)S(t) + N(t) \tag{7-80}$$

式中，$\eta = [\eta_1,\eta_2,\cdots,\eta_{K_s}]^{\mathrm{T}}$ 为目标的复反射系数；$N(t) \in \mathbb{C}^{N\times1}$ 为加性高斯噪声。对接收信号 $X(t)$ 以 T_s 为周期进行采样并进行匹配滤波，采样数为 L，得到

$$Y_s = A_r(\theta_r,\varphi_r)\mathrm{diag}(\eta)A_t^{\mathrm{T}}(\theta_t,\varphi_t) + W \tag{7-81}$$

式中，$W = \sum\limits_{l=1}^{L} N(lT_s)S^{\mathrm{H}}(lT_s)$；$W \in \mathbb{C}^{N\times M}$。

7.3.2　色噪声下的收发角估计

色噪声普遍存在于自然界，在双基地 MIMO 雷达的收发角估计中，针对环境为色噪声背景的研究还较少，且主要是运用传统的高分辨算法，此类算法在高斯色噪声背景下性能较差。根据高阶累积量的特性，可利用高阶累积量对高斯过程的不敏感性来抑制各种加性高斯噪声，并且不会对雷达系统的整体孔径造成影响。

1. 接收信号的高阶累积量形式

1）高阶累积量的基本概念

阶数大于 2 的统计量统称为高阶统计量。零均值实平稳随机信号 y 的一到四阶累积量公式如下：

$$C_{1y}(\tau) = E[y(t)] \tag{7-82}$$

$$C_{2y}(\tau) = E[y(t)y(t+\tau)] \tag{7-83}$$

$$C_{3y}(\tau_1,\tau_2) = E[y(t)y(t+\tau_1)y(t+\tau_2)] \tag{7-84}$$

$$\begin{aligned} C_{4y}(\tau_1,\tau_2,\tau_3) = {} & E[y(t)y(t+\tau_1)y(t+\tau_2)y(t+\tau_2)] \\ & - C_{2y}(\tau_1)C_{2y}(\tau_2-\tau_3) - C_{2y}(\tau_2)C_{3y}(\tau_3-\tau_1) \\ & - C_{2y}(\tau_3)C_{2y}(\tau_1-\tau_2) \end{aligned} \tag{7-85}$$

设 $y_i(i=1,2,\cdots,N)$ 为随机变量，$\mathrm{cum}(y_1,y_2,\cdots,y_N)$ 为其高阶累积量，则高阶

累积量的主要性质有：

性质 1　若 x 为随机变量，则有

$$\mathrm{cum}(y_1+x,y_2,\cdots,y_N)=\mathrm{cum}(y_1,y_2,\cdots,y_N)+\mathrm{cum}(x,y_2,\cdots,y_N) \quad (7\text{-}86)$$

性质 2　若 $a_i(i=1,2,\cdots,N)$ 为常数，则有

$$\mathrm{cum}(a_1y_1,a_2y_2,\cdots,a_Ny_N)=\prod_{i=1}^{N}a_i\mathrm{cum}(y_1,y_2,\cdots,y_N) \quad (7\text{-}87)$$

性质 3　若 $p_i(i=1,2,\cdots,N)$ 为常数且 $(p_1,p_2,\cdots,p_N)$ 是 $(1,2,\cdots,N)$ 的一种排列，则有

$$\mathrm{cum}(y_1,y_2,\cdots,y_N)=\mathrm{cum}(y_{p_1},y_{p_2},\cdots,y_{p_N}) \quad (7\text{-}88)$$

性质 4　若 $x_i(i=1,2,\cdots,N)$ 为随机变量，且与 $y_i(i=1,2,\cdots,N)$ 相互独立，则有

$$\mathrm{cum}(y_1+x_1,y_2+x_2,\cdots,y_N+x_N)=\mathrm{cum}(y_1,y_2,\cdots,y_N)+\mathrm{cum}(x_1,x_2,\cdots,x_N) \quad (7\text{-}89)$$

性质 5　若 a 为常数，则有

$$\mathrm{cum}(y_1+a,y_2,\cdots,y_N)=\mathrm{cum}(y_1,y_2,\cdots,y_N) \quad (7\text{-}90)$$

性质 6　若存在高斯随机变量 $x_i(i=1,2,\cdots,N)$ 与 $y_i(i=1,2,\cdots,N)$ 相互独立，则有

$$\mathrm{cum}(y_1+x_1,y_2+x_2,\cdots,y_N+x_N)=\mathrm{cum}(y_1,y_2,\cdots,y_N) \quad (7\text{-}91)$$

由高阶累积量的性质 4 和性质 6 可知，高斯随机过程的高阶累积量为零，因此在信号的参数估计中可以利用高阶累积量消除加性高斯噪声。

2）接收信号的高阶累积量形式

在均匀线阵的双基地 MIMO 雷达角度估计中，对式（7-72）的信号接收模型进行矩阵拉直运算：

$$\begin{aligned} y &= \mathrm{vec}(Y_s)=A_t(\theta)\bigoplus A_r(\varphi)\mathrm{vec}(\eta)+\omega \\ &= \Lambda(\theta,\varphi)\beta+\omega \end{aligned} \quad (7\text{-}92)$$

式中，$\mathrm{vec}(\bullet)$ 为矩阵的拉直运算；"$\bigoplus$" 为矩阵的 Khatri-Rao 积；$\omega=\mathrm{vec}(W)$ 为噪声进行矩阵拉直运算后的向量。$A(\theta,\varphi)=[a(\theta_1,\varphi_1),a(\theta_2,\varphi_2),\cdots,a(\theta_{K_s},\varphi_{K_s})]$ 为系统发射端和接收端的联合导向矩阵，$a(\theta_k,\varphi_k)=a_t(\theta_k)\bigotimes a_r(\varphi_k)(k=1,2,\cdots,K_s)$；$\beta=\mathrm{vec}(\eta)$。

由高阶累积量的定义可知，对应不同的场合，零均值复平稳随机过程 $y_i(i=1,2,\cdots,MN)$ 的四阶累积量有 2^4 种定义方式，这里采用最常用的对称定义[30,31]。由式（7-88）可知，$y\in\mathbb{C}^{MN\times 1}$，令 $y=[y_1,y_2,\cdots,y_{mn}]^{\mathrm{T}}$，其四阶累积量形式可以表示为

$$\begin{aligned} C_{4y}(p_1,p_2,p_3,p_4) &= \mathrm{cum}(y_{p_1}^*,y_{p_2},y_{p_3},y_{p_4}^*) \\ &= E[y_{p_1}^*y_{p_2}y_{p_3}y_{p_4}^*]-E[y_{p_2}^*y_{p_3}]E[y_{p_2}y_{p_4}^*] \\ &\quad -E[y_{p_1}^*y_{p_2}]E[y_{p_3}y_{p_4}^*]-E[y_{p_2}y_{p_3}]E[y_{p_1}^*y_{p_4}^*] \end{aligned} \quad (7\text{-}93)$$

式中，$E[y_{p_1}^* y_{p_2} y_{p_3} y_{p_4}^*]$ 和 $E[y_{p_i} y_{p_j}]$ 分别为四阶矩和二阶矩，且 $1 \leqslant p_1, p_2, p_3, p_4 \leqslant MN$，当 p_1、p_2、p_3、p_4 分别依次从 $[1, MN]$ 中取值时，可以得到矩阵形式。

假设 MIMO 雷达接收信号 y 的四阶累积量矩阵为 R_{4y}，将 R_{4y} 的第 $[(p_1-1)MN+p_2]$ 行第 $[(p_3-1)MN+p_4]$ 列用式(7-93)来定义，可得

$$R_{4y}[(p_1-1)MN+p_2, (p_3-1)MN+p_4] = C_{4y}(p_1, p_2, p_3, p_4) \quad (7-94)$$

在双基地 MIMO 雷达系统中，当其具有 M 个发射阵元和 N 个接收阵元时，共可以得到 MN 个通道，此时的约束条件为 $1 \leqslant p_1, p_2, p_3, p_4 \leqslant MN$，随着 p_1、p_2、p_3、p_4 取值的变化，可知 R_{4y} 的大小为 $(MN)^2 \times (MN)^2$。整理可得，R_{4y} 的矩阵形式为[32]

$$\begin{aligned} R_{4y} = &E[(y \otimes y^*)(y \otimes y^*)^H] - E[y \otimes y^*]E[(y \otimes y^*)^H] \\ &- E[y y^H] \otimes E[(y y^H)^*] \end{aligned} \quad (7-95)$$

利用 Kronecker 积的性质[33,34]对式(7-95)进行求解：

$$\begin{aligned} y \otimes y^* &= (A\beta + \omega) \otimes (A\beta + \omega)^* \\ &= (A\beta) \otimes (A\beta)^* + \omega \otimes \omega^* \\ &= (A \otimes A^*)(\beta \otimes \beta^*) + \omega \otimes \omega^* \end{aligned} \quad (7-96)$$

$$\begin{aligned} R_{4y} = &(A \otimes A^*)\{E[(\beta \otimes \beta^*)(\beta \otimes \beta^*)^H] - E[\beta \otimes \beta^*]E[(\beta \otimes \beta^*)^H] \\ &- E[\beta \beta^H] \otimes E[(\beta \beta^H)^*]\}(A \otimes A^*)^H + \{E[(\omega \otimes \omega^*)(\omega \otimes \omega^*)^H] \\ &- E[\omega \otimes \omega^*]E[(\omega \otimes \omega^*)^H] - E[\omega \omega^H] \otimes E[(\omega \omega^H)^*]\} \end{aligned}$$
$$(7-97)$$

令 $G = A \otimes A^*$ 为四阶联合导向矢量矩阵，将式(7-97)改写如下：

$$R_{4y} = G C_\beta G^H + C_\omega \quad (7-98)$$

式中，C_β 和 C_ω 分别为目标信号和噪声的四阶累积量矩阵，满足

$$C_\beta = E[(\beta \otimes \beta^*)(\beta \otimes \beta^*)^H] - E[\beta \otimes \beta^*]E[(\beta \otimes \beta^*)^H] - E[\beta \beta^H] \otimes E[(\beta \beta^H)^*]$$
$$C_\omega = E[(\omega \otimes \omega^*)(\omega \otimes \omega^*)^H] - E[\omega \otimes \omega^*]E[(\omega \otimes \omega^*)^H] - E[\omega \omega^H] \otimes E[(\omega \omega^H)^*]$$

由高阶累积量的性质可知[30]，当噪声为高斯模型时（包括高斯白噪声和高斯色噪声），$C_\omega = 0$，因此四阶累积量的引入有效地抑制了高斯噪声的影响。

2. 双基地 MIMO 雷达收发角估计

1）算法运算复杂度改进

假设不同目标的散射系数不同，当且仅当 $p_1 = p_2 = p_3 = p_4 = i(i=1,2,\cdots,K_s)$ 时，$\mathrm{cum}(\eta_i, \eta_i, \eta_i^*, \eta_i^*) \neq 0$，令 $c_i = \mathrm{cum}(\eta_i, \eta_i, \eta_i^*, \eta_i^*)$，$\underline{C}_\beta = \mathrm{diag}(c_1, c_2, \cdots, c_{K_s})$，则 $\mathrm{rank}(\underline{C}_\beta) = K_s$。

若令

$$\underline{G}(\theta, \varphi) = [g(\theta_1, \varphi_1), g(\theta_2, \varphi_2), \cdots, g(\theta_{K_s}, \varphi_{K_s})] \quad (7-99)$$

式中，$g(\theta_k, \varphi_k) = a(\theta_k, \varphi_k) \otimes a(\theta_k, \varphi_k)(k=1,2,\cdots,K_s)$，则式(7-98)可以表示为

$$R_{4y}=\underline{G}(\theta,\varphi)\underline{C_\beta}\underline{G}(\theta,\varphi)^{\mathrm{H}} \tag{7-100}$$

易知R_{4y}为$(MN)^2\times(MN)^2$矩阵,导向矢量 $g(\theta_k,\varphi_k)$中存在大量的重复项,若直接利用R_{4y}进行谱估计,则运算量较大。由矩阵特性可知,在保证雷达孔径不变的基础上可以通过筛选有效信息来减少谱估计算法的运算量,降低运算复杂度。

令 $u_k=\exp(\mathrm{j}2\pi d_t\sin\theta_k/\lambda)$,$v_k=\exp(\mathrm{j}2\pi d_r\sin\varphi_k/\lambda)$$(k=1,2,\cdots,K_s)$,则发射导向矢量可以表示为$a_t(\theta_k)=[1,u_k,u_k^2,\cdots,u_k^{M-1}]^{\mathrm{T}}$,接收导向矢量可以表示为$a_r(\theta_k)=[1,v_k,v_k^2,\cdots,v_k^{N-1}]^{\mathrm{T}}$,因此有

$$
\begin{aligned}
a(\theta_k,\varphi_k)&=a_t(\theta_k)\bigotimes a_r(\varphi_k)\\
&=[1,v_k,\cdots,v_k^{N-1},v_k,u_kv_k,\cdots,u_kv_k^{N-1},\cdots,u_k^{m-1},u_k^{m-1}v_k,\cdots,u_k^{M-1}v_k^{N-1}]^{\mathrm{T}}
\end{aligned} \tag{7-101}
$$

$$
\begin{aligned}
g(\theta_k,\varphi_k)=&[1,\cdots,v_k^{N-1},\cdots,u_k^{M-1},\cdots,u_k^{M-1}v_k^{N-1},\cdots,\\
&v_k^{N-1},\cdots,v_k^{2N-2},\cdots,u_k^{M-1}v_k^{N-1},\cdots,u_k^{M-1}v_k^{2N-2},\cdots,\\
&u_k^{M-1}v_k^{N-1},\cdots,u_k^{M-1}v_k^{2N-2},\cdots,u_k^{2M-2}v_k^{N-1},\cdots,u_k^{2M-2}v_k^{2N-2}]^{\mathrm{T}}
\end{aligned} \tag{7-102}
$$

分析式(7-102)可知,$g(\theta_k,\varphi_k)$中只有第 1 项～第 MN 项和所有的 $kN(k=M+1,M+2,\cdots,MN)$项、$kMN(k=N+1,\cdots,MN)$项是有效的,仅有 $3MN-M-N$ 个不同的元素,剩下的是重复项。相应地,R_{4y}中只包含 $3MN-M-N$ 行和 $3MN-M-N$ 列不同的元素,将R_{4y}中的第 1 行～MN 行和所有的 $kN(k=M+1,M+2,\cdots,MN)$行、$kMN(k=N+1,\cdots,MN)$行及其相对应列上的所有元素取出来,并按原来的顺序排列,可得到去除冗余量后的新矩阵$\widehat{R}_{4y}$(矩阵大小为$(3MN-M-N)\times(3MN-M-N)$)。该矩阵相比原$(MN)^2\times(MN)^2$ 矩阵,维数大大减小,可有效降低算法运算量。

2)基于四阶累积量的 MUSIC 算法

对于 K_s 个目标,若目标之间相互不重合,则 A 列满秩,即 $\mathrm{rank}(A)=K_s$,进而根据 Kronecker 积的性质可知 $\mathrm{rank}(G)=\mathrm{rank}(A\bigotimes A^*)=K_s^2$,由目标的相干性可推导出

$$\mathrm{rank}(R_{4y})=\mathrm{rank}(GC_\beta G^{\mathrm{H}})=K_s^2 \tag{7-103}$$

对R_{4y}进行复杂度改进并不会影响它的秩,因此 $\mathrm{rank}(\widehat{R}_{4y})=K_s^2$。对$\widehat{R}_{4y}$进行特征值分解,得到 $3MN-M-N$ 个特征值,按照从大到小的顺序排列为 $\lambda_1,\lambda_2,\cdots,$ $\lambda_{3MN-M-N}$,其中特征值中的前 K_s^2 个较大的值所对应的特征向量张成信号子空间U_S,后$(3MN-M-N)-K_s^2$ 个较小的值对应的特征向量则张成噪声子空间U_N,即

$$U_N=\mathrm{span}\{\mu_{K_s^2+1},\mu_{K_s^2+2},\cdots,\mu_{3MN-M-N}\} \tag{7-104}$$

式中,$\mu_i(i=K_s^2+1,K_s^2+2,\cdots,3MN-M-N)$为第 i 个小特征值对应的特征向量。由高阶累积量的特性可知,基于高阶累积量的导向矢量与噪声子空间满足正交性,因此可定义信号子空间为

$$U_S = \text{span}\{a(\theta_1, \varphi_1) \otimes a(\theta_1, \varphi_1), \cdots, a(\theta_{K_s}, \varphi_{K_s}) \otimes a(\theta_{K_s}, \varphi_{K_s})\} \quad (7\text{-}105)$$

利用噪声子空间定义噪声矩阵 $E_N = [\mu_{K_s^2+1}, \mu_{K_s^2+2}, \cdots, \mu_{3MN-M-N}]$，根据 $U_N \perp U_S$ 得到基于四阶累积量的 MUSIC 谱估计函数为

$$P_{\text{MUSIC}} = \frac{1}{\| E_N^H [a(\theta, \varphi) \otimes a(\theta, \varphi)] \|_2^2} \quad (7\text{-}106)$$

式中，$\| \cdot \|_2$ 为矩阵的二范数，对式(7-106)进行谱峰搜索即可得到目标的位置。

3. 仿真实验

这里针对均匀线阵双基地 MIMO 雷达系统进行仿真。假设有 4 个发射阵元和 5 个接收阵元，阵元间距均为半波长，各发射阵元发射相互正交的 Hadamard 码。远场区域存在 4 个互不相关的目标，它们的位置分别为(15°，23°)、(−35°，42°)、(78°，−31°)、(−12°，−56°)，背景环境为高斯色噪声，其中 SNR＝5dB。快拍数取 $T = 200$，实验取 100 次的蒙特卡罗实验值作为结果。

仿真1:色噪声背景下验证本节算法的有效性

图 7-19 给出了色噪声背景下本节算法对目标角度的空间谱估计图，图 7-20 给出了本节算法、四阶累积量 MUSIC 算法和经典 MUISC 算法对目标角度的估计结果。

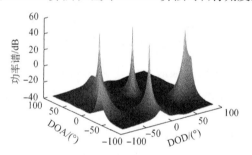

(a)目标角度的谱估计图

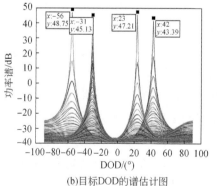

(b)目标DOD的谱估计图

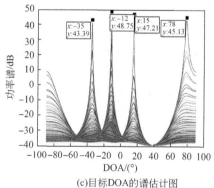

(c)目标DOA的谱估计图

图 7-19　色噪声背景下本节算法对目标角度的空间谱估计图

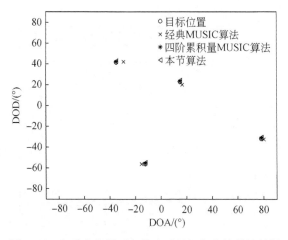

图 7-20　色噪声背景下各算法对目标角度的估计结果

由图 7-19 可以看出,在目标位置处算法谱估计图具有较好的峰值,其他区域则较平坦。由图 7-20 可以看出,本节算法估计的目标位置与目标的真实位置基本重合,这说明算法在降低运算复杂度的同时能够很好地抑制高斯色噪声的影响。

仿真 2:色噪声环境下算法的性能分析

均方根误差定义如下[34]:

$$\text{RMSE} = \frac{1}{KG} \sum_{k=1}^{K_s} \sqrt{\sum_{i=1}^{G} \left[(\theta_{ki} - \theta)^2 + (\varphi_{ki} - \varphi)^2 \right]} \tag{7-107}$$

式中,K_s 为目标数;G 为实验仿真总次数;θ_{ki} 和 φ_{ki} 分别为 DOD 与 DOA 的第 k 个目标第 i 次实验值。图 7-21 和图 7-22 分别给出了各算法 RMSE 随 SNR 和快拍数的变化曲线。

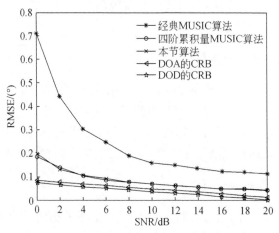

图 7-21　算法 RMSE 随 SNR 的变化曲线

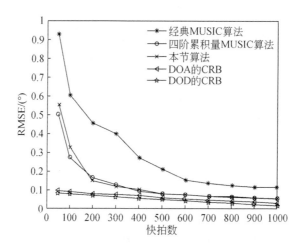

图 7-22　算法 RMSE 随快拍数的变化曲线

　　图 7-21 中 SNR 变化区间为[0dB,20dB]，快拍数为 200，随着 SNR 的增大，角度估计均方根误差逐渐减小，越来越接近角度的 CRB 值，其中经典 MUSIC 算法估计效果最差，四阶累积量 MUSIC 算法与本节算法的性能接近。图 7-22 中快拍数变化区间为[50,1000]，SNR 为 5dB，可以看出，在低快拍数下所有算法的估计性能都较差，随着快拍数的增加，算法的估计性能也随之变好，其中经典 MUSIC 算法的整体性能都较差，四阶累积量 MUSIC 算法和本节算法的性能相近，都表现出较好的性能，尤其是在快拍数高于 200 时算法的角度估计均方根误差接近目标角度的 CRB 值。

　　综上所述，对高阶累积量协方差矩阵进行有效信息筛选，基本不影响算法性能，和经典 MUSIC 算法相比，本节算法具有较高的估计精度，特别是在低 SNR 的情况下，算法优势更为明显。

7.3.3　干扰背景下的收发角估计

　　一般的空间谱算法都假设信号是广义平稳的，但许多场合下信号是非平稳的，如通信信号、水文数据及雷达信号等，在此类非平稳信号中存在一类具有一定周期性变化的信号，称为周期平稳信号，也称为循环平稳信号。循环平稳信号既反映了信号的非平稳性，又具有频谱冗余特性，因此它能够有效消除干扰的影响。

　　1. 循环平稳信号的接收模型

　　具有循环平稳特性的信号的特征参数与非循环平稳信号有不同之处，主要表现在特征参数具有一定的周期性，正是这些周期性为雷达信号处理带来了新的优势。

1)循环平稳的基本概念

循环平稳过程可以定义为统计特性呈周期(或多周期)平稳变化的过程,根据特征参数不同,循环平稳可以分为一阶、二阶和高阶循环平稳,本节所指的循环平稳均指二阶循环平稳。对于一个非平稳信号 $s(t)$,若它的均值和自相关函数随时间变化均呈一定的周期性,即

$$\begin{cases} m_s(t) = m_s(t+nT_0) \\ R_s(t,\tau) = R_s(t+nT_0,\tau) \end{cases} \tag{7-108}$$

则称其为周期(循环)平稳信号。式中,$T_0 = 1/\alpha$ 为最小循环周期,α 为循环频率;$n \in \mathbb{N}^+$;$m_s(t) = E[s(t)]$ 为信号的均值;$R_s(t,\tau) = E[s(t+\tau/2)s^*(t-\tau/2)]$ 为信号的自相关函数。在实际应用中,常用样本的时间平均代替统计平均来求得数据的自相关函数,有

$$R_s(t,\tau) = \lim_{N \to \infty} \frac{1}{2N+1} \sum_{n=-N}^{N} s(t+nT_0+\tau/2)s^*(t+nT_0-\tau/2) \tag{7-109}$$

将自相关函数展开为如下傅里叶级数:

$$R_s(t,\tau) = \sum_{l=-\infty}^{\infty} R_s^\alpha(\tau) e^{j2\pi l\alpha t} \tag{7-110}$$

式中,$l \in \mathbb{N}^+$,根据傅里叶级数理论,可求得式(7-110)的傅里叶系数为

$$R_s^\alpha(\tau) = \frac{1}{T_0} \int_{-T_0/2}^{T_0/2} R_s(t,\tau) e^{-j2\pi\alpha t} dt \tag{7-111}$$

将式(7-110)自相关函数 $R_s(t,\tau)$ 的表达式代入式(7-111)中,并且令 $T_{\text{period}} = (2N+1)T_0$,得到循环自相关函数如下:

$$\begin{aligned} R_s^\alpha(\tau) &= \lim_{T_{\text{period}} \to \infty} \frac{1}{T_{\text{period}}} \int_{-T_{\text{period}}/2}^{T_{\text{period}}/2} s(t+\tau/2)s^*(t-\tau/2) e^{-j2\pi\alpha t} dt \\ &= \langle s(t+\tau/2)s^*(t-\tau/2) e^{-j2\pi\alpha t} \rangle \end{aligned} \tag{7-112}$$

式中,$\langle \cdot \rangle$ 表示对全部时间进行平均。对于信号 $s(t)$,若它在循环频率 α 处的循环自相关函数 $R_s^\alpha(\tau) \neq 0$,则称其具有循环自相关特性。

根据上述循环自相关函数的定义,同样可以得出两个具有相同循环频率的随机过程 $x(t)$ 和 $y(t)$ 的循环互相关函数为

$$\begin{aligned} R_{xy}^\alpha(\tau) &= \lim_{T_{\text{period}} \to \infty} \frac{1}{T_{\text{period}}} \int_{-T_{\text{period}}/2}^{T_{\text{period}}/2} x(t+\tau/2)y^*(t-\tau/2) e^{-j2\pi\alpha t} dt \\ &= \langle x(t+\tau/2)y^*(t-\tau/2) e^{-j2\pi\alpha t} \rangle \end{aligned} \tag{7-113}$$

若 $R_s^\alpha(\tau) \neq 0$,则称其具有循环互相关特性。

对于复数随机过程 $s(t)$,定义其共轭循环自相关函数为

$$R_{ss^*}^\alpha(\tau) = \langle s(t+\tau/2)s(t-\tau/2) e^{-j2\pi\alpha t} \rangle \tag{7-114}$$

同理,对于复数随机过程 $x(t)$ 和 $y(t)$,它们的共轭循环互相关函数定义为

$$R_{xy*}^{\alpha}(\tau) = \langle x(t+\tau/2)y(t-\tau/2)e^{-j2\pi\alpha t} \rangle \tag{7-115}$$

若式(7-114)和式(7-115)不为零,则称其具有共轭循环特性。

对于循环自相关函数和循环互相关函数,当 $\alpha=0$ 时,它们就是自相关函数和互相关函数。若 $R_s^0(\tau)\neq0$ 且 $R_s^{\alpha}(\tau)=0$(α 是不为零的任意数),则信号为平稳信号;若至少存在一个非零数 α 使 $R_s^{\alpha}(\tau)\neq0$,则信号为循环平稳信号,此时 α 为循环频率。

$R_s^{\alpha}(\tau)$ 与信号 $s(t)$ 的周期谱密度函数 $S_s^{\alpha}(f)$ 呈傅里叶变换对,即

$$S_s^{\alpha}(f) = \int_{-\infty}^{\infty} R_s^{\alpha}(\tau)e^{-j2\pi f\tau}d\tau \tag{7-116}$$

$S_s^{\alpha}(f)$ 也称为循环谱密度函数,当 $\alpha=0$ 时,$S_s^{\alpha}(f)$ 就是人们通常所说的功率谱密度函数。

在计算式(7-116)的循环谱密度函数时,由于接收数据的有限性,为简化运算量,通常由循环周期图来表示自相关函数:

$$\begin{aligned} I_N^{\alpha}(f) &= \frac{1}{N}\sum_{n=0}^{N-1}s(n)e^{-j2\pi(f+\alpha/2)n}\sum_{n=0}^{N-1}s^*(n)e^{j2\pi(f-\alpha/2)n} \\ &= \frac{1}{N}S(f+\alpha/2)S^*(f-\alpha/2) \end{aligned} \tag{7-117}$$

式(7-117)体现了信号 $s(t)$ 在频率 $f+\alpha/2$ 和 $f-\alpha/2$ 两处的谱分量之间的相关程度,对于循环平稳信号,它在这两处的谱相关,而噪声则不具有相关性,且具有不同循环频率的干扰信号在这两处谱不存在相关性,因此根据该原理可将期望信号从背景环境中提取出来。

2)循环平稳信号的接收模型

这里针对均匀线阵双基地 MIMO 雷达的系统模型进行阐述。对于远场区域的目标 $k(k=1,2,\cdots,K_s)$,假设发射端发射具有相同循环频率的 M 个相互正交信号 $s_m(t)(m=1,2,\cdots,M)$,$\tau_{tk}=d_t/(\lambda\sin\theta_k)$ 表示相邻发射阵元的时延,$\tau_{rk}=d_r/\lambda\sin\varphi_k$ 表示相邻接收阵元的时延,第 p 个接收阵元上的接收信号可以表示为

$$x_p(t) = \eta_k\sum_{m=1}^{M}s_m[t+(p-1)\tau_{rk}+(m-1)\tau_{tk}]+w_{pk}(t) \tag{7-118}$$

式中,$w_{pk}(t)$ 为第 p 个接收阵元上的加性高斯平稳噪声。

利用信号的循环平稳特性对高斯噪声较好的抑制能力及有效的抗干扰效果,构造信号的循环平稳相关矩阵,根据前面循环相关函数的定义,第 p 个接收阵元与第 q 个接收阵元的循环相关函数表示为

$$R^a_{y_p y_q}(\tau) = \langle y_p(t+\tau/2) y_q^*(t-\tau/2) \mathrm{e}^{-\mathrm{j}2\pi at} \rangle$$

$$= \Big\langle \eta_k \eta_k^* \sum_{m=1}^{M} s_m \{ t+(m-1)\tau_{tk} + (p+q-2)\tau_{rk}/2 + [(p-q)\tau_{rk}+\tau]/2 \}$$

$$\cdot s_m^* \{ t+(m-1)\tau_{tk} + (p+q-2)\tau_{rk}/2 - [(p-q)\tau_{rk}+\tau]/2 \} \mathrm{e}^{-\mathrm{j}2\pi at} \Big\rangle$$

$$(7\text{-}119)$$

对式(7-119)进行化简,令 $t' = t+(m-1)\tau_{tk} + (p+q-2)\tau_{rk}/2$,则有

$$R^a_{y_p y_q}(\tau) = \Big\langle \eta_k \eta_k^* \sum_{m=1}^{M} s_m \{ t' + [(p-q)\tau_{rk}+\tau]/2 \}$$

$$\cdot s_m^* \{ t' - [(p-q)\tau_{rk}+\tau]/2 \} \mathrm{e}^{-\mathrm{j}2\pi a[t'-(m-1)\tau_{tk} + (p+q-2)\tau_{rk}/2]} \Big\rangle \quad (7\text{-}120)$$

$$= \eta_k \eta_k^* \sum_{m=1}^{M} R^a_{s_m s_m} [(p-q)\tau_{rk}+\tau] \mathrm{e}^{\mathrm{j}2\pi a[(m-1)\tau_{tk} + (p+q-2)\tau_{rk}/2]}$$

对于 K_s 个目标,第 p 个接收阵元上的信号为

$$y_p(t) = \sum_{k=1}^{K_s} \{ \eta_k x_k [t+(p-1)\tau_{rk}] + w_{pk}(t) \}$$

$$= \sum_{k=1}^{K_s} \eta_k \Big(\sum_{m=1}^{M} \{ s_m [t+(p-1)\tau_{rk} + (m-1)\tau_{tk}] + n_{km}(t) \} + w_{pk}(t) \Big)$$

$$(7\text{-}121)$$

则接收阵列上第 p 个接收阵元与第 q 个接收阵元的循环相关函数表示为

$$R^a_{y_p y_q}(\tau) = \langle y_p(t+\tau/2) y_q^*(t-\tau/2) \mathrm{e}^{-\mathrm{j}2\pi at} \rangle$$

$$= \Big\langle \sum_{k=1}^{K_s} \eta_k \Big[\sum_{m=1}^{M} \{ s_m [t+(p-1)\tau_{rk} + (m-1)\tau_{tk}] + n_{km}(t) \} + w_{pk}(t) \Big]$$

$$\cdot \sum_{k=1}^{K_s} \eta_k^* \Big[\sum_{m=1}^{M} \{ s_m^* [t+(p-1)\tau_{rk} + (m-1)\tau_{tk}] + n_{km}(t) \} + w_{pk}(t) \Big] \mathrm{e}^{-\mathrm{j}2\pi at} \Big\rangle$$

$$= \Big\langle \sum_{k_1=1}^{K_s} \sum_{k_2=1}^{K_s} \eta_{k_1} \eta_{k_2}^* \sum_{m=1}^{M} s_m [t+(p-1)\tau_{rk_1} + (m-1)\tau_{tk_1}]$$

$$\cdot s_m^* [t+(q-1)\tau_{rk_2} + (m-1)\tau_{tk_2}] \mathrm{e}^{-\mathrm{j}2\pi at} \Big\rangle$$

$$= \sum_{k_1=1}^{K_s} \sum_{k_2=1}^{K_s} \sum_{m=1}^{M} \eta_{k_1} \eta_{k_2}^* R^a_{s_m s_m} [(p-1)\tau_{rk_1} - (q-1)\tau_{rk_2} + (m-1)(\tau_{tk_1} - \tau_{tk_2}) + \tau]$$

$$\cdot \mathrm{e}^{\mathrm{j}\pi a[(p-1)\tau_{rk_1} + (q-1)\tau_{rk_2} + (m-1)(\tau_{tk_1} + \tau_{tk_2})]}$$

$$(7\text{-}122)$$

由式(7-122)得出的相关函数对信号带宽无限制，既适用于窄带信号，也适用于宽带信号，更利于实际应用。

2. 基于循环平稳信号的双基地 MIMO 雷达收发角估计

循环 MUSIC 算法不仅利用了信号的空间相关性，还利用了信号的谱相关性。信号只有具有相同的循环频率才呈现循环相关，其余情况下的循环互相关为零。因此，该算法具有信号选择性，能够滤除干扰和噪声的影响。

式(7-122)中既包含了目标的 DOD 信息，也包含了目标的 DOA 信息，取所有接收阵元的两两相关函数，可构造接收阵元的协方差矩阵。

令 $E_{p,m}(k_1) = \eta_{k_1}\, e^{j\pi\alpha[(p-1)\tau_{rk_1}+(m-1)\tau_{tk_1}]}$，$F_{q,m}(k_2) = \eta_{k_2}^*\, e^{j\pi\alpha[(q-1)\tau_{rk_2}+(m-1)\tau_{tk_2}]}$，$R_{p,q,m}(k_1,k_2) = R_{s_m s_m}^\alpha[(p-1)\tau_{rk_1}-(q-1)\tau_{rk_2}+(m-1)(\tau_{tk_1}-\tau_{tk_2})+\tau]$，则式(7-122)可以表示为

$$R_{y_p y_q}^\alpha(\tau) = \sum_{k_1=1}^{K_s}\sum_{k_2=1}^{K_s}\sum_{m=1}^{M} R_{p,q,m}(k_1,k_2)E_{p,m}(k_1)F_{q,m}(k_2) \qquad (7\text{-}123)$$

式(7-123)中令 k_1、k_2 分别取遍 $[1,K_s]$ 上的值，可以得到如下矩阵形式：

$$\begin{cases} A_{p,q,m} = \begin{bmatrix} R_{p,q,m}(1,1) & R_{p,q,m}(1,2) & \cdots & R_{p,q,m}(1,K_s) \\ R_{p,q,m}(2,1) & R_{p,q,m}(2,2) & \cdots & R_{p,q,m}(2,K_s) \\ \vdots & \vdots & & \vdots \\ R_{p,q,m}(K_s,1) & R_{p,q,m}(K_s,2) & \cdots & R_{p,q,m}(K_s,K_s) \end{bmatrix} \\ E_{p,m} = [E_{p,m}(1),E_{p,m}(2),\cdots,E_{p,m}(K_s)]^T \\ F_{q,m} = [F_{q,m}(1),F_{q,m}(2),\cdots,F_{q,m}(K_s)]^T \end{cases} \qquad (7\text{-}124)$$

则式(7-122)可以写成

$$R_{y_p y_q}^\alpha(\tau) = \sum_{m=1}^{M} E_{p,m}^T A_{p,q,m} F_{q,m} \qquad (7\text{-}125)$$

当 p 和 q 取遍所有接收阵元数时，可得接收阵列的循环协方差矩阵为

$$R_Y(\alpha) = \begin{bmatrix} R_{y_1 y_1}^\alpha(\tau) & R_{y_1 y_2}^\alpha(\tau) & \cdots & R_{y_1 y_N}^\alpha(\tau) \\ R_{y_2 y_1}^\alpha(\tau) & R_{y_2 y_2}^\alpha(\tau) & \cdots & R_{y_2 y_N}^\alpha(\tau) \\ \vdots & \vdots & & \vdots \\ R_{y_N y_1}^\alpha(\tau) & R_{y_N y_2}^\alpha(\tau) & \cdots & R_{y_N y_N}^\alpha(\tau) \end{bmatrix} \qquad (7\text{-}126)$$

对时延取不同的值，得到如下伪数据矩阵：

$$R(\alpha) = [R_Y^\alpha(0),R_Y^\alpha(T_s),R_Y^\alpha(2T_s),\cdots,R_Y^\alpha((L-1)T_s)] \qquad (7\text{-}127)$$

式中，L 为采样点数；T_s 为采样间隔。对矩阵 $R(\alpha)$ 进行特征值分解得到相互正交的信号子空间 U_S^α 与噪声子空间 U_N^α，构造 MUISC 谱函数，并对谱函数进行谱峰搜索，则可估计出目标的角度信息。

3. 仿真实验

假设背景环境中高斯色噪声和循环平稳噪声同时存在，均匀线阵双基地 MIMO 雷达系统中的发射阵元数为 5，接收阵元数为 4，收发阵元间距均假设为半波长，发射端发射具有相同循环频率的二进制相移键控（binary phase shift keying，BPSK）信号，中心频率为 20MHz，循环频率 $\alpha=0.4$。远场区域存在 3 个相互独立的点目标，它们的位置分别为 $(12°,-34°)$、$(-73°,49°)$ 和 $(45°,60°)$，反射系数 $\zeta_1=0.65$、$\zeta_2=0.8$、$\zeta_3=0.73$。高斯色噪声的 SNR 为 5dB，在 55° 处存在一个循环频率 $\alpha_N=0.4$ 的循环平稳干扰信号。在接收端接收 8000 个采样数据，取 100 次蒙特卡罗实验值作为实验结果。

仿真 1：干扰背景下验证算法的有效性

图 7-23 和图 7-24 分别给出了干扰背景下本节算法对目标角度的空间谱估计图和估计结果。图 7-23 中的谱估计图显示在有目标处空间谱出现尖峰，其他角度区域的空间谱则较为平坦。由图 7-23 和图 7-24 可以看出，本节算法能够较好地滤除干扰信号，并且对高斯色噪声也有很好的抑制作用，较好地估计出了多目标的 DOD 和 DOA。

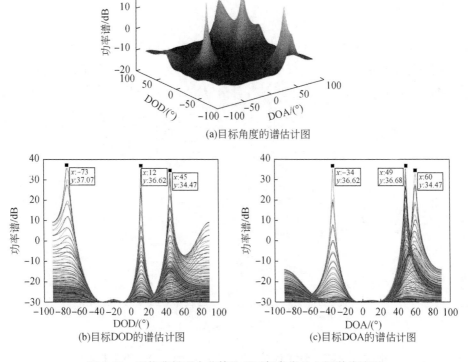

(a)目标角度的谱估计图

(b)目标DOD的谱估计图

(c)目标DOA的谱估计图

图 7-23　干扰背景下本节算法对目标角度的空间谱估计图

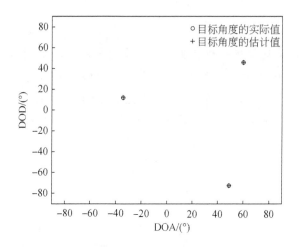

图 7-24　干扰背景下本节算法对目标角度的估计结果

仿真 2：干扰背景下算法的性能分析

在均匀线阵条件下，每个目标分别对应一个 DOD 的 CRB 和一个 DOA 的 CRB，因此针对 3 个目标共求得 6 个 CRB 值，对这些 CRB 值求均值，得

$$CRB = \frac{1}{6} \sum_{k=1}^{3} (c_{\theta k} + c_{\varphi k}) \tag{7-128}$$

式中，$c_{\theta k}$ 和 $c_{\varphi k}$ 分别为第 k 个目标发射角与接收角的 CRB。

假设背景环境中存在一个 55° 入射的循环频率为 $\alpha_N = 0.4$ 的循环平稳干扰信号。图 7-25 给出了存在一个干扰时各算法 RMSE 随 SNR 的变化曲线。可以看

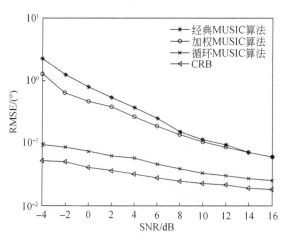

图 7-25　存在一个干扰信号时算法 RMSE 随 SNR 的变化曲线

出,在存在高斯噪声与一个干扰信号的背景下,循环 MUSIC 算法的性能明显优于加权 MUSIC 算法,尤其是在低 SNR 时,优势更为明显。假设空域中存在分别以 $23°$ 和 $54°$ 入射到接收阵的两个干扰信号,循环频率分别为 $\alpha_1=0.6$ 和 $\alpha_2=0.3$。图 7-26 给出了存在两个干扰信号时各算法 RMSE 随 SNR 的变化曲线。从图中可以看出,当干扰信号增加到多个时,本节算法依然具有较好的估计性能,明显优于加权 MUSIC 算法。

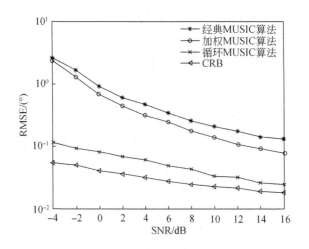

图 7-26　存在两个干扰时算法 RMSE 随 SNR 的变化曲线

7.3.4　快速多目标下的收发角估计

基于竖直均匀圆阵的双基地 MIMO 雷达接收端匹配滤波处理后的信号模型如下:

$$Y_s = A_r(\theta_r, \varphi_r) \mathrm{diag}(\eta) A_t^T(\theta_t, \varphi_t) + W \tag{7-129}$$

单快拍相当于多目标回波数据相干,因此不能直接利用空间谱估计算法进行目标角度估计,需在估计之前进行解相干。本节首先通过分别进行收发端的分集平滑处理来实现信号的解相干,然后利用 MUSIC 算法进行角度估计,最后根据最大似然法进行 DOA 和 DOD 的配对。

1. 发射分集平滑 DOA 估计

利用 MIMO 雷达的波形分集和空间分集优势,对接收信号进行分集平滑处理,在式(7-129)中,若令 $\mathrm{diag}(\eta) A_t^T(\theta_t, \varphi_t) = [\gamma_{t1}, \gamma_{t2}, \cdots, \gamma_{tM}]$, $\gamma_{tm} \in \mathbb{C}^{K \times 1}$；令 $Y_s = [y_{r1}, y_{r2}, \cdots, y_{rM}]$, $y_{rm} \in \mathbb{C}^{N \times 1}$；令 $W = [w_{r1}, w_{r2}, \cdots, w_{rM}]$, $w_{rm} \in \mathbb{C}^{N \times 1}$，则可以得到

$$y_{rm} = A_r(\theta_r, \varphi_r) \gamma_{tm} + w_{rm}, \quad m=1,2,\cdots,M \tag{7-130}$$

对式(7-130)进行分析,对于单快拍的采样数据,式(7-130)可等效为 N 个阵元

的接收阵列各自获取了 M 个快拍数,这种快拍也称为虚拟快拍,它是由不同发射阵元同时发射不同信号而获得的回波采样,来源于 MIMO 雷达波形分集和空间分集带来的优势。

对式(7-130)求自相关函数:

$$
\begin{aligned}
R_r &= \frac{1}{M}\sum_{m=1}^{M} y_{rm} y_{rm}^{\mathrm{H}} \\
&= \frac{1}{M}\sum_{m=1}^{M} \left[A_r(\theta_r,\varphi_r)\,\gamma_{tm}\gamma_{tm}^{\mathrm{H}} A_r^{\mathrm{H}}(\theta_r,\varphi_r) + w_{rm} w_{rm}^{\mathrm{H}} \right] \\
&= A_r(\theta_r,\varphi_r)\left[\frac{1}{M}\sum_{m=1}^{M} \gamma_{tm}\gamma_{tm}^{\mathrm{H}} \right] A_r^{\mathrm{H}}(\theta_r,\varphi_r) + \delta_0^2 I_N
\end{aligned}
\tag{7-131}
$$

在式(7-131)中,若令 $\frac{1}{M}\sum_{m=1}^{M}\gamma_{tm}\gamma_{tm}^{\mathrm{H}}=R_{\gamma_t}$,将 R_{γ_t} 展开得到

$$
R_{\gamma_t} = \frac{1}{M}\mathrm{diag}(\eta) A_t^{\mathrm{T}}(\theta_t,\varphi_t) A_t^{*}(\theta_t,\varphi_t)\mathrm{diag}(\eta)^{\mathrm{H}}
\tag{7-132}
$$

对式(7-132)进行矩阵分析,因 $\mathrm{diag}(\eta)$ 列满秩,故若 $A_t(\theta_t,\varphi_t)$ 也满足列满秩,则 $\mathrm{rank}(R_{\gamma_t})=K$,此时目标回波协方差矩阵 R_r 能够实现解相干。在实际应用中,雷达发射阵列导向矢量 $A_t(\theta_t,\varphi_t)$ 满足列满秩很容易实现。在保证解相干的前提下对 R_r 进行特征值分解,得到信号子空间 U_S 与噪声子空间 U_N,根据它们之间的正交性,可得 MUSIC 谱函数为

$$
P_{\mathrm{music}}(\theta_r,\varphi_r) = \frac{1}{A_r^{\mathrm{H}}(\theta_r,\varphi_r)U_S U_S^{\mathrm{H}} A_r(\theta_r,\varphi_r)}
\tag{7-133}
$$

利用谱函数进行谱峰搜索即得目标 DOA 估计值。

2. 接收分集平滑 DOD 估计

对于式(7-130),令 $Y_z=Y_s^{\mathrm{T}}=A_t(\theta_t,\varphi_t)\mathrm{diag}(\eta)^{\mathrm{T}} A_r^{\mathrm{T}}(\theta_r,\varphi_r)+W^{\mathrm{T}}$;令 $\mathrm{diag}(\eta)^{\mathrm{T}}\cdot A_r^{\mathrm{T}}(\theta_r,\varphi_r)=[\gamma_{r1},\gamma_{r2},\cdots,\gamma_{rN}]$, $\gamma_{rn}\in\mathbb{C}^{K\times 1}$;令 $W^{\mathrm{T}}=[w_{t1},w_{t2},\cdots,w_{tN}]$, $w_{tn}\in\mathbb{C}^{M\times 1}$;令 $Y_z=[y_{t1},y_{t2},\cdots,y_{tN}]$, $y_{tn}\in\mathbb{C}^{M\times 1}$,则有

$$
y_{tn}=A_t(\theta_t,\varphi_t)\gamma_{rn}+w_{tn},\quad n=1,2,\cdots,N
\tag{7-134}
$$

对于单快拍采样数据,式(7-134)同样可以表示为 M 个发射阵元各自分别在接收端形成 M 个虚拟快拍。对式(7-134)求自相关函数:

$$
\begin{aligned}
R_r &= \frac{1}{N}\sum_{n=1}^{N} y_{tn} y_{tn}^{\mathrm{H}} \\
&= \frac{1}{N}\sum_{n=1}^{N}\left[A_t(\theta_t,\varphi_t)\,\gamma_{rn}\gamma_{rn}^{\mathrm{H}} A_t^{\mathrm{H}}(\theta_t,\varphi_t) + w_{tn} w_{tn}^{\mathrm{H}} \right] \\
&= A_t(\theta_t,\varphi_t)\left(\frac{1}{N}\sum_{n=1}^{N}\gamma_{rn}\gamma_{rn}^{\mathrm{H}} \right) A_t^{\mathrm{H}}(\theta_t,\varphi_t) + \delta_0^2 I_M
\end{aligned}
\tag{7-135}
$$

同样，令 $\dfrac{1}{N}\sum_{n=1}^{N}\gamma_m\gamma_m^H=R_{\gamma_r}$，则得

$$R_{\gamma_r}=\frac{1}{N}\mathrm{diag}(\eta)A_r^T(\theta_r,\varphi_r)A_r^*(\theta_r,\varphi_r)\mathrm{diag}\,(\eta)^H \tag{7-136}$$

对于多目标，要实现解相干，同样需要保证 $\mathrm{rank}(R_{\gamma_r})=K_s$，此时则需 $A_r(\theta_r,$ $\varphi_r)$满足列满秩，在雷达中依然很容易实现。在保证解相干的前提下，利用 MUSIC 算法对目标进行 DOD 估计，算法及步骤与 DOA 估计类似，在对协方差矩阵进行特征值分解后，利用空间的正交性得到 MUSIC 谱估计函数如下：

$$P_{\mathrm{music}}(\theta_t,\varphi_t)=\frac{1}{A_t^H(\theta_t,\varphi_t)U_SU_S^HA_t(\theta_t,\varphi_t)} \tag{7-137}$$

式中，U_S 为信号子空间。对谱估计函数进行谱峰搜索得到目标 DOD 估计值。

3. DOA 与 DOD 的自动配对

前面分别求出了目标的 DOA 值与 DOD 值，下面将利用最大似然法对目标的 DOA 与 DOD 进行配对。

首先对 MIMO 雷达接收端匹配滤波后的数据进行矩阵拉直运算，令 $D(\theta_t,\varphi_t;$ $\theta_r,\varphi_r)=[d(\theta_{t1},\varphi_{t1};\theta_{r1},\varphi_{r1}),d(\theta_{t2},\varphi_{t2};\theta_{r2},\varphi_{r2}),\cdots,d(\theta_{tK_s},\varphi_{tK_s};\theta_{rK_s},\varphi_{rK_s})]$，其中，$d(\theta_{tk},\varphi_{tk};\theta_{rk},\varphi_{rk})=a_t(\theta_{tk},\varphi_{tk})\otimes a_r(\theta_{rk},\varphi_{rk})$ 为 $MN\times1$ 的发射和接收联合导向矢量，则对式(7-130)进行拉直运算得到

$$Y_D=D(\theta_t,\varphi_t;\theta_r,\varphi_r)\eta+W_D \tag{7-138}$$

式中，W_D 为 $MN\times1$ 的高斯噪声矢量。

由参考文献[35]可知，进行拉直运算后的接收阵列 Y_D 的最大似然函数为

$$f(Y_D|\xi_t,\xi_r,\eta,\sigma_0^2)=\pi^{-MN}\sigma_0^{-2MN}\exp\left[-\frac{1}{\sigma_0^2}\,|Y_D-D(\theta_t,\varphi_t;\theta_r,\varphi_r)\eta\,|^{\,2}\right] \tag{7-139}$$

式中，$\xi_t=(\theta_t,\varphi_t)$，$\xi_r=(\theta_r,\varphi_r)$。对式(7-138)进行化简后取负对数，可以得到

$$F(\xi_t,\xi_r)=\lg(Y_D^H\,P_{d_k}^{\perp}Y_D) \tag{7-140}$$

式中，$P_{d_k}^{\perp}=I_{mn}-P_{d_k}$，$P_{d_k}=d(\theta_{tk},\varphi_{tk};\theta_{rk},\varphi_{rk})d^{\#}(\theta_{tk},\varphi_{tk};\theta_{rk},$ $\varphi_{rk})$ 为与 $d(\theta_{tk},\varphi_{tk};\theta_{rk},$ $\varphi_{rk})$张成的子空间相互正交的投影矩阵。将 DOA 值按一种顺序进行排列，再根据 DOD 值的不同排列计算 $F(\xi_t,\xi_r)$，其最小值对应的排列顺序即为 DOD 与 DOA 成功配对的顺序。

4. 仿真实验

假设收发阵列均为竖直均匀圆阵的双基地 MIMO 雷达，收发阵元半径均为半波长，发射阵元数为 4，接收阵元数为 6，发射阵元同时发射相互正交的 BPSK 信

号。远场空域存在 3 个互不相干的点目标,它们的 DOD 分别为(25°,31°)、(76°,19°)和(47°,32°),DOA 分别为(30°,43°)、(82°,69°)和(50°,65°)。假设噪声为零均值的高斯白噪声,SNR=10dB,取 100 次的蒙特卡罗实验值作为实验结果。

仿真 1:快速移动目标 DOD 估计性能

针对接收分集平滑 DOD 估计算法部分,图 7-27 给出了目标 DOD 的谱估计图。从图中可以看出,目标处的尖峰很明显,其余区域无尖峰,因此可以较轻易地对谱估计图进行谱峰搜索。

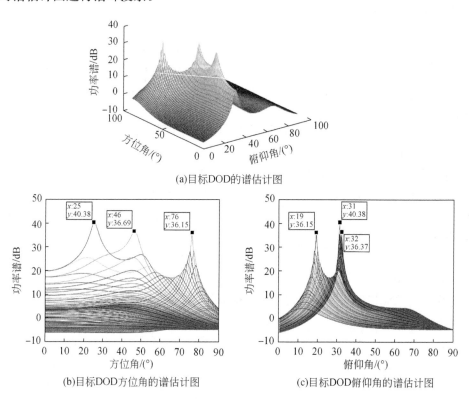

(a)目标DOD的谱估计图

(b)目标DOD方位角的谱估计图　　　　　(c)目标DOD俯仰角的谱估计图

图 7-27　目标 DOD 的谱估计图

仿真 2:快速移动目标 DOA 的估计性能

同仿真 1 类似,仿真 2 针对算法对目标 DOA 的估计性能进行验证。图 7-28 给出了目标 DOA 的谱估计图,其中图 7-28(a)展示了发射分集平滑 DOA 估计的二维空间谱估计图,图 7-28(b)和图 7-28(c)则分别从 DOA 的方位角与俯仰角方面给出了谱估计图。从图 7-28 中可以看出,本节算法在均匀圆阵下对快速移动目标具有较好的 DOA 角度估计性能。

仿真 3:快速移动目标在本节算法下的角度估计值

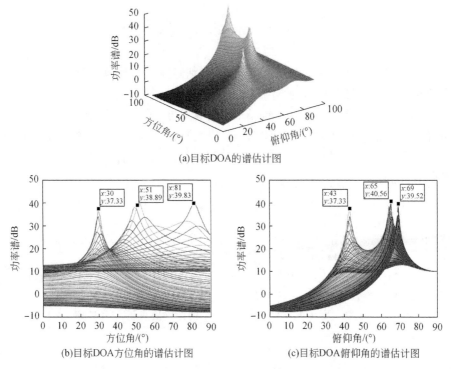

(a)目标DOA的谱估计图

(b)目标DOA方位角的谱估计图　　　　(c)目标DOA俯仰角的谱估计图

图 7-28　目标 DOA 的谱估计图

在仿真 1 和仿真 2 的基础上,仿真 3 对 DOD 和 DOA 的谱估计进行了谱峰搜索,得到 DOD 与 DOA 的估计值,如图 7-29 所示。从 3 个目标整体上来看,算法具有较好的估计精度。

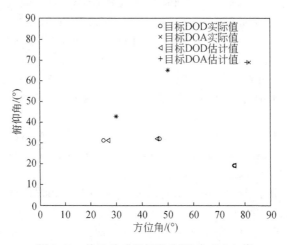

图 7-29　快速移动目标的 DOD 与 DOA 值

7.4　本章小结

　　本章围绕参数估计中的角度估计问题,分别研究了单基地和双基地 MIMO 雷达角度估计技术。针对单基地 MIMO 雷达,从实时处理的需求出发,综合考虑了算法解相干性能和低快拍或者单快拍下的算法性能,介绍了基于 Toeplitz 矩阵重构的相干目标二维角度估计算法和基于降维变换的二维 DOA 跟踪算法。针对双基地 MIMO 雷达,分别给出了色噪声、干扰背景以及多目标快速运动条件下的收发角估计算法。

参 考 文 献

[1] 张小宽,甄蜀春,钞刚. 单/双基地雷达的低空探测性能研究[J]. 系统工程与电子技术, 2004,25(12):1478-1480.

[2] 陈金立. 相位编码 MIMO 雷达信号处理技术研究[D]. 南京:南京理工大学,2010.

[3] 张小飞,汪飞,徐大专. 阵列信号处理的理论和应用[M]. 北京:国防工业出版社,2010.

[4] 郑植,李广军. 低复杂度相干分布源中心 DOA 估计方法[J]. 信号处理,2010,26(10): 1516-1520.

[5] Gao X, Zhang X, Feng G, et al. On the MUSIC-derived approaches of angle estimation for bistatic MIMO radar[C]//IEEE International Conference on Wireless Networks and Information Systems, Shanghai, 2009:343-346.

[6] Zhang X, Xu L, Xu L, et al. Direction of departure (DOD) and direction of arrival (DOA) estimation in MIMO radar with reduced-dimension MUSIC[J]. IEEE Communications Letters, 2010,14(12):1161-1163.

[7] Zhang X, Xu D. Low-complexity ESPRIT-based DOA estimation for colocated MIMO radar using reduced-dimension transformation[J]. Electronics Letters, 2011,47(4):283-284.

[8] Zheng G, Chen B, Yang M. Unitary ESPRIT algorithm for bistatic MIMO radar[J]. Electronics Letters, 2012,48(3):179-181.

[9] Hui J, Gang Y. An improved algorithm of ESPRIT for signal DOA estimation[C]// International Conference on Industrial Control and Electronics Engineering, Xi'an, 2012: 317-320.

[10] Zhang X, Wu H, Li J, et al. Computationally efficient DOD and DOA estimation for bistatic MIMO radar with propagator method[J]. International Journal of Electronics, 2012,99(9):1207-1221.

[11] 洪升,万显荣. 基于单次快拍的双基地 MIMO 雷达多目标角度估计方法[J]. 电子与信息学报,2013,(5):1149-1155.

[12] Yang B. Projection approximation subspace tracking[J]. IEEE Transactions on Signal Processing, 1995,43(1):95-107.

[13] Bai L, Peng C, Biswas S. Association of DOAestimation from two ULAs[J]. IEEE Tran
sactions on Instrumentation and Measurement, 2008, 57(6): 1094-1101.

[14] Sigalov D, Shimkin N. Cross entropy algorithm for data association in multi-target track-
ing[J]. IEEE Transactions on Aerospace and Electronic Systems, 2011, 47 (2):
1166-1185.

[15] Wu H, Zhang X. DOD and DOA tracking algorithm for bistatic MIMO radar using PASTd
without additional angles pairing [C]//The Fifth IEEE International Conference on
Advanced Computational Intelligence, Nanjing, 2012:1132-1136.

[16] Cao R Z, Zhang X F, Wang C H. Reduced-dimensional PARAFAC-based algorithm for
joint angle and Doppler frequency estimation in monostatic MIMO radar[J]. Wireless
Personal Communications, 2014, 80(3): 1231-1249.

[17] 殷勤业, 邹理和, Newcomb R W. 一种高分辨率二维信号参量估计方法-波达方向矩阵
法[J]. 通信学报, 1991, 12(4): 1-7.

[18] Pillai S U, Kwon B H. Forward/Backward spatial smoothing techniques for coherent signal iden-
tification[J]. IEEE Transactions on Acoustics Speech & Signal Processing, 1989, 37(1):8-15.

[19] Li C, Liao G, Zhu S, et al. An ESPRIT-like algorithm for coherent DOA estimation based
on data matrix decomposition in MIMO radar[J]. Signal Processing, 2011, 91 (8):
1803-1811.

[20] Han F M, Zhang X D. An ESPRIT-like algorithm for coherent DOA estimation[J]. IEEE
Antennas and Wireless Propagation Letters, 2005, 4: 443-446.

[21] Bencheikh M L, Wang Y, He H. Polynomial root finding technique for joint DOA DOD
estimation in bistatic MIMO radar[J]. Signal Processing, 2010, 90(9): 2723-2730.

[22] Panahi A, Viberg M. Fast LASSO based DOA tracking[C]//The 4th IEEE International
Workshop on Computational Advances in Multi-Sensor Adaptive Processing, San Juan,
2011: 397-400.

[23] Reyes C, Dallinger R, Rupp M. Convergence analysis of distributed PAST based on
consensus propagation [C]//2012 Conference Record of the Forty Sixth Asilomar
Conference on Signals, Systems and Computers, Pacific Grove, 2012: 271-275.

[24] Zhang X F, Li J F, Feng G P, et al. Kalman-PASTd based DOA tracking algorithm for
monostatic MIMO radar[C]//Processing of the International Conference on Information,
Service and Management Engineering, Beijing, 2011: 220-224.

[25] 王安定, 裴渔洋, 王秀萍, 等. 基于 Toeplitz 降维子矩阵的空间多目标跟踪算法[J]. 浙江大
学学报（工学版）, 2012, 4: 124-130.

[26] Fishler E, Haimovich A, Blum R, et al. Performance of MIMO radar systems:
Advantages of angular diversity[C]//The Thirty-Eighth Asilomar Conference on Signals,
Systems and Computers, Pacific Grove, 2004: 305-319.

[27] Anderson S J. Remote sensing with the JINDALEE skywave radar[J]. IEEE Journal of
Oceanic Engineering, 1986, 11(2):158-163.

［28］Parent J, Bourdillon A. A method to correct HF skywave backscattered signals for ionospheric frequency modulation［J］. IEEE Transactions on Antennas & Propagation, 1988, 36(1):127-135.

［29］张光斌. 双/多基地雷达参数估计算法研究［D］. 西安：西安电子科技大学, 2006.

［30］王永良. 空间谱估计理论与算法［M］. 北京：清华大学出版社, 2004.

［31］刁鸣, 吴小强. 基于四阶累积量的测向方法研究［J］. 系统工程与电子技术, 2008, 30(2): 226-228.

［32］魏平, 肖先赐. 基于四阶累积量特征分解的空间谱估计测向方法［J］. 电子与信息学报, 1995, (3):243-249.

［33］Brewer J W. Kronecker products and matrix calculus in system theory［J］. IEEE Transactions on Circuits & Systems,1978, 25(9):772-781.

［34］徐定杰, 李沫璇. 色噪声环境下双基地 MIMO 雷达收发角度估计［J］. 哈尔滨工程大学学报, 2013, 34(5): 623-627.

［35］Chen J, Gu H. A new method for joint DOD and DOA estimation in bistatic MIMO radar［J］. Signal Processing, 2010, 90(2):714-718.

第8章 MIMO 雷达与其他技术的结合

由于受到脉冲重复频率(pulse repetition frequency, PRF)的限制,雷达的距离估计精度和速度估计精度往往难以同时得到提高。FDA 雷达在雷达阵列中引入一个微小的频率增量,使得其发射信号载频随着发射阵列天线而变化,从而获得距离-角度-时间相关的发射方向图[1]。鉴于 FDA 雷达发射波形的距离相关性,其在干扰鉴别和抑制、多径问题解决以及假目标识别等方面具有很好的应用前景[1-4]。同时,FDA 雷达的回波信号中包含了目标的距离信息,因此其在高 PRF 下的距离模糊抑制上呈现出巨大的潜力。正因为 FDA 雷达在频率分集上的优势弥补了传统相控阵雷达和 MIMO 雷达的缺陷,将 FDA 体制与 MIMO 雷达相结合,便形成 FDA MIMO 雷达体制[5-7]。

另一种与 FDA 紧密相关的信号体制是 OFDM。OFDM 以其高频带利用率、对抗频率选择性衰落、便于实现等优势,在通信领域获得了广泛应用。将 OFDM 体制与 MIMO 雷达相结合,便得到 OFDM MIMO 雷达。

本章介绍 FDA MIMO 雷达和 OFDM MIMO 雷达这两种典型的 MIMO 雷达与其他技术相结合的产物,这两种新体制雷达最大的变化均体现在波形上,因此重点介绍其波形设计问题。

8.1 FDA MIMO 雷达

相较于传统雷达,FDA MIMO 雷达提高了发射端的自由度,从而带来了波形分集增益和频率分集增益。

8.1.1 FDA MIMO 雷达模型

假设一个双基地 FDA MIMO 雷达系统,收、发天线数目分别为 N 和 M,发射天线之间的距离为 d_t,接收天线之间的距离为 d_r。根据频率分集的特性,每个发射天线之间存在一个微小的频率增量,若将第一个发射天线作为参考点,则第 m 个天线上的信号载频为

$$f_m = f_0 + (m-1)\Delta f, \quad m = 1, 2, \cdots, M \tag{8-1}$$

式中,f_0 为雷达原始载频;Δf 为频率增量,该频率增量很小且相对于载频可以忽略。假设发射波形满足正交性,则第 m 个天线上的发射信号为

$$s_m(t)=\sqrt{\frac{E}{M}}\varphi_m(t)\mathrm{e}^{\mathrm{j}2\pi f_m t}, \quad 0 \leqslant t \leqslant T; m=1,2,\cdots,M \tag{8-2}$$

式中,E 为发射总能量;$\varphi_m(t)$ 为发射波形;T 为脉冲时延。

假设在雷达远场处存在 P 个目标,第 $p(p=1,2,\cdots,P)$ 个目标的坐标为$(R_p,\theta_p,\varphi_p,v_p)$,其中 R_p 表示目标与收发雷达之间的距离之和,θ_p 和 φ_p 分别为目标 DOD 和 DOA,v_p 表示目标与收发雷达之间的径向速度之和。

经匹配滤波器处理,第 $l(l=1,2,\cdots,L)$ 个脉冲下的目标回波信号可以表示为

$$x(l)=A_\mathrm{r}(\varphi)\mathrm{diag}[a(v,l)]A_\mathrm{t}(\theta,R)^\mathrm{T}+n(l) \tag{8-3}$$

式中,$A_\mathrm{r}\in\mathbb{C}^{N\times P}$,$A_\mathrm{t}\in\mathbb{C}^{M\times P}$,$a\in\mathbb{C}^{P\times1}$;$A_\mathrm{t}(\theta,R)=[a_\mathrm{t}(\theta_1,R_1),a_\mathrm{t}(\theta_2,R_2),\cdots,a_\mathrm{t}(\theta_P,R_P)]$ 为发射导向矩阵,$a_\mathrm{t}(\theta_p,R_p)=[1,\mathrm{e}^{-\mathrm{j}2\pi d_\mathrm{t}\sin\theta_p/\lambda}\,\mathrm{e}^{-\mathrm{j}2\pi\Delta fR_p/c},\cdots,\mathrm{e}^{-\mathrm{j}2\pi(M-1)d_\mathrm{t}\sin\theta_p/\lambda}$ $\cdot\,\mathrm{e}^{-\mathrm{j}2\pi(M-1)\Delta fR_p/c}]^\mathrm{T}$ 为发射导向矢量;$A_\mathrm{r}(\varphi)=[a_\mathrm{r}(\varphi_1),a_\mathrm{r}(\varphi_2),\cdots,a_\mathrm{r}(\varphi_P)]$,$a_\mathrm{r}(\varphi_p)=[1,\mathrm{e}^{-\mathrm{j}2\pi d_\mathrm{r}\sin\varphi_p/\lambda},\cdots,\mathrm{e}^{-\mathrm{j}2\pi(N-1)d_\mathrm{r}\sin\varphi_p/\lambda}]^\mathrm{T}$ 为接收导向矩阵;矢量 $a(v,l)=\sqrt{E/M}$ $[\xi_1\mathrm{e}^{-\mathrm{j}2\pi f_0 v_1(l-1)T/c},\xi_2\mathrm{e}^{-\mathrm{j}2\pi f_0 v_1(l-1)T/c},\cdots,\xi_P\mathrm{e}^{-\mathrm{j}2\pi f_0 v_P(l-1)T/c}]^\mathrm{T}$ 包含目标的复散射系数和多普勒频移;$n(l)\in\mathbb{C}^{N\times M}$ 为零均值高斯白噪声矩阵,且其协方差矩阵为 $\sigma_\mathrm{n}^2 I_N$。由发射导向矢量的表达式不难发现,由于采用了频率分集阵列,导向矢量中包含目标距离和角度信息,但同时距离和角度也存在耦合现象。

FDA MIMO 雷达的方向图不仅与角度有关,也与距离有关。正交波形下 MIMO 雷达的方向图是全向的,因此为了更好地分析 FDA MIMO 雷达的发射方向图特征,本节采用部分相关波形发射,且相关系数为1。假设雷达方向图指向的期望位置为$(30°,20\mathrm{km})$,发射阵元 M 为 8,传统 MIMO 雷达和 FDA MIMO 雷达发射方向图的仿真结果如图 8-1 所示。从图中可以看出,传统 MIMO 雷达和 FDA MIMO 雷达均在期望位置形成了信号谱峰,但 FDA MIMO 雷达还在距离方向上形成了周期性的扭曲,其方向图表现出了距离依赖性和周期性,这种特性为雷达抑制干扰和杂波、鉴别假目标等开辟了新途径。

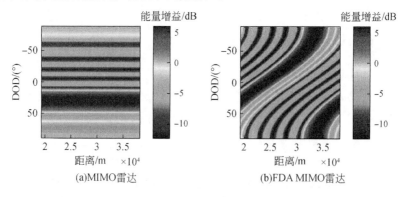

(a)MIMO雷达　　　　　　　　(b)FDA MIMO雷达

图 8-1　MIMO 雷达和 FDA MIMO 雷达的发射方向图仿真结果

8.1.2　功率聚焦下的双基地 FDA MIMO 雷达波形设计

利用 FDA MIMO 雷达能够获得角度-距离-时间相关的波形，如果能够利用 FDA MIMO 雷达的这种波形特性设计有功率聚焦特性的方向图，就能实现雷达发射信号能量在目标方位和距离上的聚焦，提高雷达的性能。同时，阵列天线的旋转不变性对参数估计有效性和简便性的改善帮助很大，因此本节主要针对满足旋转不变性约束下的功率聚焦波形设计这一问题进行讨论。

1. 功率聚焦下的双基地 FDA MIMO 雷达系统模型

假设 FDA MIMO 雷达系统有 K 个正交基信号，且初始载频为 f_0。这 K 个正交基信号可以表示为 $\varphi(t)=[\varphi_1(t),\varphi_2(t),\cdots,\varphi_K(t)]^T$。为了实现频率改变，利用 Q 个变频器组成变频阵列。假设信号经过第 q 个变频器的载频为 $f_q=f_0-\Delta f_q(q-1)$，且发射信号为正交基信号经过基信号合成矩阵 W_0 和发射合成矩阵 W_t 变换后的线性组合。发射信号为

$$S(t)=[s_1(t),s_2(t),\cdots,s_M(t)]^T=W_t[F(t)*W_0\varphi(t)] \tag{8-4}$$

式中，"$*$"表示对应行的卷积，且 $F(t)*W_0\varphi(t)$ 表示对信号载频的变换过程。图 8-2 显示了波形合成过程。

图 8-2　波形合成过程

因此，经过匹配滤波，第 l 个脉冲下的接收信号为

$$X=[A_t(\theta,R)\oplus A_r(\varphi)]h+N \tag{8-5}$$

式中，$\oplus$ 表示 Khatri-Rao 积；$h=[\sqrt{E/M}\xi_1 e^{-j2\pi f_0 v_1(l-1)T/c},\sqrt{E/M}\xi_2 e^{-j2\pi f_0 v_2(l-1)T/c},\cdots,\sqrt{E/M}\xi_P e^{-j2\pi f_0 v_P(l-1)T/c}]^T=[\sqrt{E/M}\xi_1,\sqrt{E/M}\xi_2,\cdots,\sqrt{E/M}\xi_P]^T$ 为散射系数和目标多普勒频移；为了简化表示，将多普勒频移项 $e^{-j2\pi f_0 v_p(l-1)T/c}$ 合并在散射系数 ξ_p 中；$N\in\mathbb{C}^{KN\times1}$ 为零均值高斯白噪声；$A_t(\theta,R)=[a_t(\theta_1,R_1),a_t(\theta_2,R_2),\cdots,a_t(\theta_P,R_P)]$ 为发射矩阵；$A_r(\varphi)=[a_r(\varphi_1),a_r(\varphi_2),\cdots,a_r(\varphi_P)]$ 为接收矩阵，$a_r(\theta_p,R_p)=W_0^T[a_f(R_p)\odot[W_t^T a_\theta(\theta_p)]]$ 为发射矢量，其中"$\odot$"表示 Hadamard 积，$W_0\in\mathbb{C}^{Q\times K}$ 为基信号合成矩阵，$W_t\in\mathbb{C}^{M\times Q}$ 为发射合成矩阵，$a_f(R_p)=[e^{-j2\pi\Delta f_1 R_p/c},e^{-j2\pi\Delta f_2 R_p/c},\cdots,e^{-j2\pi\Delta f_Q R_p/c}]^T$ 为距离导向矢量；$a_\theta(\theta_p)=[1,e^{-j2\pi d_t\sin(\theta_p)/\lambda},\cdots,e^{-j2\pi(M-1)d_t\sin(\theta_p)/\lambda}]^T$ 为方位导向矢量。

2. 基于最小估计 CRB 的波形设计

1)基于最小估计 CRB 的联合优化模型

首先,计算 FDA MIMO 雷达参数的 CRB,位置参数如下:

$$\Psi=[\alpha^{\mathrm{T}},\sigma]^{\mathrm{T}}=[\theta,R,\varphi,\bar{\xi},\breve{\xi},\sigma]^{\mathrm{T}} \tag{8-6}$$

式中,σ 为噪声参数;$\alpha=[\theta,R,\varphi,\bar{\xi},\breve{\xi}]^{\mathrm{T}}$ 为目标参数;$\bar{\xi}=\mathrm{Re}\{\xi\}$;$\breve{\xi}=\mathrm{Im}\{\xi\}$。因此,目标参数的 Fisher 信息矩阵为

$$\begin{aligned}
F &=\frac{2N_aE}{M}\mathrm{Re}\left[\left(\frac{\partial\xi u(\theta,R,\varphi)}{\partial\alpha}\right)^{\mathrm{H}}Q^{-1}\left(\frac{\partial\xi u(\theta,R,\varphi)}{\partial\alpha}\right)\right] \\
&=\frac{2N_aE}{M}\left\{\frac{1}{\sigma^2}\mathrm{Re}\left[\left(\frac{\partial\xi u(\theta,R,\varphi)}{\partial\alpha}\right)^{\mathrm{H}}\left(\frac{\partial\xi u(\theta,R,\varphi)}{\partial\alpha}\right)\right]\right\}
\end{aligned} \tag{8-7}$$

式中 $u(\theta,R,\varphi)=A_t(\theta,R)\odot A_r(\varphi)$;$N_a$ 为采样点数。定义 3 个辅助矢量:$u_\theta=\partial u/\partial\theta$、$u_R=\partial u/\partial R$、$u_\varphi=\partial u/\partial\varphi$。利用 Schur 变换,FIM 可以表示为

$$F=\frac{2KE|\xi|^2}{M\sigma^2}\begin{bmatrix}F_{11} & F_{12} \\ F_{21} & F_{22}\end{bmatrix}=\frac{2KE|\xi|^2}{M\sigma^2}\begin{bmatrix}G & \times \\ \times & \times\end{bmatrix} \tag{8-8}$$

式中

$$\begin{cases}
F_{11}=\begin{bmatrix}\|u_\theta\|^2 & \mathrm{Re}(u_\theta^{\mathrm{H}}u_R) & \mathrm{Re}(u_\theta^{\mathrm{H}}u_\varphi) \\ \mathrm{Re}(u_\theta^{\mathrm{H}}u_R) & \|u_R\|^2 & \mathrm{Re}(u_R^{\mathrm{H}}u_\varphi) \\ \mathrm{Re}(u_\theta^{\mathrm{H}}u_\varphi) & \mathrm{Re}(u_R^{\mathrm{H}}u_\varphi) & \|u_\varphi\|^2\end{bmatrix} \\
F_{12}=F_{21}^{\mathrm{T}}=\begin{bmatrix}\mathrm{Re}(u_\theta^{\mathrm{H}}u) & -\mathrm{Im}(u_\theta^{\mathrm{H}}u) \\ \mathrm{Re}(u_R^{\mathrm{H}}u) & -\mathrm{Im}(u_R^{\mathrm{H}}u) \\ \mathrm{Re}(u_\varphi^{\mathrm{H}}u) & -\mathrm{Im}(u_\varphi^{\mathrm{H}}u)\end{bmatrix},\quad F_{11}=[\|u\|^2 I_2]
\end{cases} \tag{8-9}$$

$$G=F_{11}-F_{12}F_{22}^{-1}F_{21}=\begin{bmatrix}G_{11} & G_{12} & G_{13} \\ G_{21} & G_{22} & G_{23} \\ G_{31} & G_{32} & G_{33}\end{bmatrix} \tag{8-10}$$

式中

$$\begin{cases}
G_{11}=\|u_\theta\|^2-\dfrac{|u_\theta^{\mathrm{H}}u|^2}{\|u\|^2} \\
G_{22}=\|u_R\|^2-\dfrac{|u_R^{\mathrm{H}}u|^2}{\|u\|^2},\quad G_{33}=\|u_\varphi\|^2-\dfrac{|u_\varphi^{\mathrm{H}}u|^2}{\|u\|^2} \\
G_{12}=G_{21}=\mathrm{Re}(u_\theta^{\mathrm{H}}u_R)-\mathrm{Re}(u^{\mathrm{H}}u_\theta u_R^{\mathrm{H}}u)/\|u\|^2 \\
G_{13}=G_{31}=\mathrm{Re}(u_\theta^{\mathrm{H}}u_\varphi)-\mathrm{Re}(u^{\mathrm{H}}u_\theta u_\varphi^{\mathrm{H}}u)/\|u\|^2 \\
G_{23}=G_{32}=\mathrm{Re}(u_R^{\mathrm{H}}u_\varphi)-\mathrm{Re}(u^{\mathrm{H}}u_R u_\varphi^{\mathrm{H}}u)/\|u\|^2
\end{cases} \tag{8-11}$$

进而可以得到

$$G_{33} = \kappa_\varphi^2 N \frac{N^2-1}{12} \text{tr} \left[W_0^{\text{T}} d_t(R,\theta) d_t^{\text{H}}(R,\theta) W_0^* \right] \tag{8-12}$$

$$G_{22} = N \left\{ \text{tr} \left[W_0^{\text{T}} d_R(R,\theta) d_R^{\text{H}}(R,\theta) W_0^* \right] - \frac{\text{tr} \left[W_0^{\text{T}} d_t(R,\theta) d_t^{\text{H}}(R,\theta) W_0^* \right]^2}{\text{tr} \left[W_0^{\text{T}} d_t(R,\theta) d_t^{\text{H}}(R,\theta) W_0^* \right]} \right\} \tag{8-13}$$

$$G_{11} = \kappa_\theta^2 N \left\{ \text{tr} \left[W_0^{\text{T}} d_\theta(R,\theta) d_\theta^{\text{H}}(R,\theta) W_0^* \right] - \frac{\text{tr} \left[W_0^{\text{T}} d_t(R,\theta) d_\theta^{\text{H}}(R,\theta) W_0^* \right]^2}{\text{tr} \left[W_0^{\text{T}} d_t(R,\theta) d_t^{\text{H}}(R,\theta) W_0^* \right]} \right\} \tag{8-14}$$

$$G_{23} = G_{32} = -\text{j} \kappa_\theta N \left\{ \text{tr} \left[W_0^{\text{T}} d_R(R,\theta) d_\theta^{\text{H}}(R,\theta) W_0^* \right] \right.$$
$$\left. - \frac{\text{tr} \left[W_0^{\text{T}} d_t(R,\theta) d_\theta^{\text{H}}(R,\theta) W_0^* \right] \text{tr} \left[W_0^{\text{T}} d_t(R,\theta) d_R^{\text{H}}(R,\theta) W_0^* \right]}{\text{tr} \left[W_0^{\text{T}} d_t(R,\theta) d_t^{\text{H}}(R,\theta) W_0^* \right]} \right\} \tag{8-15}$$

式中, 矢量 $d_t(R,\theta) = a_f(R) \odot \left[W_t^{\text{T}} a_\theta(\theta) \right]$; $d_R(R,\theta) = \left[\partial a_f(R)/\partial R \right] \odot \left[W_t^{\text{T}} a_\theta(\theta) \right]$; $d_\theta(R,\theta) = a_f(R) \odot \left[W_t^{\text{T}} E_\theta a_\theta(\theta) \right] a_f(R) \otimes \left[W_t^{\text{T}} E_\theta a_\theta(\theta) \right]$; G 中剩余项为 0。根据上述过程, 推导出 3 个参数的 CRB 为

$$D_\varphi = \frac{1}{2N_a \text{SNR}} \frac{12}{N(N^2-1) \kappa_\varphi^2 \text{tr} \left[W_0^{\text{T}} d_t(R,\theta) d_t^{\text{H}}(R,\theta) W_0^* \right]} \tag{8-16}$$

$$D_\theta = \frac{1}{2N_a \text{SNR}} \frac{G_{33}}{G_{22}G_{33} - G_{23}G_{32}} \tag{8-17}$$

$$D_R = \frac{1}{2N_a \text{SNR}} \frac{G_{22}}{G_{22}G_{33} - G_{23}G_{32}} \tag{8-18}$$

式中, $\text{SNR} = E |\xi|^2/(M\sigma^2)$ 为输入 SNR。另外, 考虑到发射能量一致性, 最优波形设计算法为

$$\min_{W_0, W_t, f_q} F_\theta D_\theta + F_R D_R + F_\varphi D_\varphi$$
$$\text{s. t.} \sum_{j=1}^{K} |W_t W_0(i,j)|^2 = \frac{E}{M}, \quad i = 1, 2, \cdots, M \tag{8-19}$$

式中, $W_t W_0(i,j)$ 为 $W_t W_0$ 中第 (i,j) 个元素; F_θ、F_R、F_φ 分别为对应的归一化加权系数, 用以对 3 个 CRB 进行归一化处理; $F_\theta = F_\varphi = 1/\pi$, $F_R = c/(2\Delta f)$ 分别为雷达的最大无模糊估计的倒数。

　　该优化问题就是寻找到最优的矩阵 W_t、W_0 和发射阵列、变频阵列的设计算法, 该问题中 W_0 和 W_t 变量均为二次项, 且约束为 $W_t W_0$ 的二次约束, 因此该问题是非凸的, 难以找到最优解, 本节给出一个快速分层算法来解决这一问题。

　　2) 分层最优化算法

　　为了简化原非凸优化问题, 在此提出了优化算法:

　　(1) 为了实现 RIP 以及角度-距离解耦合目的, 变频阵列可以分成 Q_{sub} 个子阵

列,基信号经第 qsub(qsub=1,2,···,Q_{sub})个子阵列上的第 q 个变频器后的频率为 $f_q=f_0-\Delta f_{qsub}(q-1)(q=1,2,···,Q/Q_{sub})$。令矩阵 W_t 仅是对距离导向矢量 $a_f(R_p)$ 和方位导向矢量 $a_\theta(\theta_p)$ 中的元素进行配对,而不对基信号进行合成聚焦。

(2)为了优化矩阵 W_0,通过将发射信号能量聚焦到目标位置,以此减小参数估计的 CRB。实际上,功率聚焦的优化过程,就是找到能够合成原始信号并使得迹 $tr(Wa_1a_1^H W^H)$ 最大的矩阵 W;类似地,当优化矩阵 W_0 使得迹 $tr[W_0^T d_t(R,\theta)d_t^H(R,\theta)W_0^*]$ 最大时,FDA MIMO 雷达的能量不仅可在目标方向上聚焦,也能在目标的相应距离上聚焦。

根据这两个设计算法,将原优化问题分为两个子问题。

子问题 1:假设 $Q=K$ 且 $W_0=I_{K\times K}$,在 RIP 和角度-距离解耦合的约束下,优化发射合成矩阵 W_t 和每个变频子阵的频率增量 Δf_{qsub} 使得 CRB 最小。

$$\min_{W_t,\Delta f_{qsub}} F_\theta D_\theta + F_R D_R, \quad qsub=1,2,···,Q_{sub} \tag{8-20}$$

子问题 2:在对 W_t 进行优化后,在满足发射能量一致性和 RIP 的条件下,优化 W_0 使得能量聚焦在期望的方位和距离上。

$$\min \max_{W_0} tr[W_0^T d_t(R,\theta)d_t^H(R,\theta)W_0^*]$$
$$\text{s. t.} \sum_{j=1}^{K} |W_t W_0(i,j)|^2 = \frac{E}{M}, \quad i=1,2,···,M \tag{8-21}$$

(1)子问题 1 的波形优化。

为了简化该子问题,同时为了高效利用每一个发射天线和变频器,定义 $M<Q,Q_{sub}M=Q$。因此,W_t 中的元素不是 0 就是 1,每列的和为 1 且每行的和为 Q_{sub},则第 q 个变频器上的载频为

$$f_q=f_0+\Delta f_{qsub}(q-qsub\times M-1), \quad qsub=ceil(q/M) \tag{8-22}$$

进而得出新的 DOD 和距离估计的 CRB 为

$$D_\theta=\frac{1}{2N_a SNR N\kappa_\theta^2 \{Q(M^2-1)-12D_{\kappa SQ_{sub}}^2/[M(M-1)D_{\kappa Q_{sub}}]\}} \tag{8-23}$$

$$D_R=\frac{1}{2N_a SNR N[Q(M^2-1)M(M-1)D_{\kappa Q_{sub}}-12D_{\kappa SQ_{sub}}^2]} \cdot \frac{Q(M^2-1)}{} \tag{8-24}$$

式中,$D_{\kappa SQ_{sub}}=(\kappa_{R1} S_1+\kappa_{R2} S_2+···+\kappa_{RQ_{sub}} S_{Q_{sub}})-M(M-1)^2(\kappa_{R1}+\kappa_{R2}+···+\kappa_{RQ_{sub}})/4$;$D_{\kappa Q_{sub}}=(2M-1)(\kappa_{R1}^2+\kappa_{R2}^2+···+\kappa_{RQ_{sub}}^2)/6-(M-1)(\kappa_{R1}+\kappa_{R2}+···+\kappa_{RQ_{sub}})^2/(4Q_{sub})$;$\kappa_{RQsub}=2\pi\Delta f_{qsub}/c$ 且 $S_{qsub}=\sum_{q=1}^{M-1} qm_q, m_q \in \Omega_{qsub}$。其中,$\Omega_{qsub}$ 为第 qsub 个变频子阵列对应的发射天线的位置 m_q,即 $\Omega_{qsub}=\{m_q|$第 qsub 个变频子阵列对应的发射天线位置$\}$。令 $\Delta f_1=\xi_1\Delta f_2=···=\xi_{Q_{sub}-1}\Delta f_{Q_{sub}}$,则子问题 1 的目标函数可以简化为

$$\min_{S_{qsub},\xi_{qsub-1}} D_{\kappa SQ_{sub}}^2/D_{\kappa Q_{sub}} \tag{8-25}$$

其优化结果为

$$\begin{cases} \kappa_{R1}+\kappa_{R2}+\cdots+\kappa_{RQ_{sub}}=0 \\ S_1=S_2=\cdots=S_{Q_{sub}} \end{cases} \tag{8-26}$$

该优化结果相当于令 $\Delta f_1+\Delta f_2+\cdots+\Delta f_{Q_{sub}}=0$ 和 $W_t=[I_{M\times M},I_{M\times M},\cdots,I_{M\times M}]$。该设计算法能够使 CRB 最小,同时满足 RIP 和解耦合的约束。

(2)子问题 2 的波形优化。

为了找到最优的矩阵 W_0,需要对其进行特殊处理。文献[8]中的算法显示了功率聚焦的优点,同时,为了避免其在虚拟孔径上的损失,选择一种多重子阵重叠的构造算法,重构后的 W_0 为

$$W_0=\mathrm{diag}(W_1,W_2,\cdots,W_{Q_{sub}}) \tag{8-27}$$

式中,$W_{qsub}(qsub=1,2,\cdots,Q_{sub})$为对第 qsub 个变频子阵上的信号进行合成的矩阵,满足

$$W_{qsub}=\begin{bmatrix} w_{qsub}^{2Q/K} & 0_{Q/K} & \cdots & 0_{Q/K} & w_{qsub2}^{Q/K} \\ 0_{Q/K} & w_{qsub}^{2Q/K} & \cdots & 0_{Q/K} & 0_{2Q/K} \\ \vdots & \vdots & & \vdots & \vdots \\ 0_{Q/K} & 0_{Q/K} & \cdots & w_{qsub}^{2Q/K} & w_{qsub1}^{Q/K} \end{bmatrix} \tag{8-28}$$

式中,$w_{qsub}^{2Q/K}$表示矩阵 W_{qsub} 中矢量 w_{qsub} 的元素个数为 $2Q/K$;$0_{Q/K}$表示矢量 0 中 0 的个数为 Q/K,且子阵列之间重叠元素的个数为 Q/K,这里 Q/K 必须为整数。另外,矩阵的最后一列是为了满足发射能量一致性的约束,将首尾子阵的能量平衡,矢量 $w_{qsub1}^{Q/K}$ 为 $w_{qsub}^{2Q/K}$ 的前半部分,而 $w_{qsub2}^{Q/K}$ 为后半部分。由于采用了多重子阵重叠的算法,该设计算法能够满足 RIP 约束。

子问题 2 是一个 NP 难问题。根据文献[8]中的半正定松弛算法,子问题 2 中的目标函数可以表示为

$$\min_{W_0} \max_{R_p,\theta_p} \left| G_d(R,\theta)/K - \sum_{qsub=1}^{Q_{sub}} \mathrm{tr}[d_t(R_p,\theta_p)d_t^H(R_p,\theta_p)X_{qsub}] \right|$$
$$\mathrm{s.t.} \sum_{qsub=1}^{Q_{sub}} \mathrm{tr}(X_{qsub}A_i)=\frac{E}{M}, \quad i=1,2,\cdots,M \tag{8-29}$$
$$\mathrm{rank}(X_{qsub})=1, \quad qsub=1,2,\cdots,Q_{sub}$$

式中,$G_d(R,\theta)=\mathrm{tr}[W_0^Td_t(R,\theta)d_t^H(R,\theta)W_0^*]$为期望方向图;$E$ 为总能量;$X_{qsub}\stackrel{\mathrm{def}}{=} w_{qsub}^{2Q/K}(w_{qsub}^{2Q/K})^H$ 为 Hermintian 矩阵;A_i 为一个 $K\times K$ 的矩阵,如 $A_i(i,i)=A_i(K/2+i,K/2+i)=1$,矩阵中其余项为 0。$X_{qsub}$为半正定的,因此利用 SDP 松弛技术,约束条件 $\mathrm{rank}(X_{qsub})=1$ 能够被 $X_{qsub}>0$ 代替,且该问题变为一个凸优化问题。在松弛后的优化问题解决后,采用类似文献[8]中的随机化技术就能找到矩阵 W_0。

为了获得更高的自由度,构造一个 $2Q/(K/K_n)\times K_n$ 的子矩阵 $W_{qsub}=$

$[w_{\text{qsub},1}^{2Q/(K/K_n)}, w_{\text{qsub},2}^{2Q/(K/K_n)}, \cdots, w_{\text{qsub},K_n}^{2Q/(K/K_n)}]$，其包含了 K_n 个不同的矢量 $w_{\text{qsub}}^{2Q/K}$。本节波形设计算法能够重新表示为

$$\min_{W_0} \max_{R_p,\theta_p} \left| G_d(R,\theta)/K - \sum_{\text{qsub}=1}^{Q_{\text{sub}}} \sum_{k_n=1}^{K_n} \text{tr}\left[d_t(R_p,\theta_p) d_t^H(R_p,\theta_p) X_{\text{qsub},k_n} \right] \right|$$

$$\text{s. t.} \sum_{\text{qsub}=1}^{Q_{\text{sub}}} \sum_{k_n=1}^{K_n} \text{tr}(X_{\text{qsub},k_n} A_i) = \frac{E}{M}, \quad i=1,2,\cdots,M \tag{8-30}$$

$$\text{rank}(X_{\text{qsub},k_n})=1, \quad \text{qsub}=1,2,\cdots,Q_{\text{sub}}; k_n=1,2,\cdots,K_n$$

式中，$X_{\text{qsub},k_n} \overset{\text{def}}{=} w_{\text{qsub},k_n}^{2Q/K}(w_{\text{qsub},k_n}^{2Q/K})^H (k_n=1,2,\cdots,K_n)$ 为一个 Hermitian 矩阵，其求解过程可以用问题(8-29)中的算法解决，该改进算法仍然能满足相应的约束条件。

综上所述，本节给出的波形设计算法能够通过分层算法简化运算复杂度。RIP 和角度-距离解耦合问题得到了解决，因此能够利用一些现有的参数估计算法（如 ESPRIT 算法）进行参数估计。另外，本节引入了 FDA，能够从发射矩阵中估计出目标距离，同时通过提高 Δf 来增强距离估计精度。值得注意的是，为了避免 DOD 的估计模糊，发射阵元之间的间隔不应超过 $\lambda/4$。

3. 仿真实验

为了验证上述算法的效果，本节通过仿真实验进行评估。为了降低复杂度，将发射阵列分为 2 个子阵列即 $Q_{\text{sub}}=2$。双基地 FDA MIMO 雷达仿真参数如表 8-1 所示。

表 8-1　双基地 FDA MIMO 雷达仿真参数

参数	值	参数	值
初始载频	3GHz	变频器个数	72
频率增量	150625Hz	基信号个数	36
PRF	5000Hz	K_n	2
带宽	15MHz	采样点数	256
发射天线数	36	发射天线间距	0.025m
接收天线数	8	接收天线间距	0.05m

1) 单一目标下的估计效果

将本节算法和无波形设计的传统 FDA MIMO 雷达以及文献[8]功率聚焦 MIMO 雷达进行比较。假设空间中存在单一目标，且其所在的空域范围为 $\theta=[30°, 50°]$，$R=[20\text{km},22\text{km}]$。目标的 DOD 为 $40°$，距离为 21km，DOA 为 $30°$。图 8-3 给出了 2 个子阵列各自形成的方向图以及 FDA MIMO 雷达的总方向图。从图 8-3 中

可以看出,方向图与距离和角度有关且其能量能够在期望区域聚焦,其期望区域的能量超过了 10dB,其余方向上的能量则小于 6dB。另外,由于频率分集的影响,本节算法的方向图与距离有关,方向图的最高峰随着距离周期性变化。然而,由于距离-角度的耦合特性,最高峰相对于期望的方向图有所展宽。

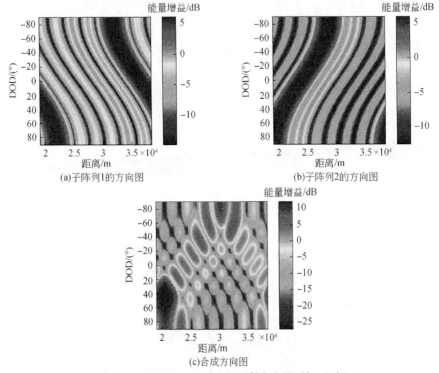

图 8-3　FDA MIMO 雷达的发射方向图(单一目标)

图 8-4 为上述 3 种算法的 DOD、DOA 和距离估计的 RMSE 比较。由图 8-4 可以发现,由于功率聚焦,本节算法和文献[8]功率聚焦 MIMO 雷达相对于传统 FDA MIMO 雷达在 DOD 估计上具有更低的 RMSE,同时本节算法相对于传统 FDA MIMO 雷达在 DOA 和距离估计上 RMSE 更低。另外,虚拟孔径得到了增加,因此本节算法相对于文献[8]在 DOD 估计上具有更低的 RMSE。

为了测试上述算法的分辨率性能,随机设置两个位置相近的目标,进行 1000 次蒙特卡罗仿真,计算不同算法的成功估计概率。当结果满足 $|\hat{\theta}_l-\theta_l|\leqslant\Delta\theta/2(l=1,2)$ 和 $|\hat{R}_l-R_l|\leqslant\Delta R/2(l=1,2)$ 时,可以认为目标能够分辨,其中 $\Delta\theta=|\theta_2-\theta_1|$、$\Delta R=|R_2-R_1|$,$\hat{\theta}_l$、$\hat{R}_l$ 表示对 θ_l 和 R_l 的估计。图 8-5 显示了上述 3 种算法在不同 SNR 下的目标成功估计概率。由该结果可以看出,在发射波形上就将雷达的能量

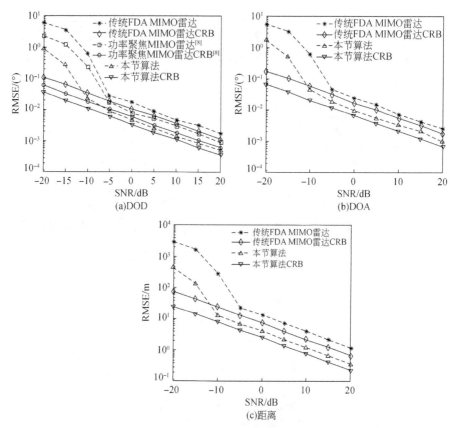

图 8-4　3 种算法的 DOD、DOA 和距离估计的 RMSE 比较（单一目标）

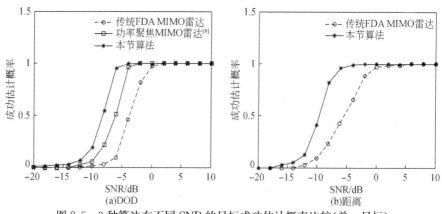

图 8-5　3 种算法在不同 SNR 的目标成功估计概率比较（单一目标）

聚焦在目标方位和距离处，因此本节算法在距离和角度估计上有最高的分辨率，而文献[8]功率聚焦 MIMO 雷达设计了波形使得雷达能量聚焦在目标方位处，因此在角度估计上相对于传统 FDA-MIMO 雷达,其具有更高的分辨率。

2) 多目标下的估计效果

设置 2 个分别位于不同区域的目标,一个所在区域为 $\theta=[-10°,-30°]$、$R=[25\text{km},27\text{km}]$,另一个为 $\theta=[10°,30°]$、$R=[35\text{km},37\text{km}]$。图 8-6 显示了本节算法的发射方向图。该方向图依赖角度和距离,且功率在期望方向上聚焦。其期望区域的能量增益超过了 10dB,而其余方向上则小于 6dB。

假设 2 个目标的位置为 $\theta=-20°$、$R=26\text{km}$、$\varphi=40°$,以及 $\theta=20°$、$R=36\text{km}$、$\varphi=40°$。图 8-7 为上述 3 种算法的 RMSE 比较。从图中可以看出,由于提高了目标位置上聚焦的能量,本节算法在参数估计上效果最好,且相对于 MIMO 雷达能够在估计角度的同时估计距离。

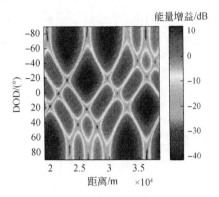

图 8-6　本节算法的发射方向图(多目标)

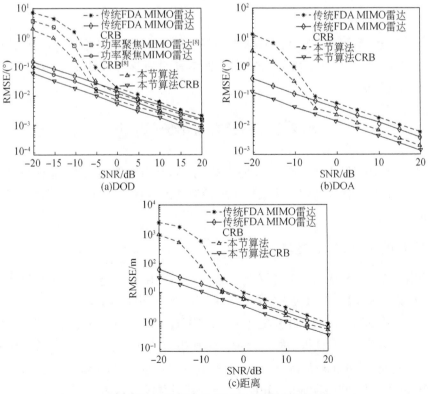

图 8-7　3 种算法的 RMSE 比较(多目标)

随机设置两个相近的目标,进行 1000 次蒙特卡罗仿真,统计上述算法的成功估计概率,如图 8-8 所示。由图 8-8 可以看出,通过波形设计将雷达能量不仅聚焦到目标方位,同时聚焦到了目标距离处,因此本节算法相对于文献[8]中的算法和无波形设计的传统 FDA MIMO 雷达具有更高的分辨率。

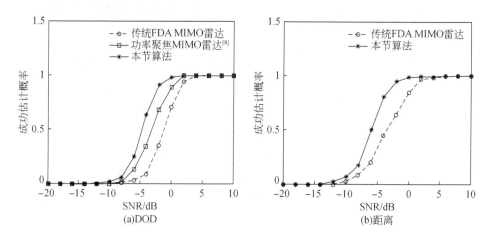

图 8-8　3 种算法的成功估计概率比较(多目标)

综上所述,利用本节算法对双基地 FDA MIMO 雷达的波形进行设计,能够使雷达能量在目标方位和距离上同时进行聚焦,降低雷达参数估计的 CRB,提高估计精度和分辨率。

8.2　OFDM MIMO 雷达

OFDM MIMO 雷达[9]作为一种新体制雷达,具有分辨能力高、能提高目标检测性能、提高角度估计精度和降低最小可检测速度等优势,近些年,受到了国内外学者的广泛关注。

8.2.1　OFDM MIMO 雷达模型

假设 OFDM MIMO 雷达系统的收发天线均采用等间距均匀线阵,收发天线同步,发射天线数为 M,每根天线在一次相干处理间隔(coherent process interval,CPI)内连续发送 Q 个脉冲,采用复正交设计(complex orthogonal design,COD)构造天线间的发射信号[10],且每个脉冲处理方式都相同,故只需关注一根天线上任一脉冲的信号功率峰均比(peak to average power ratio,PAPR)抑制问题。设 $s_m(t)$ 为第 m 根天线上 $[0,T]$ 时间内发射的 OFDM 信号,其子载波数目为 N,发射脉冲持续时

间为 T，发射示意图见图 8-9，则 $s_m(t)$ 的表达式为

$$s_m(t) = \sum_{q=1}^{N} S_m(q) \mathrm{e}^{\mathrm{j}2\pi q \Delta ft}, \quad t \in [0, T] \tag{8-31}$$

式中，$S_m(q)$ 为第 m 根天线上第 q 个子载波的编码，所有天线上的编码序列矩阵为 $S = [S_1, S_2, \cdots, S_M] \in \mathbb{C}^{N \times M}$，$S_m = [S_m(1), S_m(2), \cdots, S_m(N)]^{\mathrm{T}}$。编码序列采用脉冲编码调制（pulse code modulation, PCM）方式，即 $S_m(q) = \mathrm{e}^{\mathrm{j}\varphi_m(q)}$（$m = 1, 2, \cdots, M$，$q = 1, 2, \cdots, N$），$\varphi_m(q)$ 为相位参数，$\Phi_m = [\varphi_m(1), \varphi_m(2), \cdots, \varphi_m(N)]$ 是第 m 根天线的相位参数向量；Δf 为子载波之间的频率间隔，为保证子载波间正交性，令 $\Delta f = \dfrac{1}{T}$。令采样率为 $f_\mathrm{s} = \dfrac{1}{T_\mathrm{s}} = N \Delta f$，则时间离散的 OFDM 信号为

$$s_m(n) = s_m(nT_\mathrm{s}) = \sum_{q=1}^{N} S_m(q) \mathrm{e}^{\mathrm{j}2\pi q \Delta f n T_\mathrm{s}} = \sum_{q=1}^{N} S_m(q) \mathrm{e}^{\mathrm{j}2\pi qn/N} \tag{8-32}$$

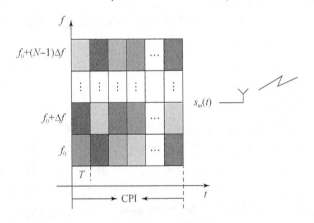

图 8-9　第 m 个阵元发射信号示意图

8.2.2　OFDM MIMO 雷达波形设计准则

类似于传统波形设计，OFDM MIMO 雷达的波形优化设计也可分为四个基本步骤：一是确定优化准则；二是设计代价函数；三是采用优化算法得出满足优化准则的波形；四是对波形设计结果进行评价。其中，优化准则是波形设计的前提，当前针对 OFDM MIMO 雷达的波形优化设计主要有如下准则：第一类是以模糊函数和正交性为准则，基于各种先验信息，利用加窗、改变调制方式，利用遗传算法和循环算法等直接设计优化波形，获得低的自相关和互相关旁瓣、高的距离-速度多普勒模糊分辨力；第二类是针对 OFDM 信号功率 PAPR、包络峰均比（peak-to-mean envelope power ratio, PMEPR）过高问题，以 PAPR、PMEPR 为准则，利用削峰、理想类调频序列（ideal chirp-like sequence, CLS）等算法，通过迭代算法、遗传

算法等优化算法,获得低的 PAPR 和 PMEPR;第三类是以发射功率和最大 SCNR 为准则,基于观测场景和目标特性,结合杂波抑制和抗干扰性能分析,或利用信息论中互信息和统计理论设计波形,提高目标检测能力。

1. 以模糊函数和正交性为准则

针对正交性设计,主要是发射端不同天线信号之间的互相关和同一天线信号自相关的比较。文献[11]推导了发射信号的自相关函数和互相关函数,利用遗传算法降低旁瓣水平,得到良好的正交性能。文献[12]分析了发射信号的自相关旁瓣和互相关旁瓣,并以此为准则进行优化,以确保良好的正交性。文献[13]将特殊 OFDM 信号运用到 MIMO 雷达中,在保证正交性的基础上保持了良好的分辨特性。文献[14]分析了 OFDM MIMO 雷达模糊函数,采用高斯 OFDM 信号抑制模糊函数旁瓣峰值。文献[15]指出了三种高旁瓣类型及其出现的原因,利用加窗和匹配滤波算法进行旁瓣抑制。文献[16]研究了空域合成信号的旁瓣抑制问题,运用遗传算法和序列二次规划(sequential quadratic programming, SQP)算法进行优化,得到了较好的抑制效果。文献[17]通过随机矩阵调制获得了低旁瓣模糊函数和良好的正交性。文献[18]提出了基于组合窗的 OFDM 信号设计,得到了良好的主副瓣比和正交特性。文献[19]针对交错 OFDM 信号的距离模糊问题,提出了利用非等间距的载波间隔手段,提高了雷达的最大不模糊距离。

目前,关于 OFDM MIMO 雷达正交性和模糊函数旁瓣抑制方面的研究较多,正交性是判断信号性能优劣的重要因素,OFDM 信号本身具有良好的正交性,非常适合作为 MIMO 雷达的波形使用。在模糊函数旁瓣抑制方面,目前研究较多的是距离旁瓣的抑制,也即回波信号自相关旁瓣的抑制,力求提高雷达的分辨性能。

2. 以 PAPR、PMEPR 为准则

OFDM 信号的 PAPR 过高一直是其实际应用的阻碍。当发射波形的 PAPR 过高时,会导致射频放大器效率低下,从而导致整个雷达系统性能下降。

文献[19]利用遗传算法优化信号的 PAPR,有效降低了 PAPR,扩大了探测范围。文献[20]将 PAPR 作为优化目标之一,利用迭代优化算法,有效降低了信号的 PAPR,同时保证了正交性和低旁瓣水平。文献[21]提出了一种 MICF(modified iterative clipping and filtering)算法,对 MIMO OFDM 信号进行联合优化,实现了无码间干扰和良好的目标分辨能力。文献[22]针对 OFDM 雷达提出了对子载波进行相位加权的算法。文献[23]提出了基于理想 CLS 的序列设计,可以有效抑制 PAPR。

3. SCNR、发射功率等其他准则

SCNR 是雷达信号处理中很重要的一个因素,信号处理效果受其影响较大。文献[24]以恒定功率为约束,设计了一个基于互信息的效用函数,通过使效用函数最大化来求解下一时刻脉冲的波形。文献[25]以滤波器输出 SCNR 为目标函数,利用交替迭代算法联合求解最优发射波形和接收滤波器,显著提高了 SCNR 和目标发现概率。文献[21]联合了 SNR、正交性、PAPR 等准则进行联合波形和滤波器设计,效果良好。文献[26]设计了基于循环前缀的 OFDM 信号,以 SNR 为准则,通过优化获得了最大 SNR。

8.2.3　低功率峰均比的 OFDM MIMO 雷达波形设计

本节研究一种低距离旁瓣条件下基于 SQP 的 PAPR 抑制算法。以最小化 PAPR 为目标函数,最大距离旁瓣水平(maximum of sidelobe level,MSL)和距离模糊函数包络变化因子(coefficient of variation of envelope,CVE)为约束构造优化问题,并运用 SQP 算法求解该优化问题。该算法可同时获得良好的 PAPR 和距离旁瓣性能,并可根据系统需求对方案配置参数进行适当调整。

1. 目标函数的建立

发射信号的功率峰均比定义为[27]

$$PAPR = \frac{\max_n |s_m(n)|^2}{E[|s_m(n)|^2]} \tag{8-33}$$

式中,$|s_m(n)|$ 为 $s_m(n)$ 的幅度;$E[\cdot]$ 表示数学期望运算。假设 F 为快速傅里叶变换矩阵,有 $F = [F_1, F_2, \cdots, F_n, \cdots, F_N]^T$,其中 $F_n = [e^{j2\pi n/N}, e^{j2\pi 2n/N}, \cdots, e^{j2\pi n}]$,由于本节采用信号编码序列为恒模序列,且各子载波之间正交,$S_m^H S_m = NI$,$F^H F = NI$,恒有

$$
\begin{aligned}
E_n[|s_m(n)|^2] &= \frac{1}{N} \sum_{n=1}^{N} |s_m(n)|^2 \\
&= \frac{1}{N} \sum_{n=1}^{N} \left| \sum_{q=1}^{N} S_m(q) e^{j2\pi qn/N} \right|^2 \\
&= \frac{1}{N} \sum_{n=1}^{N} |F_n S_m|^2 \\
&= \frac{1}{N} \| F S_m \|^2 \\
&= \frac{1}{N} S_m^H F^H F S_m \\
&= N
\end{aligned}
\tag{8-34}
$$

故最小化 PAPR 的目标函数可表示为

$$\min_{S_m} f = \max_n \left| s_m(n) \right|^2 \tag{8-35}$$

若只考虑降低 PAPR 这个单一指标,而不考虑其他指标的影响,则会影响系统的实际使用。故本节针对邻近目标分辨问题,在降低 PAPR 的同时,结合影响分辨效果的距离旁瓣性能建立优化模型。距离模糊函数是衡量雷达发射波形性能的重要参数之一,距离模糊函数旁瓣越低,越有利于解决邻近目标分辨中弱目标淹没和不同目标主旁瓣混叠的问题。在此,发射信号的距离模糊函数的定义[28]如下:

$$\chi(k) = \sum_{n=k+1}^{N} s_m(n) s_m^*(n-k) = \chi^*(-k),$$

$$m=1,2,\cdots,M; k=-(N-1),-(N-2),\cdots,N-1 \tag{8-36}$$

由于距离模糊函数具有对称性,在讨论旁瓣性能时,只需考虑 1/2,即有

$$\chi(k) = \sum_{n=k+1}^{N} s_m(n) s_m^*(n-k), \quad m=1,2,\cdots,M; k=1,2,\cdots,N-1 \tag{8-37}$$

本节从两方面入手保证发射信号的距离旁瓣性能。一是引入 CVE 来表征优化前后距离模糊函数旁瓣整体包络的变化,其定义为

$$\text{CVE} = \sqrt{\frac{\sum_{k=1}^{N} \left| \chi^0(k) - \chi(k) \right|^2}{\sum_{k=1}^{N} \left| \chi^0(k) \right|^2}} \tag{8-38}$$

式中,$\chi^0(k)$ 为初始序列距离模糊函数。对 CVE 进行限定,即可对整体旁瓣变化进行约束。二是限定最大旁瓣水平为 $\text{MSL} = \max \left| \chi(k) \right|$,以防止距离模糊函数旁瓣整体抬升。据此,在保持距离旁瓣特性条件下最小化 PAPR 的优化问题可以表示为

$$\min_{S_m} f$$
$$\text{s. t. } \text{MSL} \leqslant \alpha \tag{8-39}$$
$$\text{CVE}^2 \leqslant \beta^2$$

式中,α、β 分别为不同应用场合下最大允许距离旁瓣值和包络变化因子,可以根据初始序列的特征选取适当值。

2. 基于序列二次规划法的求解算法

式(8-39)为非线性约束优化问题,SQP 算法是求解约束优化问题最有效的算法之一。其基本思想是:在每一步迭代中,通过求解一个二次规划子问题来确立一

个下降方向,利用减少罚函数来取得步长,重复这些步骤直到求得原问题的解[29]。令 $g_1(S)=\max(\chi(k))-\alpha, g_2(S)=\mathrm{CVE}^2-\beta^2$ 作为约束函数,下面推导目标函数和约束函数的梯度表达式:

$$\nabla_{S_m} f = 2\max \mathrm{Re}\left[s_m^*(n)\frac{\partial s_m(n)}{\partial S_m}\right] \tag{8-40}$$

$$\nabla g_1(S) = \max\left[\sum_{n=k+1}^{N} s_m^*(n-k)\frac{\partial s_m(n)}{\partial S_m}\right], \quad k=1,2,\cdots,N-1 \tag{8-41}$$

$$\nabla g_2(S) = \frac{1}{\sum\limits_{k=1}^{N}|\chi^0(k)|^2}\sum_{k=1}^{N}|\chi^0(k)-\chi(k)|\sum_{n=k+1}^{N}s_m^*(n-k)\frac{\partial s_m(n)}{\partial S_m}, \quad k=1,2,\cdots,N-1$$

$$\tag{8-42}$$

式中

$$\begin{aligned}\frac{\partial s_m(n)}{\partial S_m} &= \left[\frac{\partial s_m(n)}{\partial S_m(1)}, \frac{\partial s_m(n)}{\partial S_m(2)}, \cdots, \frac{\partial s_m(n)}{\partial S_m(N)}\right]^{\mathrm{T}}\\ &= [\mathrm{e}^{\mathrm{j}2\pi n/N}, \mathrm{e}^{\mathrm{j}2\pi 2n/N}, \cdots, \mathrm{e}^{\mathrm{j}2\pi n}]^{\mathrm{T}}, \quad n=1,2,\cdots,N-1\end{aligned} \tag{8-43}$$

由以上分析,最终可得如下优化步骤:

步骤 1　选取初始编码序列 $S^{N\times 1}$,对称正定矩阵 $H_0\in\mathbb{R}^{N\times N}$,根据初始序列 PAPR 和距离模糊函数旁瓣值设定 α、β,并给出截止条件,当 $f^{(i)}\leqslant\gamma$ 时,迭代终止。其中,$f^{(i)}$ 为第 i 次迭代时的目标函数值,令 $i=0$。

步骤 2　在 $S^{(i)}$ 处求解 $f^{(i)}$,若有 $f^{(i)}\leqslant\gamma$,则循环结束,转入步骤 6;否则,求解

$$\text{二次规划}\begin{cases}\min \dfrac{1}{2}d^{\mathrm{T}}H^{(i)}d+\nabla f(S^{(i)})^{\mathrm{T}}d\\[2mm]\text{s. t.}\quad\begin{array}{l}g_1(S^{(i)})+\nabla g_1(S^{(i)})^{\mathrm{T}}d\leqslant 0\\[1mm]g_2(S^{(i)})+\nabla g_2(S^{(i)})^{\mathrm{T}}d\leqslant 0\end{array}\end{cases}\text{,求出最优解 }d^{(i)}\text{。}$$

步骤 3　令 $S^{(i+1)}=S^{(i)}+\zeta^{(i)}d^{(i)}$,利用 l_1 罚函数 $P_\mu(S)=f(S)+\sum\limits_{j=1}^{2}1/\{\mu_j\max[0,g_j(S)]\}$,应用线搜索算法确定步长 $\zeta^{(i)}\in(0,\delta]$,使得 $P_\mu[S^{(i)}+\zeta^{(i)}d^{(i)}]\leqslant\min\limits_{\zeta\in(0,\delta]}P_\mu[S^{(i)}+\zeta d^{(i)}]+\eta^{(i)}$,$\mu$ 为罚参数向量。

步骤 4　利用拟牛顿法更新矩阵 H,得到 $H^{(i+1)}=H^{(i)}+\dfrac{q^{(i)}(q^{(i)})^{\mathrm{T}}}{(q^{(i)})^{\mathrm{T}}p^{(i)}}-\dfrac{H^{(i)}p^{(i)}(p^{(i)})^{\mathrm{T}}(H^{(i)})^{\mathrm{T}}}{(p^{(i)})^{\mathrm{T}}H^{(i)}p^{(i)}}$,其中 $p^{(i)}=S^{(i+1)}-S^{(i)}$,$q^{(i)}=\left[\nabla f(S^{(i+1)})+\sum\limits_{j=1}^{2}\lambda_j\nabla\right.$

· $g_j(S^{(i+1)})] - [\nabla f(S^{(i)}) + \sum\limits_{j=1}^{2} \lambda_j \nabla g_j(S^{(i)})], \lambda > 0$ 为拉格朗日乘子的估计值。

步骤 5　令 $i = i + 1$，返回步骤 2。

步骤 6　同理，求出此天线上其余脉冲的编码序列和时域序列，并利用 COD 算法解出其余天线上的发射信号。

根据上述步骤，即可求出该优化后的波形序列。

3. 算法性能分析

对于约束优化问题(8-39)，f、$g_k(k=1,2)$ 都是连续可微的，存在常数 $0 < m \leqslant M$，使得对称正定矩阵 H_i 满足 $m\|d\|^2 \leqslant d^T H_i d \leqslant M\|d\|^2 (d \in \mathbb{R}^n, i = 1, 2, \cdots)$。本节算法要求罚参数 $\mu_j(j=1,2)$ 的取值满足

$$\mu_j = (\mu_{i+1})_j = \max_j \left\{ \lambda_j, \frac{(\mu_i)_j \lambda_j}{2} \right\} \tag{8-44}$$

故可得罚参数 $\mu_j(j=1,2)$ 与二次规划子问题的拉格朗日乘子向量满足 $\frac{1}{\mu_j}\max\limits_j \lambda_j \leqslant 1$，根据文献[30]~[32]的相关结论可知，本节算法具备全局收敛特性。

表 8-2 比较了本节算法和文献[33]~[35]中算法的运算复杂度。可以看出，文献[33]和[34]的运算复杂度较低，文献[35]的运算复杂度较高。本节算法的主要运算量为迭代操作，在每次迭代中式(8-40)的运算复杂度约为 $O(N \log_2 N)$，式(8-41)的运算复杂度约为 $O(N^2)$，式(8-42)的运算复杂度约为 $O(N^2)$，其他运算复杂度较低，故本节算法总的运算复杂度约为 $O(N^2 + N \log_2 N)$。可以看出，本节算法相对运算复杂度较高，但在实际应用中也可接受。

表 8-2　算法运算复杂度分析

算法	运算复杂度
文献[33]	$O(N)$
文献[34]	$O(N)$
文献[35]	$O(N + N \log_2 N)$
本节算法	$O(N^2 + N \log_2 N)$

4. 仿真实验

本节的仿真实验考虑发射天线数为 4 的 OFDM MIMO 雷达系统，脉冲持续时间为 $T_{last} = 10\mu s$，带宽 $B = 30MHz$，子载波间隔为 $\Delta f = 1/T_{last} = 0.1MHz$，载波数目 $N_{carrier} = B/\Delta f = 300$。为了定量描述 PAPR 的降低程度和距离旁瓣性能，采用 PAPR、互补累计分布函数(complementary cumulative distribution function,

CCDF)、CVE、平均旁瓣深度(average sidelobe level,ASL)、耗时(elapsed time,ET)作为算法评价指标。其中,CCDF 定义为 OFDM 符号的 PAPR 超过某一阈值 z 的概率[36],即

$$P\{PAPR>z\}=1-P\{PAPR\leqslant z\}$$
$$=1-[1-\exp(-z)]^{N_{carrier}}$$

(8-45)

实验 1 测试算法性能。选取 MSL、ASL 和 PAPR 各异的三组编码序列作为初始序列,其参数值见表 8-3。

表 8-3　初始序列参数值

初始序列编号	MSL/dB	ASL/dB	PAPR/dB
1	−25.27	−35.73	9.21
2	−35.04	−45.39	9.71
3	−46.15	−55.35	11.17

由表 8-3 可以看到,三组序列的 MSL 和 ASL 分布较均匀,具有一定的代表性,而其 PAPR 值均较高。根据表 8-3 中的参数,选取表 8-4 中 (α,β) 值的组合对算法进行测试,对同一初始序列的所有参数组合测试结果进行比较,从中选出 PAPR 和 ASL 最好的参数组合。

表 8-4　约束条件取值

初始序列编号	β	α/dB
1	0.6, 0.4, 0.2	−25, −23, −21, −19, −17, −15
2	0.6, 0.4, 0.2, 0.1	−35, −33, −31, −29, −27, −25
3	0.6, 0.4, 0.2, 0.1, 0.05	−46, −44, −42, −40, −38, −36

值得指出的是,(α,β) 的取值并不完全决定优化后序列的旁瓣状态,实验中得出的 α_{opt} 和其他 α 值得到的 ASL 差值都保持在 3dB 以内,因此在实际系统中,(α,β) 的取值并不需要强制固定,依据初始序列指标合理选择即可。

图 8-10 给出了三组序列经过不同算法优化的 CCDF 性能,表 8-5 给出了本节算法的最优性能值。由图 8-10 和表 8-5 可见,本节算法对 PAPR 的降低效果显著,所有序列均能达到 2dB 以下,序列 1 和序列 2 达到了 1dB 以下,满足雷达系统要求[33]。同时,序列的距离旁瓣性能损失较小,控制在 7% 以内,序列 1 的距离旁瓣性能甚至有所提升。由此可见,本节算法在降低 PAPR 和保持距离旁瓣特性方面效果良好。

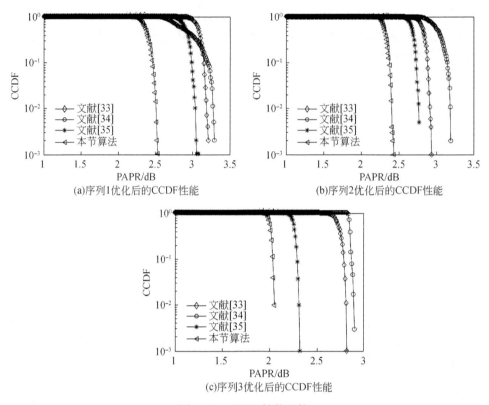

图 8-10　CCDF 性能比较

表 8-5　本节算法最优性能值

初始序列编号	α_{opt}/dB	β_{opt}	PAPR/dB	ASL/dB	CVE	运行时间/s
1	−15	0.4	0.47	−36.40	0.21	538.78
2	−25	0.1	0.68	−42.34	0.10	1616.12
3	−38	0.1	1.7071	−51.74	0.10	1332.78

　　实验 2 选择实验 1 中的三组序列及其最优参数(α,β)作为初始序列和参数,选择文献[33]～[35]中的算法作为对比算法,本节算法的截止条件为 PAPR<2dB。优化后的距离模糊函数旁瓣性能比较见图 8-11,不同算法综合性能比较结果见表 8-6。

　　由图 8-10 和图 8-11 可以看出,本节算法在不同初始序列下的 CCDF 性能和距离旁瓣性能均最优。由表 8-6 可知,初始序列距离旁瓣越深,对比算法的性能越差,而本节算法在不同初始序列条件下的表现均较好。值得指出的是,虽然表 8-6 中文献[33]算法的 ASL 性能良好,但其距离模糊函数在靠近主瓣附近旁瓣抬升明显(图 8-11),因此在邻近目标分辨应用中有较大局限性。

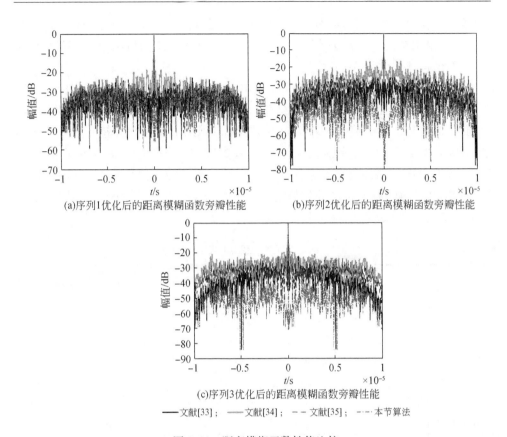

(a)序列1优化后的距离模糊函数旁瓣性能   (b)序列2优化后的距离模糊函数旁瓣性能

(c)序列3优化后的距离模糊函数旁瓣性能

——文献[33]；——文献[34]；－－文献[35]；－·－本节算法

图 8-11   距离模糊函数性能比较

表 8-6   不同算法综合性能比较

初始序列编号	1(PAPR=9.21, ASL=−35.73dB)			2(PAPR=9.71, ASL=−45.39dB)			3(PAPR=11.17, ASL=−55.35dB)		
指标	PAPR	ASL/dB	CVE	PAPR	ASL/dB	CVE	PAPR	ASL/dB	CVE
文献[33]	1.90	−35.57	0.22	1.97	−38.19	0.23	1.90	−39.37	0.34
文献[34]	2.88	−31.05	0.28	3.17	−29.05	0.41	2.88	−30.00	0.48
文献[35]	1.50	−34.95	0.22	1.64	−33.66	0.31	1.52	−34.79	0.39
本节算法	1.46	−36.36	0.19	1.76	−45.97	0.19	2.00	−51.39	0.10

实验 3 检验不同序列长度对算法的影响。选取长度为 $N=50,100,200,500,$ $1000,2000$ 的伪随机序列作为初始序列进行优化,其对应的距离分辨力为 $R=$ $30m,15m,7.5m,3m,1.5m,0.75m$,设置参数 $\alpha=15dB$、$\beta=0.4$,截止条件为 PAPR< $1.46dB$。表 8-7 给出了不同序列长度优化效果的对比情况。可以看到,序列长度的

变化不影响本节算法的性能,对于不同长度的序列,其 PAPR 均能达到期望值,且距离旁瓣性能保持良好。算法的运行时间随着序列长度的增加而增大,当 $N>1000$ 时,运行时间增速明显提高。

实验 4 检验不同初始序列对算法的影响。本节选择了不同类型的相位编码序列作为初始序列进行对比。第一类是基于传统线性调频信号相位变化的多相编码序列;第二类是伪随机编码序列[37],包括 Golomb 序列、m 序列、Gold 序列和伪随机多相编码序列。设置序列长度 $N=300$,参数 $\alpha=15\text{dB}$,$\beta=0.4$,截止条件为 PAPR<1.46dB。观察优化结果和初始序列的关系,结果见表 8-8。可以看出,初始序列的相位编码方式对 PAPR 抑制和距离旁瓣保形效果的影响不大,因此本节算法对初始序列的选择依赖性不大。

表 8-7 不同序列长度优化效果的对比情况

N	分辨力/m	PAPR/dB		ASL/dB		CVE	ET/s
		初始序列	优化序列	初始序列	优化序列		
50	30	5.30	1.39	−30.16	−28.44	0.23	2.41
100	15	5.84	1.46	−31.34	−31.11	0.20	7.42
200	7.5	8.36	1.46	−34.05	−33.73	0.22	28.77
500	3	8.24	1.45	−37.74	−38.68	0.20	196.70
1000	1.5	8.21	1.75	−40.49	−41.03	0.17	753.13
2000	0.75	9.58	1.46	−44.21	−44.10	0.15	5354.41

表 8-8 不同初始序列类型优化效果的对比情况

初始序列	PAPR/dB		ASL/dB		CVE	ET/s
	初始序列	优化序列	初始序列	优化序列		
伪随机多相编码序列	9.21	1.46	−35.73	−36.36	0.19	66.20
Golomb 序列	2.56	1.46	−43.43	−42.25	0.34	15.62
m 序列	5.92	1.46	−32.87	−35.04	0.20	204.74
Gold 序列	4.34	1.46	−32.45	−34.92	0.20	228.41

8.3 本章小结

本章简单介绍 MIMO 雷达与 FDA、OFDM 相结合的产物:FDA MIMO 雷达和 OFDM MIMO 雷达。分别研究了两种新体制雷达的提出背景和研究现状,介绍了其系统模型,并分别给出了相应的波形设计算法。

参 考 文 献

[1] Antonik P, Wicks M C, Griffiths H D, et al. Multi-mission multi-mode waveform diversity [C]//IEEE Conference on Radar, Syracuse, 2006: 580-582.

[2] Antonik P, Wicks M C, Griffiths H D, et al. Range-dependent beamforming using element level waveform diversity[C]//International Waveform Diversity & Design Conference, Las Vegas, 2006: 140-144.

[3] Antonik P. An investigation of a frequency diverse array[D]. London: University of London, 2009.

[4] Sammartino P F, Backer C J, Griffiths H D. Frequency diverse MIMO techniques for radar [J]. IEEE Transactions on Aerospace and Electronic Systems, 2013, 49(1): 201-222.

[5] Zhuang L, Liu X. Application of frequency diversity to suppress grating lobes in coherent MIMO radar with separated subapertures[J]. EURASIP Journal on Advances in Signal Processing, 2009, 24: 1-10.

[6] Anderson S. Remote sensing with the JINDALEE skywave radar[J]. IEEE Journal of Oceanic Engineering, 1986, (2): 158-163.

[7] Parent J, Bourdillon A. A method to correct HF skywave backscattered signals for ionospheric frequency modulation[J]. IEEE Transactions on Antennas and Propagation, 1988, 36: 127-135.

[8] Khabbazibasmenj A, Hassanien A, Vorobyov S A, et al. Efficient transmit beamspace design for search-free based DOA estimation in MIMO radar[J]. IEEE Transactions on Signal Processing, 2014, 62(6): 1490-1500.

[9] Donnet B J, Longstaff I D. Combining MIMO radar with OFDM communications[C]//IEEE Radar Conference, Eurad, 2006: 37-40.

[10] Tarokh V, Jafarkhani H, Calderbank A R. Space-time block codes from orthogonal designs [J]. IEEE Transactions on Information Theory, 1999, 45(5): 1456-1467.

[11] Cheng P, Wang Z, Xin Q, et al. Imaging of FMCW MIMO radar with interleaved OFDM waveform[C]//The 12th International Conference on Signal Processing, Hangzhou, 2014: 1944-1948.

[12] Mehany W. Design discrete frequency coding waveform based OFDM for MIMO-SAR[J]. International of Information and Electronics Enginneering, 2015, 5(2): 225-237.

[13] Lin Z, Wang Z. Interleaved OFDM signals for MIMO radar[J]. IEEE Sensors Journal, 2015, 15(11): 6294-6305.

[14] Haleem M A, Haimovich A, Blum R. Sidelobe mitigation in MIMO radar with multiple subcarriers[C]//IEEE Radar Conference, Pasadena, 2009: 1-6.

[15] Dai X, Xu J, Ye C, et al. Low-sidelobe HRR profiling based on the FDLFM-MIMO radar [C]//Asian and Pacific Conference on Synthetic Aperture Radar, Apsar, 2007: 132-135.

[16] Li H, Zhao Y, Cheng Z, et al. Orthogonal frequency division multiplexing linear frequency

modulation signal design with optimised pulse compression property of spatial synthesised signals[J]. IET Radar Sonar & Navigation, 2016, 10(7):1319-1326.

[17] Wang W Q. MIMO SAR OFDM chirp waveform diversity design with random matrix modulation[J]. IEEE Transactions on Geoscience & Remote Sensing, 2015, 53(3): 1615-1625.

[18] 张民, 刘海鹏, 蔡兆晖. 基于组合窗的 OFDM-NLFM 信号设计[J]. 系统工程与电子技术, 2016,(2):287-292.

[19] Hakobyan G, Yang B. A novel OFDM-MIMO radar with non-equidistant subcarrier interleaving and compressed sensing[C]//The 17th IEEE International Radar Symposium, Krakow, 2016: 1-5.

[20] Daoud O, Damati A, al-Sawalmeh W. Enhancing the MIMO-OFDM radar systems performance using GA[C]//The 7th IEEE International Multi-Conference on Systems Signals and Devices, Amman, 2010:1-5.

[21] Zhang T, Xia X G, Kong L. IRCI free range reconstruction for SAR imaging with arbitrary length OFDM pulse[J]. IEEE Transactions on Signal Processing, 2013, 62(18): 4748-4759.

[22] Xia X G, Zhang T, Kong L. MIMO OFDM radar IRCI free range reconstruction with sufficient cyclic prefix[J]. IEEE Transactions on Aerospace & Electronic Systems, 2014, 51(3):2276-2293.

[23] Deng H. Effective CLEAN algorithms for performance-enhanced detection of binary coding radar signals[J]. IEEE Transactions on Signal Processing, 2004, 52(1): 72-78.

[24] Richards M A. 雷达信号处理基础[M]. 邢孟道, 王彤, 李真芳, 等译. 北京:电子工业出版社, 2008.

[25] Sen S, Nehorai A. OFDM MIMO radar with mutual-information waveform design for low-grazing angle tracking[J]. IEEE Transactions on Signal Processing, 2010, 58(6): 3152-3162.

[26] 庄珊娜, 贺亚鹏, 朱晓华. 用于扩展目标检测的 OFDM-MIMO 雷达波形设计[J]. 南京理工大学学报(自然科学版), 2012, 36(2):309-313.

[27] Cao Y H, Xia X G, Wang S H. IRCI free colocated mimo radar based on sufficient cyclic prefix OFDM waveforms[J]. IEEE Transactions on Aerospace & Electronic Systems, 2015, 51(3):2107-2120.

[28] Sen-Hung W, Lee K C C P. A low-complexity architecture for PAPR reduction in OFDM systems with near-optimal performance[J]. IEEE Transactions on Vehicular Technology, 2016, 65(1):169-179.

[29] 丁鹭飞. 雷达原理[M]. 北京:电子工业出版社,2014.

[30] 马昌凤. 最优化方法及其 Matlab 程序设计[M]. 北京:科学出版社, 2010.

[31] Schittkowski K. NLPQL: A fortran subroutine solving constrained nonlinear programming problems[J]. Annals of Operations Research, 1986, 5(2):485-500.

［32］ Schittkowski K. On the convergence of a sequential quadratic programming method with an augmented lagrangian line search function［J］. Optimization, 1982, 14(2):197-216.

［33］ Sebt M A, Sheikhi A, Nayebi M M. Orthogonal frequency- division multiplexing radar signal design with optimised ambiguity function and low peak- to- average power ratio［J］. IET Radar Sonar & Navigation, 2009, 3(2):122-132.

［34］ Huang T, Zhao T. Low PMEPR OFDM radar waveform design using the iterative least squares algorithm［J］. IEEE Signal Processing Letters, 2015, 22(11):1975-1979.

［35］ Wang Y C, Luo Z Q. Optimized iterative clipping and filtering for PAPR reduction of OFDM signals［J］. IEEE Transactions on Communications, 2011, 59(1):33-37.

［36］ 杨超, 王勇, 葛建华. 联合迭代滤波与压扩参数优化的 OFDM 信号峰平比抑制［J］. 通信学报, 2015, 36(4):163-169.

［37］ He H, Li L, Stoica P P. Waveform Design for Active Sensing Systems: A Computational Approach［M］. Gaines Ville: University of Florida Press, 2011.